# 黄河口实体模型研究与建设

程义吉 田国魁 魏剑宏 杜澎泉 等著

黄河水利出版社
·郑州·

## 内容提要

黄河口的演化环境极为复杂,治理速度已远落后于国内外其他大江大河河口,其原因之一是科研滞后。本书就黄河口模型建设的必要性、重要性和研究的内容进行了论述,探讨了运用先进的河工模型相似理论、试验技术、测控技术和信息技术开展试验研究的方法。介绍了黄河口模型试验厅这一超大跨度钢结构工程施工组织设计和施工技术。

本书可供从事河流河口、海洋工程科研、教学和空间钢结构设计、施工的工作者阅读参考。



**图书在版编目(CIP)数据**

黄河口实体模型研究与建设/程义吉等著. —郑州:黄河水利出版社,2010.10

ISBN 978-7-80734-920-4

Ⅰ.①黄… Ⅱ.①程… Ⅲ.①黄河-河口-水工模型-研究 Ⅳ.①TV882.1

中国版本图书馆 CIP 数据核字(2010)第 200412 号

组稿编辑:王路平　电话:0371-66022212　E-mail:hhslwlp@126.com

出 版 社:黄河水利出版社

地址:河南省郑州市顺河路黄委会综合楼 14 层　邮政编码:450003

发行单位:黄河水利出版社

发行部电话:0371-66026940、66020550、66028024、66022620(传真)

E-mail:hhslcbs@126.com

承印单位:河南省瑞光印务股份有限公司

开本:787 mm×1 092 mm　1/16

印张:17　彩插:4

字数:400 千字　印数:1—1 400

版次:2010 年 10 月第 1 版　印次:2010 年 10 月第 1 次印刷

定价:60.00 元

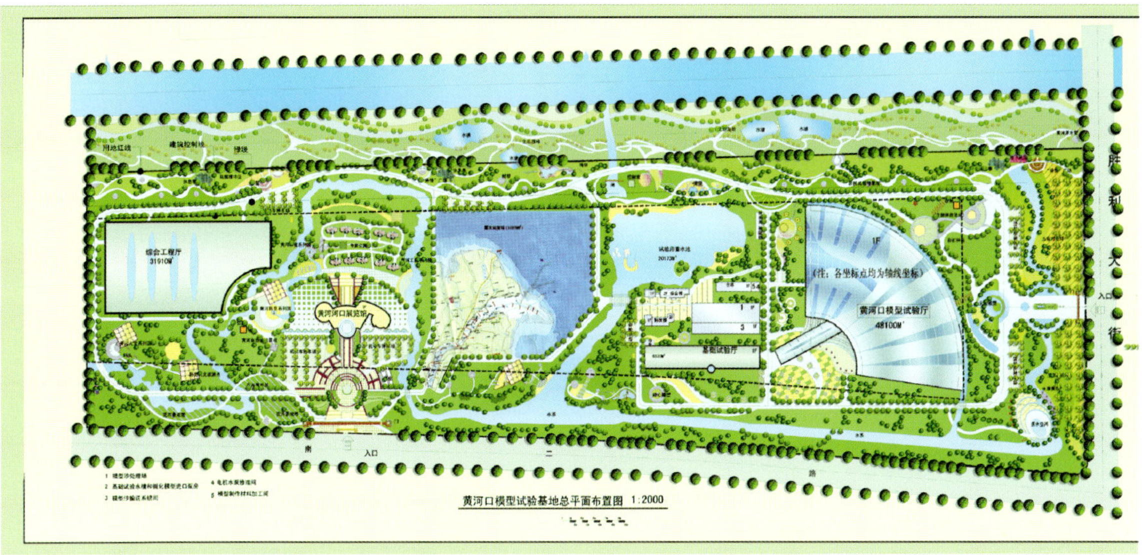


黄河口模型试验基地平面布置图

黄河口模型试验厅设计效果图

2010年6月，水利部胡四一副部长考察黄河口模型基地建设
（摄影：王娟）

2010年4月，黄委李国英主任到黄河口模型厅施工现场检查指导工作
（摄影：王娟）

2003年3月，专家现场考察黄河口模型试验基地选址

各级领导到黄河口模型基地进行建设调研

2009年4月，水利部科技司领导到施工现场检查指导工作
（摄影：许考云）

黄河口模型建设项目审查

2004年10月，黄河口模型基地建设开工奠基

黄河口模型大厅基础施工

黄河口模型大厅支架施工

黄河口模型大厅支架施工

黄河口模型大厅圈梁施工

黄河口模型大厅河道厅安装

黄河口模型大厅海洋厅A厅安装

黄河口模型大厅海洋厅B厅安装

黄河口模型大厅全景

（照片除署名者外，均为程义吉摄影）

# 序

黄河口治理是黄河治理开发的重要组成部分。新时期、新形势对黄河口治理、保护提出了新要求，首要的任务是加强和深化对黄河口演变规律的研究。研究的手段应为原型资料分析、数学模拟演算和实体模型试验及其相互参证、补充与综合。在黄河口以往的研究中，原型资料分析、数学模拟演算均被采用过，唯独实体模型试验一直处于空白。

程义吉等同志编写的《黄河口实体模型研究与建设》一书，论述了黄河口实体模型建设的必要性和重要性；介绍了黄河口模型试验厅的河道厅和海域厅这一超大跨度张弦结构工程施工组织设计与现场施工中解决的关键技术；探讨了运用先进的河工模型相似理论、试验技术、测控技术和信息技术开展试验研究的方法。深信此书的出版，将有助于提升黄河口的研究水平和加快黄河口的治理步伐。同时对指导黄河口模型试验，充分发挥黄河三角洲地区的资源优势，优化经济社会发展总体布局，促进黄河三角洲地区经济社会的可持续发展，将产生积极的作用。

李国英

2010年7月

# 前　言

黄河河口(简称黄河口)是一个弱潮、多沙、摆动频繁的堆积性河口,与国内外其他大江大河的河口相比,黄河口具有特殊性,是世界上最复杂、最难治理的河口之一。据历史记载及实际考察,1855 年以来尾闾河道较大的变迁发生 9 次,其中 1889 ~ 1953 年改道 6 次,顶点在宁海附近;1953 年以后改道 3 次,属于人工改道,顶点下移至渔洼附近,即 1953 年 7 月、1964 年 1 月、1976 年 5 月分别改走神仙沟、刁口河、清水沟流路,摆动范围缩小到北起车子沟,南至宋春荣沟,扇形面积 2 400 多 $km^2$。1996 年汛前,为了充分利用泥沙填海造陆,实现海上石油变陆地开采,又实施了清 8 改汊工程。

黄河口是黄河水沙的承泄区,黄河口治理是黄河治理开发的重要组成部分,不仅直接关系到黄河三角洲的防洪安全、生态环境保护及国民经济的持续发展,还关系到黄河整个下游的长治久安。1946 年人民治黄以来,随着黄河口地区经济社会的发展,特别是石油工业的发展,国家高度重视黄河口的治理和开发,黄河口治理取得了巨大成就。自 1950 年以来,为保护河口地区的工农业生产并减轻黄河下游防洪负担,分别于 1953 年、1964 年、1976 年实施了 3 次人工改道。1976 年黄河有计划地改道清水沟流路以来,黄河河务部门、胜利油田、东营市共同对清水沟流路进行了大量的治理工作。1988 年在黄河口地区进行以“尽量延长现行清水沟流路使用年限”为目标的疏浚试验。1996 年以来,按照国家发展计划委员会以计农经[1996]238 号文批复的《黄河入海流路治理一期工程项目建议书》,实施了河口治理一期工程。截至 2009 年年底,河口地区共有设防堤段长 77.466 km;险工 4 处,工程总长3.101 km;河道整治工程 11 处,工程总长 20.717 km。这些治理措施初步形成了防洪工程体系,对减轻黄河下游河道淤积、保障黄河下游防洪防凌安全、保障河口地区工农业生产和人民生命财产的安全,起到了重要作用。但是,由于黄河口治理涉及自然、生态、经济、社会各个领域,涉及多部门、多学科,因此河口的治理与开发是一个复杂的系统工程。长期以来,众多的专家学者利用资料分析、现场试验、卫星遥感等手段,针对河口淤积延伸、造陆、改道、冲淤演变规律及滨海潮汐潮流特性、河口治理措施等进行了广泛深入的分析研究,提出了许多重要成果。但是,黄河口的演化环境极为复杂,如径流与海洋动力多属弱相耦合,但泥沙通量却相当高;径流输移的泥沙细而且具有浑水异重流与盐水楔并存现象;潮流弱但沿岸往复流特征十分突出;海岸发育受径流来沙量影响大且延伸、蚀退迅速;三角洲开阔而流路滩岸抗冲性却很弱等。这些特殊的自然地理环境条件,使得黄河口冲淤演变较其他江河的河口具有特殊的规律性,加上黄河口观测资料既少又不系统,河口数学模型还很不成熟,对上述诸多现象还难以模拟,使得许多事关河口治理的重大技术问题未得到解决,严重制约着黄河口的治理和开发。因此,迫切需要通过实体模型试验加强黄河口的研究。

黄河口实体模型试验基地的建成和运用,将形成完善的黄河口研究体系,从而能够全面提升黄河口研究的水平。可以紧密结合黄河口的生产实际,通过模型试验研究探索河口演变和尾闾河段冲淤规律、河口流路的合理安排、河口演变与黄河下游冲淤变化的关系、河口地区防洪工程建设方案和合理布局、海岸侵蚀及防护工程措施等内容，对充分发挥黄河三角洲地区的资源优势，优化经济社会发展总体布局，促进黄河三角洲高效生态经济区的建设发展，将产生巨大的推动作用。

全书共分二编二十三章，主要内容如下：

第一编，从第一章至第八章，分析了黄河口模型基地建设的必要性及可行性，提出了基地的规划目标、主要任务和基地总体布局及近期建设内容，对模型制作、测控系统、保障措施、运行管理、近期投资和效益进行了分析；从第九章到第十三章，介绍了黄河口模型建设的理论研究，对模型比尺、模型沙选择、相似条件与关键技术等问题进行了论证分析，提出了模型主体工程设计、生潮装置与常用设施设计和模型建设施工组织设计等。第二编，从第十四章至第二十三章，对黄河口模型试验厅工程概况、施工部署、施工准备、施工进度计划、施工总平面布置做了详细安排，全面介绍了主要分部分项工程的施工方法、钢结构施工监测与健康检测、工程各项保证措施和钢结构工程质量控制。

本书是在黄河口模型试验基地工程规划、黄河口物理模型试验厅钢结构工程施工组织设计和黄河口模型建设项目初步设计的基础上编写而成的。主要编写人员有程义吉、田国魁、魏剑宏、杜澎泉，全书由程义吉统稿，参加编写的人员还有胡建华、张蔷、赵静、朱小磊、唐梅英、阮详玲、谭浩瑜、王泽新、王瑞、支建凯、张凯、张俊华、李远发、董年虎、王开荣、李书霞、郭慧敏、周扬、张文广等。张红武作为黄河口模型首席专家给予了指导。黄河勘测规划设计有限公司、黄河水利科学研究院、黄委规划计划局、山东黄河河务局、黄河河口管理局、黄河河口研究院、山东水文水资源局、中国建筑第六工程局、山东省鲁北地质工程勘察院、龙安-泛华建筑工程顾问有限公司、东营开元建设监理有限公司等单位领导和专家给予了多方面的关心和支持。在此，作者向所有为《黄河口实体模型研究与建设》付出辛勤劳动的同志们致以崇高的敬意和深切的感谢！

感谢黄委李国英主任为本书作序。

由于作者水平所限，书中难免出现疏漏，敬请读者批评指正！

作　者

2010 年 7 月

# 目 录

## 第二编　黄河口模型试验厅工程施工

# 第一编　黄河口模型试验基地工程规划、模型研究与设计

## 第一章　黄河口模型试验基地建设的必要性及可行性

### 第一节　黄河三角洲概况及特点

一、黄河三角洲概况

近代黄河三角洲为面积 6 000 多 $km^2$ 的扇形地区，东经 118°10′～119°15′，北纬 37°15′～38°10′，是 1855 年在河南兰考铜瓦厢决口改道夺大清河入海流路不断变迁发展而成的。一般指以宁海为顶点，海岸线北起套尔河口，南至支脉沟口，包括渤海湾南岸和莱州湾西岸，海岸线总长为 370 km，其中东营市 350 km，滨州市 20 km。三角洲地区地貌类型单一，为黄河冲积平原，地面高一般为 0～8 m，地势由西南向东北缓缓向海倾斜，地面坡降为 1/10 000～1/5 000。由于黄河每年挟带大量泥沙输往河口，致使河口长期处于自然淤积、延伸、摆动、改道的频繁演变状态。因此，黄河口属径流型三角洲河口。现今三角洲行河岸段海岸线向海淤进，不行河岸段海岸线蚀退，但总的发展趋势是向海推进。

黄河三角洲的演变经历了黄河改道入渤海以后的初期阶段、宁海以下尾闾河道自然变迁阶段以及人工改道阶段。据历史记载及实际考察，1855 年以来尾闾河道较大的变迁发生 10 次，其中 1889～1953 年改道 6 次，顶点在宁海附近；1953 年以后改道 3 次，属于人工改道，顶点下移至渔洼附近，即 1953 年 7 月、1964 年 1 月、1976 年 5 月分别改走神仙沟、刁口河、清水沟流路，摆动范围缩小到北起车子沟，南至宋春荣沟，扇形面积 2 400 多 $km^2$。1996 年汛前，为了充分利用泥沙填海造陆，实现海上石油变陆地开采，又实施了清 8 改汊工程。1855 年以后黄河尾闾历次变迁统计表见表 1-1。

二、黄河口的主要特点

黄河口是一个弱潮、多沙、摆动频繁的堆积性河口，与国内外其他大江大河的河口相比，黄河口具有特殊性，是世界上最复杂、最难治理的河口之一。其主要特点如下：

表 1-1 1855 年以后黄河尾闾历次变迁统计表

| 次序 | 改道时间 | 改道地点 | 入海位置 | 流路历时 | 流路实际行水历时 | 改道因素 |
|---|---|---|---|---|---|---|
| 1 | 咸丰五年(1855 年 7 月) | 铜瓦厢 | 利津铁门关以下肖神庙牡蛎嘴 | 33 年 9 月 | 18 年 11 月 | 铜瓦厢决口 |
| 2 | 光绪十五年(1889 年 4 月) | 韩家垣 | 四断下毛丝坨(今建林以东) | 8 年 2 月 | 5 年 | 决口改道 |
| 3 | 光绪二十三年(1897 年 6 月) | 岭子庄 | 丝网口(今宋家坨子) | 7 年 1 月 | 5 年 9 月 | 决口改道 |
| 4 | 光绪三十年(1904 年 7 月) | 盐窝 | 老鸹嘴 | 22 年 | 17 年 8 月 | 决口改道 |
| 5 | 民国十五年(1926 年 7 月) | 八里庄 | 经汀河由刁口河向东北入海 | 3 年 2 月 | 2 年 11 月 | 决口改道 |
| 6 | 民国十八年(1929 年 9 月) | 纪家庄 | 南旺河、宋春荣沟、清坨子 | 5 年 | 3 年 4 月 | 决口改道 |
| 7 | 民国二十三年(1934 年 9 月) | 李家呈子 | 老神仙沟、甜水沟、宋春荣沟 | 18 年 10 月 | 9 年 2 月 | 决口改道 |
| 8 | 1953 年 7 月 | 小口子 | 神仙沟 | 10 年 6 月 | 10 年 6 月 | 人工裁弯改道 |
| 9 | 1964 年 1 月 | 罗家屋子 | 刁口河与洼拉沟之间 | 12 年 4 月 | 12 年 4 月 | 人工改道 |
| 10 | 1976 年 5 月 | 西河口 | 清水沟 | 32 年 | 32 年 | 人工改道 |

(1)河口泥沙强烈堆积，入海流路不断变迁。黄河水少沙多，河口海洋动力相对较弱，不能将泥沙输送到外海，致使河口长期处于自然淤积、延伸、摆动、改道的频繁变化状态，由于河口不断延伸，陆地面积不断增加。1855 年以来，黄河三角洲新生陆地面积达 2 500 $km^2$。其中，1855 ~ 1954 年造陆 1 510 $km^2$，1954 ~ 1976 年造陆 548.3 $km^2$，1976 ~ 2001 年造陆 441.7 $km^2$。清水沟流路行河以来，黄河口入海泥沙大约有 20% 沉积在河口段，60% 淤积在滨海区，20% 输往较远海域。黄河口的泥沙堆积还在口门形成拦门沙。拦门沙形成之后，加剧了河口的淤积，对河道泄洪、排凌、排沙十分不利。同时，河口拦门沙的隆起，使局部侵蚀基准面抬升，被阻水流自寻低洼捷径入海，便造成出汊摆动，然后在新口门两侧继续塑造新的拦门沙。如此周而复始地循环，促使海岸线整体外延，进而导致河道比降变缓，孕育着河口又一次改道。

(2)成陆时间较短，生态环境脆弱。由于受河流、海洋、陆地和人类活动等多种动力系统的共同作用，黄河三角洲是多种物质、能量体系交汇的界面，加之成陆时间较短，植被与土壤发育年轻，且气候干燥，水资源贫乏，地下水位高、矿化度大，使该地区又具有生态脆弱的特点。当入海沙量很少或无沙入海时，河口沙嘴和突出的岸线在海洋动力的作用下，又会发生蚀退现象。如刁口河流路 1976 年 5 月改道清水沟流路停水停沙后，至 2000 年 5 月，沙嘴最突出部位(0 m 线)蚀退距离为 10.5 km，平均蚀退距离为 7.67 km，蚀退速率为 319 m/a；蚀退面积为 115.1 $km^2$，年平均蚀退面积为 4.8 $km^2$。

(3)自然资源丰富，开发潜力巨大。黄河口地区北靠京津唐，南连山东半岛，是环渤海经济区和黄河经济带的结合部，也是海陆连接东北和中原两大经济区的重要通道，区内石油、土地、海洋等自然资源丰富，开发潜力巨大。但水资源贫乏和生态环境脆弱严重制约着地区经济的发展。

## 三、黄河口海洋动力特性

黄河口海洋动力对入海泥沙扩散输移、淤积、河口形态、水下滑坡体塑造及河口行水年限等具有重要的作用。黄河口海洋动力有着诸多重要特性，利用海洋动力进行河口治理已成为目前河口治理的重要特点之一。

### （一）潮汐潮流特征

黄河口属弱潮河口，大洋潮汐经渤海海峡进入渤海后，受地转偏向力及地形影响，一方面向北绕辽东湾左旋，在秦皇岛处形成一无潮点；另一方面则向西经由渤海湾沿逆时针方向向东推进，在黄河口附近的五号桩以外海域形成无潮点。不少学者对黄河三角洲地区的无潮点进行过研究，1936 年日本的小仓申吉首次计算出了黄河海域无潮点的位置。中国科学院海洋研究所王涛等经过计算分析，于 1995 年在一份报告中提出，$M_2$ 分潮无潮点的位置是在变化的，其变换趋势是向东偏南移动，同时还估计了 2004 年、2014 年无潮点的位置，指出这种变化与三角洲水深地形变化有直接关系。实际上，由于受黄河口不断变迁的影响，三角洲海域的地形与水深不断变化，从而引起 $M_2$ 分潮无潮点的位置不断发生变化。黄河口海域 $M_2$ 分潮无潮点的存在与黄河口地形延伸具有密切的关系。理论中的分潮无潮点具备两个特征：一是无潮差，二是流速最大。而现在这两个分潮无潮点仅满足无潮差第一个特征。如秦皇岛外 $M_2$ 分潮无潮点恰位于流速最弱区，五号桩 $M_2$ 分潮无潮点在两侧西北—东南向形成弱潮流带，而其 $M_2$ 无潮线（带）则呈东北—西南分布。黄河三角洲海域的强潮流带与 $M_2$ 分潮无潮点的位置并无必然的关系。这些特征构成了黄河口海域独特的潮汐特征。表 1-2 列出了黄河口外历年 $M_2$ 分潮无潮点位置情况。

**表 1-2　黄河口外历年 $M_2$ 分潮无潮点位置**

| 发表年代 | 作者 | $M_2$ 分潮无潮点位置 | |
|---|---|---|---|
| | | 北纬 | 东经 |
| 1936 | 小仓申吉 | 38°10′ | 119°13′ |
| 1958 | 中国科学院海洋所 | 38°10′ | 119°12′ |
| 1964 | 刘好治 | 38°06′ | 119°13′ |
| 1980 | 沈育疆等 | 38°22′ | 119°20′ |
| 1980 | 刘爱菊等 | 38°14′ | 119°08′ |
| 1980 | 窦振兴等 | 38°12′ | 119°08′ |
| 1983 | 山广森等 | 38°04′ | 118°57′ |
| 1985 | 丁文兰 | 37°59′ | 119°08′ |
| 1985 | 侍茂崇等 | 38°10′ | 119°03′ |
| 1986 | 方国洪 | 38°05′ | 119°00′ |
| 1987 | 王淑雪 | 38°08′14″ | 119°03′57″ |
| 1988 | 中国科学院海洋所 | 38°04′ | 119°00′ |
| 1994 | 中国科学院海洋所 | 38°04′ | 119°04′ |

黄河三角洲潮汐类型按非调和系数 $\varepsilon = (H_{KL} + H_{01}) / H_{M_2}$ 值划分：根据实测资料计算的潮型指数可以看出，五号桩、东营港以西海区为不正规半日潮区，五号桩、东营港附近海区为全日潮区，而五号桩、东营港以南又逐步变为不正规半日潮区，五号桩、东营港附近海区是比较特殊的日潮区，在我国是第四个全日潮区。日潮区一般情况下一个月中有20 d，每天只有一次高潮和一次低潮，而且潮差很小。在最远的湾湾沟口与小清河口则为规则半日潮区。目前，清8出汊黄河口正处于不规则全日潮与不规则半日潮之间。1999年10月9～10日在桩西、孤东、人工河、老黄河口、防潮闸河口5站进行了连续潮位观测，现行清8出汊黄河口正位于老黄河口之间，此时无潮点位于桩西与孤东之间。因此，5站连续观测可以从潮形上反映黄河口海区的潮汐特性。

由5站连同五号桩 $M_2$ 分潮无潮点的位置可知：由于桩西在无潮点以北5 km左右，其他4站都在无潮点以南。各站间的距离沿海岸方向依次大约为20.3 km、12.0 km、40.0 km、32.0 km，现行河口距孤东20 km，距人工河15 km左右，距老河口23.8 km。各点与无潮点的相对位置反映出各站关联的潮汐特性。由观测的潮汐曲线可计算出无潮点对目前河口海岸位置的控制影响。虽然从桩西站到防潮闸潮波传播方向不一致，但由于桩西离无潮点很接近，潮差最小，受无潮点的影响最大。孤东站距无潮点15 km，是桩西距无潮点距离的3倍，因此潮差也增大至少3倍。人工河站位于孤东大堤与河口大嘴之间的海湾河沟内，是最能直接反映河口延伸引起潮汐变化的良好位置站，潮差比孤东稍大，仍是不规则全日潮特性；老河口站已越过新河口大嘴，此站潮流通畅，已反映出正规的半日潮特性；防潮闸河口（又称南烂泥）潮差最大，因为位于河沟内，河沟对潮形相对外海产生了滞后延迟。5个站潮汐特性从1潮汐时内4次涨落过渡到规则的2次。

潮流是潮波中水质点的运动，虽然它和潮位是同一现象的不同表现形式，但是海水在流动过程中受海岸轮廓、海底地形等影响，潮流比潮位更为复杂。据渤海区潮流中心矢量图，顺时序形成回转曲线，在24 h内基本上是两周，三角洲海域属于半日旋转潮流。潮流椭圆的椭率在三角洲近岸小于0.1，离开海岸椭率渐大，在渤海湾中部为0.3左右。在三角洲沿岸是往复流，离开海岸逐渐变为旋转流。椭圆长轴在渤海湾沿岸和莱州湾沿岸都与岸线平行，到海湾顶部几乎与岸线垂直。潮流的旋转方向，在渤海湾为逆时针旋转，在莱州湾大部分水域为顺时针旋转，而在莱州湾顶部附近水域为逆时针旋转。在黄河三角洲海域，以无潮点为中心存在两个高流速区，最大流速大于120 m/s，向四周递减。流速分布，在渤海湾流速梯度小，在莱州湾流速梯度大，产生这种差别的主要原因是渤海湾水深大、纵轴（东西向）长、底坡缓。从1988～1995年清水沟流路河口延伸测得的口门处流速分布可以看出，随着河口的延伸口外流速也有所加大。尤其是自1996年清8出汊行河在原海岸垂直突出7.5 km以来，河口口门外形成了一个高流速区。这是由于等量水体流过河口海域时，过流断面因河口延伸突然缩减7.5 km所致。

### （二）余流、风海流与风暴潮

余流是实测海流中去掉天文分潮引潮力引起的周期性潮流后剩余的由风、地形、密度差、径流、气压等因子引起的非周期性海水流动。

风海流分为纯漂流或倾斜流。海水密度不均匀引起了盐度和温度的水平梯度而产生密度流，波浪在近岸地区的变形而形成波浪流，在口门主流线上径流动量占主要成分。实测资料表明，余流值相比引潮力潮流流速是很微弱的，这种特点影响着河口口门附近泥沙落淤与沙嘴的发育。

风暴潮在黄河三角洲一般以东南大风之后转东北方向影响严重。渤海受东南大风作用的增水量，因受东北大风的作用，壅至渤海西南岸，形成黄河口区的风暴潮。进入渤海湾的旋转潮波，受三角洲突出海岸影响形成 $M_2$ 无潮点，致使无潮点附近两侧海湾存在大于5 h 的潮时差。因此，对于同一增水，三角洲受灾过程也不相同，一般来说，渤海湾受灾，莱州湾灾小或无灾，反之亦然。

黄河三角洲是风暴潮多发海域，百年来黄河三角洲发生高于黄海平均水面 3.5 m 的风暴潮潮灾近 10 次（1890 年、1938 年、1964 年、1969 年、1980 年、1992 年、1997 年、2003 年等）。风暴潮使三角洲海岸水位升高，波浪和海流成倍增大。这些强动力过程联合作用，入侵潮滩数十千米，淹没村庄良田，往往造成巨大的经济损失与人员伤亡，更使三角洲海域水下地形发生强烈重新塑造、堆积。例如，1969 年 4 月 23 日发生在莱州湾的强风暴潮，在 2～3 h 内冲垮了 70 km 长的护岸，向陆地推进了 30～40 km，受灾人数达 20 万人，被淹面积 1 000 多 $km^2$；1992 年“9·1”风暴潮是 50 年一遇的特大风暴潮，最大风速 50 m/s，增水 3.5 m 以上，持续时间达 17 h，给三角洲东部带来巨大灾害；1997 年 7 月由黄河登陆的仅次于 1992 年的特大风暴潮，又使三角洲西部数个村庄被淹，海防乡房屋进水 1 m 以上，整个乡政府大部分被水毁，不得不搬迁。再如，2003 年 10 月发生的温带强风暴潮，使莱州湾附近沿岸经济损失 6.13 亿元，受灾人口 26 万多人。同时，这次风暴潮也给胜利油田沿海防护工程带来了较大损失，海堤塌陷，石油平台损坏，直接经济损失约 3.0 亿元。

半个世纪以来，黄河三角洲地区 6 次风暴潮的最高潮位各地表现不一，而且真正实测到风暴潮最高潮位的站极少（仅羊角沟一站），大部分站的风暴潮最高潮位都是通过调查、测量风暴潮痕得到的。例如，1997 年 8 月三角洲沿岸发生风暴潮，羊角沟站 8 月 20 日出现最高潮位 2.58 m，东风港出现最高潮位 3.26 m。

**（三）波浪特征**

黄河三角洲五号桩地区及其附近海域无实测气象资料，国家海洋局北海分局在岔尖设海洋站，与五号桩在同一纬度线上，二者相距 83 km，同属海滨浅滩区，周围自然环境相似，基本上可代表五号桩地区情况。为更好地引用该资料，1984 年 10 月在两地曾设站点对风要素进行同步观测，经资料对比和相关分析，将岔尖海洋站 1962～1971 年的 10 年资料进行处理，得到五号桩地区风要素的特征及概况如下：

由对港区影响较大的风速统计资料知，风速大于 20 m/s 和风速大于 25 m/s 等速线的范围，在时间分布上主要于 1～6 月和 10～12 月出现，尤以冬季和春季较为突出。风速大于 20 m/s 的月份多达 11 个月，仅 9 月没有发生，但风速也十分接近，达到 19.3 m/s。在风向的部位上主要是 N—E 和 WNW—NNW 的范围，其中以 ENE、NE、N 和 NW 4 个风向最为强烈和频繁。由于 W 向风是自岸吹向海区，故一般掀沙作用和风浪的影响较小，相反 WNW 范围内的强风，由于来自海上，吹程长，风浪和增水作用强烈，故往往形成风暴潮，给黄河三角洲地区造成灾害和严重侵蚀，同样是港区安全和航道淤积的关键所在，相对 S 向和 W 向风，不仅风力小，而且吹程短，故影响较小。

黄河口的波浪资料都是基于五号桩海港、埕岛油田水域波浪观测得出的，观测资料缺乏长系列实际观测资料，而其他海域波浪观测资料甚少。基于上述材料，采用相关法进行有关统计分析得到黄河口的波浪特性认识结论如下：

（1）黄河口附近海区的波浪，主要是风浪。波浪的大小随风速大小而变化。强浪向为NE向，次强浪向为NNW向，常浪向为S向。

（2）该海区寒潮形成的波浪最大，实测最大波高5.7 m，周期9.0 s。一般每年10月发生寒潮，7～15 d出现一次，波高在3 m以上。

（3）台风海浪出现概率较小，渤海平均3～4年一次，最多两年一次，实测最大波高4.2 m。气旋每年出现2～3次，最大波高2.1 m。

（4）一般天气过程，波浪高度不超过1.5 m。

（5）波浪进入浅水区，当水深为波高的1.28倍左右时，波浪发生破碎。破碎瞬时流速很大，对海岸冲刷强烈，产生回流将泥沙带到破波带，形成沿岸流输沙。因此，波浪是黄河三角洲沿岸输沙的主要动力因素之一。

**（四）黄河口海域急流特性**

急流也是一种经常发生的海洋灾害，急流是一种速度很大的持续时间不长的突发性高速流动，其速度可比平时大数倍。这种流动的持续时间一般为数分钟至数十分钟，分布的范围不大。渤海不仅是风暴增水的频发海域，也是急流的频发区。根据1995年4～5月渤海湾10 m水深观测资料发现：正常情况下海底处观测到的流速一般为10～20 cm/s，最大不超过30 cm/s。但观测期间出现了多次突发性高速流动。流速大于100 cm/s的急流平均不到两天就发生一次，持续时间从数分钟到1 h不等。最大流速为317 cm/s，持续时间40 min，然后突然下降到30 cm/s的正常情况以下。急流的方向一般在300°左右。

急流的发生有其规律性，且速度很大，不仅冲刷浅滩，而且能作用到10 m水深以上海底。这是波浪潮流作用不到的区域，也是深水区常发生剧烈冲刷的原因所在。

急流的产生与风暴潮增减水的发生密切相关，在风暴潮增减水发生的同时必然也伴有风暴急流。只是风暴急流的范围要比风暴潮增减水的范围小得多。它只局限于局部海域，持续时间也较短。急流不仅在风暴潮期间发生，在其他情况下也能发生，如1995年4～5月观测的急流大部分是在风力不大时观测到的。由于急流近几年才开始研究，具体成因还需进一步分析观测。

## 四、黄河口河段洪水特性及河床演变

**（一）黄河口河段洪水特性及设防流量**

利津是黄河下游最后一个水文站，也是黄河口地区的水沙控制站，实测最大流量为10 400 $m^3$/s（1958年7月25日）。由于下游河道的滞洪削峰作用，花园口洪水到达利津后其过程线已变得相当矮胖。如1958年洪水，花园口站实测最大流量22 300 $m^3$/s，利津站实测洪峰流量为10 400 $m^3$/s，而且10 000 $m^3$/s以上流量的持续时间也在2 d以内。对于1954年、1982年洪水，花园口站洪峰流量在15 000 $m^3$/s左右，到利津站洪峰流量虽为8 000 $m^3$/s左右，但大于5 000 $m^3$/s流量的持续时间超过7 d。

为了和黄河下游各河段设防流量协调一致，小浪底水库投入正常运用后，艾山至西河口河段及西河口以下河段的设防流量分别为 11 000 $m^3/s$ 和 10 000 $m^3/s$，与 1992 年国家计划委员会批复的《黄河入海流路规划报告》保持一致。

**（二）河口段河道平面摆动特点**

通常称道旭断面以下至黄河入海口为河口段，总长 140 km。其中道旭至西河口河段为弯曲性河段，两岸均有大堤和控导工程约束，两岸平均堤距 3.1 km，主槽平均宽度为 887m，为上窄下宽形态，多年来河势无大变化。西河口断面以下的清水沟流路河道为宽浅河道。其中清 4 断面至清 8 断面为近口段，清 4 断面以上有两岸大堤约束，平均堤距 7.3 km。譬如 1976～1979 年主流数次大幅度摆动（最大摆动距离为 1979 年的 23 km），河势变化较大，1980 年至今河道相对稳定，河势变化维持在一定范围内。

黄河口感潮段较国内其他大江大河均短，根据以往拦门沙水文泥沙因子测验资料分析，枯水季节径流较小时，潮波影响到口门以上 17 km，而汛期流量较大时，潮波仅影响到口门以上 12 km，因此可以判定现行河口的感潮段最长不超过 17 km，一般中水流量时感潮段长度在 10 km 左右。潮流界比潮区界更短，一般在口门以上 6～7 km。

由于黄河口属弱潮陆相堆积性河口，随着泥沙的不断淤积，沙嘴逐年向海延伸，海岸线亦逐渐向海淤进，河口段河道长度也就不断增加，河口河道分汊的摆动顶点亦逐渐下移。由实测资料分析，1979 年前河口段河道分汊摆动以清 4 断面为顶点，1980 年以后摆动顶点下移至清 7 断面附近，1988 年以后又下移到清 10 断面等。分汊顶点下移是一个连续的过程，其由河口沙嘴延伸突出所决定。入海口方向受近口段以下河口段河道水流动力轴线调整影响。上段水流动力轴线的改变，必然要调整口门处的水流动力轴线，从而改变口门方向。这就是每次洪峰改变黄河入海口方向的直接原因。如果河口沙嘴受到海洋动力侵蚀以致形态失衡，沙嘴腰部冲蚀严重，此部位又与水流水动力轴线顶点重合，于是在此部位发生分汊，将较大地改变入海口方向。一般情况下，此部位分汊点位于潮流界位置。

**（三）河口段河道冲淤变化**

由以 1980～1989 年道旭至清 7 断面冲淤变化来表征清水沟流路河口段河道的冲淤观测资料可知，道旭至 Cs7 断面 1980～1985 年表现为非汛期淤积，汛期冲刷；1986～1996 年汛前以淤积为主；1996 年汛期至 1997 年汛前因受 1996 年清 8 出汊工程影响，表现为冲刷；1997 年汛期以后又表现为冲淤交替。Cs7 至清 7 断面间相同，1996 年汛期以后该区段紧靠河口，受清 8 出汊工程影响均表现为冲刷。如不考虑清 8 出汊工程影响，上述特性正反映了清水沟流路完整的演变过程："冲刷—回淤—淤积—冲刷"。如分时段分析，可以发现 1980～1998 年道旭以下断面经历了"冲刷—回淤—淤积—冲刷"的变化过程。1980～1984 年的初始冲刷阶段是清水沟流路度过前期漫流过程，达到顺直单一良好河势后引起的溯源冲刷阶段。1985～1998 年之间的两段淤积过程是由于河道延伸后产生的溯源堆积过程；1996～1998 年又出现冲刷现象，表现了清 8 出汊、挖河固堤等人工措施作用的共同影响。

**（四）河口段河道演变的影响因素**

河口段河道演变是河道挟沙水流动力与两岸大堤、险工约束、引黄闸启动影响、河口尾闾变迁、河床组成等因素相互作用的结果。

(1)黄河大堤的束缚作用。大清河原是一条小河,河身蜿蜒曲折。黄河改走大清河后,河口段两岸大堤是在沿河围修的民埝基础上发展起来的;堤身自然弯曲,形成了一些特殊的卡脖子狭窄河段。大堤的紧缩与扩张束缚了河道水流进一步向两岸横向扩散;在河道水流动力的作用下河道必然向弯曲性河道方向发展。黄河夺大清河后,水量激增,河道水流动力增大,弯道处水流顶冲,受边界条件约束,水流在动力的作用下转而冲向对岸,水流在对岸受阻后再折回;如此反复。河道水流动力与两岸大堤边界条件相互作用、相互制约、相互调整,以致河身在局部摆动,河道所要求的弯曲半径也随着增大,河道进一步向弯曲型发展。

(2)河道工程的影响。黄河下游河道1880年陆续筑堤后,下游河道开始淤积。河口段河道本就是古黄河冲积扇范围,主流在大堤之间节点约束下可以相对自由来回摆动,给河道调整创造了条件。因此,大堤兴建后,为约束水流的摆动不超过一定范围,两岸河道工程确定了调整水流动力轴线的走向,是水流归槽的重要人工措施。

(3)引黄闸运用的影响。引黄闸的启闭一方面影响着闸口以上的水流特性,一方面又起着险工节点的控制作用,同时在闸口以下调整出新的河势。

(4)入海河口位置的影响。河口位置的摆动,改变了摆动点以下河道的平面形态,在水流动力的作用下必然自下而上引起整个河口段河道的重新调整,诱发河道河势变化。入海河口位置的改变,一般使河长缩短,比降随之增大,河道中间位置水流势能随之增大,必然导致溯源冲刷。加上入海海域海动力的不同,又会导致河道溯源冲淤出现不同的变化。

**(五)河口拦门沙特性**

黄河口是世界上输沙量最多、含沙量最大和来沙量最集中的河流,当黄河水到达河口后,黄河挟沙入海水流在海洋动力顶托下,流速迅速减小。同时,盐淡水介质混合后,泥沙发生絮凝和团聚,更加大了沉积速度,造成泥沙集中形成黄河口拦门沙。拦门沙紧堵在河口内,其上游是缓慢加深的河槽,向海的一侧则是海岸陡坡,整个拦门沙像一个滚水坝,对行洪排沙具有很大的阻碍作用,是造成黄河下游淤积严重、水位抬高的原因之一。如果单纯地把拦门沙挖掉,因为其生成的条件还存在,很快又会形成。

黄河口拦门沙具有明显的径流特征,粒度的沿程分布分选良好,基本上是上游粗下游细,河道内及拦门沙顶粗,陡坡以下较细。拦门沙顶部的粒度都较粗,原因则是季节变化比较明显,枯季沉积物中值粒径 $d_{50}=0.062\sim0.080$ mm,洪水期粒径变细,$d_{50}=0.031\sim0.062$ mm。

国内外河口拦门沙粒度,虽然强潮河口粒度较粗,弱潮河口粒度较细,但都是粉砂,如长江口、珠江口、密西西比河口、塞纳河口等。然而这些河口拦门沙河床,都不像黄河口拦门沙这样坚硬。黄河口拦门沙——“铁板沙”河床,可能是流域大量来沙,在河口门急剧沉积的结果。另外,洪水期大量泥沙可直接输送到拦门沙前缘岸坡,与此同时推移质河床沙质推进沉积在拦门沙顶部。非汛期径流量少,拦门沙前缘受海洋动力强烈侵蚀作用,岸坡上部粒度变粗,所以黄河口拦门沙粒度的时空变化具有洪水期强烈淤积、枯水期侵蚀的动力特征。

# 第二节　黄河口治理与黄河治理开发的关系

## 一、黄河口治理现状及存在的主要问题

### （一）东营市社会经济概况

黄河口的治理开发，极大地促进了地区经济社会的发展。在共和国这块年轻的土地上，已发展起一座新兴的中心城市——东营市，黄河三角洲已从一片荒凉走向初步繁荣。东营市整体经济发展水平居山东省前列，胜利油田已成为我国第二大油田，石油产量仅次于大庆油田。东营市于1983年10月建制，是黄河三角洲的中心城市，全市设3县、2区（即利津县、垦利县、广饶县、河口区和东营区），土地面积7 923 $km^2$。2003年，全市总人口为176.81万人，人口密度为223人/$km^2$，人口自然增长率为3.79‰。东营市人口城市化水平较高，其中农业人口96.07万人，占总人口的54.3%；非农业人口80.74万人，占总人口的45.7%。

2003年，东营市全市生产总值696.08亿元，比上年增长16.7%。其中，第一产业增加值37.36亿元，增长7.9%；第二产业增加值553.18亿元，增长17.4%；第三产业增加值105.54亿元，增长16.5%。人均生产总值3.95万元（约合4 700美元），增长15.8%。地方经济继续保持较高的发展速度，2003年地方经济增长率为22.2%，实现地方生产总值324.78亿元。

黄河三角洲地区石油和天然气资源丰富。据2001年年底统计，累计探明石油地质储量35亿t，天然气地质储量230亿$m^3$，油气资源的开采也是黄河三角洲地区的支柱产业。2002年石油产量2 671.51万t，天然气7.5亿$m^3$，全年完成销售收入345.4亿元，实现利税148.5亿元，利润108.2亿元。

2003年，全市农林牧渔业总产值70.63亿元，比上年增长8.7%，其中农业总产值34.59亿元，比上年增长7.3%。全市粮食作物种植面积186.98万亩[1]，粮食总产量66.25万t，人均粮食产量375 kg。全市棉花种植面积创历史最高水平，达到99.78万亩，总产量7.28万t，比上年增长51.8%。林业总产值0.71亿元，全年完成造林面积18.87万亩，森林覆盖率达到15.6%。牧业总产值15.66亿元，肉类总产量13.37万t，禽蛋产量8.89万t，奶类产量4.01万t。渔业总产值14.51亿元，全市水产养殖面积151.9万亩，其中海水养殖面积110.1万亩，内陆养殖面积41.8万亩。水产品总产量33.32万t，其中，海洋捕捞产量10.93万t，海水养殖产量14.52万t，内陆捕捞产量0.95万t，内陆养殖产量6.92万t。目前在沿海地区已形成海产养殖、石油开发、港口及渔港、盐业生产、种植等多种滩涂开发利用方式。

1993年国务院批准东营市为沿海经济开发区，黄河三角洲被列为农业综合开发区和国家级生态经济示范区。山东省把黄河三角洲开发列为两大跨世纪工程之一，确定将东营市建设成为重要的能源、化工、农牧渔业基地和现代化石油港口城市。1994年联合国

---

[1] 1亩＝1/15 $hm^2$，全书同。

开发计划署(UNDP)将“黄河三角洲地区资源开发与环境保护”列为“中国21世纪议程优先项目计划”。2001年,以东营市为中心的黄河三角洲高效生态经济区建设被列入国家“十五”计划纲要,同年4月,东营市被联合国工业发展组织绿色产业专家委员会确认为“国际绿色产业示范区”。

**(二)黄河口治理现状**

人民治黄以来,随着黄河口地区经济社会的发展,特别是石油工业的发展,国家高度重视黄河口的治理和开发,黄河口治理取得了巨大成就。自1950年以来,为保护河口地区的工农业生产并减轻黄河下游防洪负担,分别于1953年、1964年、1976年实施了三次人工改道,1976年黄河有计划地改道清水沟流路以来,黄河河务部门、胜利油田、东营市共同对清水沟流路进行了大量的治理工作,1988年在河口地区进行以“尽量延长现行清水沟流路使用年限”为目标的疏浚试验;1996年以来,按照国家计划委员会以计农经[1996]238号文批复的《黄河入海流路治理一期工程项目建议书》,实施了河口治理一期工程。截至2009年年底,河口地区共有设防堤段长77.466 km;险工4处,工程总长3.101 km;河道整治工程11处,工程总长20.717 km。这些治理措施初步形成了防洪工程体系,对减轻黄河下游河道淤积、保障黄河下游防洪防凌安全、保障河口地区工农业生产和人民生命财产的安全,起到了重要作用。

在建设防洪工程的同时,黄河三角洲沿海地区陆续兴建了防潮工程,已建防潮堤395.4 km,对减少风暴潮灾害起到了重要的作用。为了满足胜利油田和东营市工农业发展用水要求,近20多年来,在黄河口地区兴建了一批引水工程和平原水库,已初步形成了以开发利用黄河水资源为主体的地表水和地下水工程体系。

**(三)黄河口治理存在的问题**

目前,黄河口治理存在的突出问题主要是洪水、风暴潮威胁依然严重,水资源供需矛盾日益尖锐,生态环境呈恶化趋势,现行管理体制很难适应黄河口治理形势发展的需要及黄河口研究工作相对滞后等。分别而言,一是洪水、风暴潮威胁依然严重。已经实施的黄河入海流路治理工程改善了不利河势,相对稳定了入海流路,提高了河口河段的抗洪能力,1996年清8改汊后河口淤积延伸速度减缓。但由于来水少、洪水小,1999年以来河口河道主槽淤积萎缩严重,同流量水位抬高,对利津以上河道淤积产生不利影响,加之防洪工程不完善,中常洪水也可能“冲决”、“溃决”大堤,防洪形势仍然严峻。已建防潮堤发挥了很大的作用,但工程标准偏低,部分防潮堤年久失修已失去挡潮作用。二是水资源供需矛盾日益尖锐。黄河口地区淡水资源贫乏,黄河来水持续减少,已不能满足黄河口地区生态、生活、生产用水要求。三是生态环境呈恶化趋势。近20年来,随着工农业生产的不断发展,黄河入海水沙量锐减,河口地区的生态环境受到不同程度的破坏。水质污染严重,地下水矿化度高且采补失调,近海水生生物的生存条件受到严重影响。由于海水入侵、风暴潮的影响以及排水设施不健全,出现土壤次生盐渍化问题。四是现行管理体制不适应黄河口治理形势发展的需要。目前黄河口治理是由水利部、石油部门和山东省多方投资建设和管理的。由于多头无序管理,给黄河口治理带来了许多不协调问题,现有的管理体制和投资机制已成为黄河口治理和研究的重要障碍。五是新时期黄河口治理方略尚不明确。虽然近20多年来,有关单位开展了大量的河口治理研究和地区经济社会发展规划工作,但其成果大多数是针对某一方面的问题进行的规划或研究,对黄河口治理和黄河下游治理、黄河口生态环境保护和地区经济社会发展之间的关系及其内在机制,缺乏深层次的、全面的、系统的研究,更缺乏科学的手段进行论证比选,严重制约着黄河口地区的综合治理和经济社会的可持续发展,亟待通过黄河口模型试验加以解决。

此外,由于近几年黄河下游进入河口的沙量减少,引起行水口门海岸区淤积减缓甚至蚀退,如1998年以后,黄河口海岸线一直处于严重的蚀退状态,到2002年5月,现行河道蚀退2.83 km,蚀退面积约15.8 $km^2$。1996年7月黄河改走清8汊河,原河口大沙嘴,在海水侵蚀作用下,至2003年7年间顶端后退了大约5.72 km,平均每年蚀退0.82 km。通过模型试验,研究黄河口海岸侵蚀原因,揭示岸滩的侵蚀规律,提出防护对策,对油田开采、港口建设和保护人民生命财产及生态环境都具有重要的意义。

## 二、黄河治理开发对黄河口治理的要求

黄河是一条多沙河流,治理开发的主要任务是防洪减淤、水资源的利用管理和生态环境保护等,解决黄河下游防洪问题将是黄河治理开发的主要任务之一,其主要目标是实现堤防不决口、河床不抬高。实现黄河河床不抬高的措施有减少进入黄河下游的泥沙,通过工程措施调水调沙,尽可能多地把泥沙输送入海。

黄河入海流路的摆动改道,不仅直接关系着黄河三角洲地区的开发布局,而且对黄河下游河道冲淤变化及防洪产生大的影响。特别是当河口淤积延伸及尾闾河道不通畅时,会使上段河道产生溯源淤积,增加防洪负担。因此,入海流路的安排及尾闾河道的整治,必须与下游防洪要求相协调,要有利于减缓下游河道的淤积抬高速率,有利于减轻防洪负担。从长远考虑,为了适当控制河道淤积延伸速率,有计划安排入海流路改道、加强河口河段治理以及采取减缓河口淤积延伸的措施是十分必要的。

黄河下游防洪减淤总体部署对河口治理的要求是:要加强河口综合治理,减少河道近口段淤积,保持河口段有足够的排洪能力;保持一个较大的堆沙海域,尽可能减缓河口延伸速率,减轻溯源淤积的影响;有计划地安排入海流路,加强工程措施和非工程措施建设,使清水沟流路在较长时间内保持相对稳定;从长远看,还要考虑备用流路。

黄河口的淤积延伸是造成黄河下游不断淤积抬高的基本原因之一。黄河口治理直接关系到黄河下游的长治久安,保持入海流路顺畅,有利于黄河洪水、泥沙排泄入海,减轻黄河下游防洪负担。因此,黄河口治理对黄河下游防洪具有重要意义。

## 三、黄河口防洪治理总体布局

目前黄河口地区堤防的设防标准是,西河口10 000 $m^3/s$ 水位不超过12 m。河口河段(西河口以下)防洪保护的主要对象,北岸为孤东油田(年产原油约500万t)、五号桩油田、孤岛镇、仙河镇、河口区及东营港等,南岸主要为黄河农场总场,建林、新安等乡镇。

根据黄河下游防洪减淤总体部署和黄河三角洲综合开发对黄河口治理的要求,黄河口防洪治理的总体布局如下:

(1)将西河口10 000 $m^3/s$ 水位不超过12 m作为改道控制条件,行河次序为清8汊河→北汊→原河道。将刁口河流路作为备用流路加以管护。考虑有计划地安排入海流路

并采取河道整治、淤背固堤、挖河疏浚等综合治理措施，使清水沟流路在50年左右的时间内保持稳定。

(2)对目前堤防高度、强度不能满足规划水平年设防标准的堤段予以加高加固。结合挖河疏浚淤背加固堤防，以免顺堤行洪引起冲决或溃决。对丁字路以上河段加强河道整治工程建设，稳定河势，控制中水河槽，使黄河口河段流路顺畅，增加泄洪排沙入海能力。

(3)加强黄河口河段水情测报、防汛通信、机动抢险队、洪水风险分析等防洪非工程措施建设，加强工程管理机构设施建设、工程维护，加强观测与科学试验等基础性工作，并对黄河口管理体制提出建议。

## 第三节　黄河口模型试验基地建设的必要性

依靠黄河口模型试验可以系统地研究影响黄河口变化的各种因素和它们相互之间的关系，能够将一些抽象的现象直观地表现出来，甚至加以量化，能够反映不同方案的治理效果。因此，建设黄河口模型试验基地是科技治黄的必然选择，在现代治黄工作中具有不可替代的作用。

### 一、黄河口治理是黄河总体治理开发的重要组成部分

黄河口是典型的弱潮多沙堆积性河口，现状利津以下清水沟流路全长曾一度达到112 km，约占整个黄河下游河长的13%，是整个黄河下游河长的一部分；而且，黄河口地区还是黄河来水来沙的承泄区域，统计表明，1950～2002年多年平均来沙量8.23亿t，约占整个下游来沙量的73%。黄河口的稳定影响到整个黄河下游的稳定，黄河口的治理作为黄河总体治理不可缺少的有机组成部分，古往今来一直得到治河决策者的高度关注和重视，有“大河之治，始于河口”之称。尤为重要的是，黄河口的演变与治理对于整个黄河下游河道的治理也具有极其重要的作用和借鉴意义。之所以如此，其一，河口的演变历程从宏观上来说是黄河下游河道兴衰变迁的一个缩影。从先秦到民国时期的2 500多年中，黄河共决溢1 590次，改道26次，可谓“三年两决口，百年一改道”；自1855年河决河南兰考从山东利津入海以来，发生在三角洲顶点附近大的流路改道9次。根据分析，下游河道的大改道与河口的改道所形成的流路兴衰过程存在着众多相似之处。因此，对黄河口每一条流路演变特性与治理的研究并总结其演变规律，对于预测黄河下游河道的未来发展和制定长远规划具有很大的参考意义。其二，黄河口的治理将直接关系到其上游一定范围内河段的防洪安全。目前，尽管对河口反馈影响的范围尚无定论，但控制河口泥沙淤积延伸，保障河口河道通畅，无疑会改善黄河下游不断淤高的严峻形势，对防洪安全具有重要意义。其三，黄河口治理是事关黄河三角洲地区社会、经济持续稳定快速发展的大计，也是胜利油田发展、东营市兴起、黄河三角洲开发乃至鲁北社会经济实现可持续发展目标的客观需要和前提。

## 二、黄河口模型建设符合黄河三角洲经济发展的需要

黄河三角洲遥对日本、朝鲜，东接辽东半岛，西邻京津，是环渤海经济圈的重要环节，具有潜在的位置优势；它还拥有丰富的石油、土地、海洋滩涂、水产及畜牧业等自然资源，这些资源优势是世界上众多河口三角洲难以相比的。目前，长江、珠江等三角洲均已成为我国经济、科技文化发达地区和对外开放的战略支撑点。

半个世纪以来，黄河三角洲情况已发生了很大变化，特别是20世纪60年代发现了大油田后，对其进行了大规模开发建设，各行各业竞相起步，发展迅速。为适应胜利油田建设和三角洲经济全面开发的需要，1983年10月，经国务院批准成立了东营市。黄河三角洲自然资源丰富，气候条件良好，地理位置优越，蕴藏着巨大的经济发展潜力。仅就当前的石油生产而论，胜利油田年产量约占全国的1/4，总产量的1/2是在黄河口地区。远景石油储量中，85%分布在黄河三角洲内。显然，就各种优势而言，黄河三角洲跻身于兴旺发达之列是有先天条件的。但由于黄河每年挟带大量泥沙到达河口，使尾闾河道处于淤积延伸、摆动改道的恶性循环状态，又受经济实力、科学技术等诸多限制，黄河口治理力度不足，黄河三角洲一直没有得到全面开发，经济发展相对迟缓。面对这一现实，若是任由流路摆动频繁，三角洲开发建设的长远目标不但难以实现，现有的建设成果也将受到影响。黄河口的治理，不仅影响着黄河三角洲的现在，而且决定着黄河三角洲的未来。

近十多年来，黄河三角洲的开发建设越来越受到各级政府的高度重视。1991年11月李鹏总理视察黄河口时指示……黄河治理，要有一套总的方针，包括河口的治理；同年，全国人大常委会副委员长田纪云、费孝通也分别视察了黄河口；1992年1月，黄河三角洲经济与社会发展研究会在北京成立；1993年，山东省把黄河三角洲开发定为跨世纪工程，其自然保护区成为首批45个中国生物圈网络成员单位之一；1995年1月，联合国开发计划署中国政府项目“支持黄河三角洲持续发展”开始执行。目前，黄河三角洲已成为全国八大农业开发区之一，粮棉基地被列为国家“八五”重点项目。江泽民总书记在1999年6月视察黄河期间指示：要努力把黄河三角洲建设成为环境优美、经济繁荣的经济区，并强调说，黄河三角洲石油资源丰富，土地和海洋资源充足，生物资源多样，蕴藏着巨大的开发潜力，一定要好好开发。1997年6月国家对《黄河治理开发规划纲要》的审查意见中也强调，要抓紧黄河口治理，相对稳定入海流路，为黄河口地区的可持续发展创造有利的条件。这表明，国家对黄河口地区的治理开发极为重视。

总之，黄河三角洲的经济开发与建设，极大程度上依赖于黄河口的治理，而黄河口有效的治理又必须有强大的科技支撑。黄河口如能得到有效治理，不仅有利于三角洲地区国民经济的持续稳定发展，对于整个黄河下游河道的治理也具有极其重要的作用。进入21世纪，环渤海地区和黄河流域将成为经济发展的重点地区，位于环渤海地区与黄河流域经济带交会区上的黄河三角洲的经济战略地位必将日趋重要。因此，通过模型试验加强黄河口的研究符合黄河三角洲经济发展的需要。

## 三、开展黄河口模型试验是河口治理开发进程的必然选择

人民治黄以来，众多的专家学者利用资料分析、现场试验、卫星遥感等手段，针对河口

淤积延伸、造陆、改道、冲淤演变规律以及滨海潮汐潮流特性、河口治理措施等进行了广泛深入的分析研究，提出了许多重要成果。但是，黄河口的演化环境极为复杂，如径流与海洋动力多属弱相耦合，但泥沙通量却相当高；径流输移的泥沙细且具有浑水异重流与盐水楔并存现象；潮流弱但沿岸往复流特征十分突出；海岸发育受径流来沙量影响大且延伸、蚀退迅速；三角洲开阔而流路滩岸抗冲性却很弱等。这些特殊的自然地理环境条件，使得黄河口冲淤演变较其他江河的河口具有特殊的规律性，加上黄河口观测资料既少又不系统，黄河口数学模型还很不成熟，对上述诸多现象还难以模拟，使得许多事关河口治理的重大技术问题未得到解决，严重制约着黄河口的治理和开发。因此，开展前述问题的研究，只有通过模型试验并结合实测资料分析、数学模型计算等综合研究才能得到有效的解决。

开展黄河口治理研究，模型试验是不可缺少的手段。国内外许多大江大河河口治理均开展模型试验。例如，美国为进行密西西比河口西南水道 12 m 水深规划，采取现场测验配合模型试验，先后提出 21 个方案。荷兰的莱茵河口，在确定进港航道宽度与深度时，均进行了水工模型试验和船模试验；法国的塞纳河口整治方案，在数学模型的配合下，通过模型试验，再现了航道的变迁；加拿大的圣劳伦斯河口航道整治，英国的泰晤士河口疏浚方法等，都是经过激烈争论后，为了慎重起见，最后又都进行了模型试验。我国的长江口、珠江口、钱塘江口及海河口等治理的前期，为确保治理措施可行，也均开展了模型试验。因此，开展模型试验已成为研究河口治理问题的必要手段。

显然，黄河口演变的复杂性和黄河口治理的艰巨性、困难性决定了只有通过开展黄河口模型试验，才可能扭转当前黄河口研究严重滞后的局面，提升黄河口研究的质量和水平，为黄河口治理和三角洲开发提供强有力的科技支撑。此外，黄河口模型与黄河水土保持、库区、河道等模型相互配合，构成一个完整的“模型黄河”，不仅对于黄河口的治理，而且对于整个黄河的开发治理和实现水利部对黄河要求的“四不”目标，都显得尤为紧迫和重要。

## 四、黄河口治理的长期性、复杂性要求建设模型基地

黄河口的治理是一个涉及河流、海洋、生态、环境、经济社会等多要素的系统工程，情况复杂，有许多自然规律有待进一步研究和认识。黄河口作为世界上最复杂、最难治理的河口之一，认识并掌握其演变的内在规律十分困难。因此，黄河口的研究和治理任务将是长期和艰巨的。

黄河口的治理是一项长期复杂的系统工程，随着黄河下游治理的不断深入和三角洲地区国民经济的发展，以及黄河口演变与治理新情况、新问题的不断涌现，亦将会给黄河口的治理任务和内容不断提出更多、更细、更高的要求。因此，在未来相当长的时期内，黄河口模型将持续处于运行状态，这就决定了必须建设黄河口模型试验基地，从而为黄河口模型的长久和正常运转以及模型自身功能的系统发挥提供必需的辅助配套设施和完善的保障体系，这也是保证黄河口试验研究成果质量的重要基础。

同时，黄河口试验基地的建成即能形成一个开放式的科研平台，可以吸收更多的专家、学者参与黄河口治理开发的研究，通过强强联合，优势互补，提高黄河口研究成果的质

量与水平。因此,为适应未来黄河口治理与三角洲开发的需要,必须建设配套设施完备、保障管理体系完善的黄河口试验基地。

## 第四节　建设黄河口模型试验基地的可行性

### 一、开展黄河口模型试验具有的技术基础

早在20世纪30年代,德国恩格斯就利用河工模型开展了黄河口模型试验。20世纪50年代中期以后,围绕三门峡水利工程问题,先后开展了三门峡水库排沙效果、黄河下游河床变形预报及整治工程措施、三门峡水库低水位运用后黄河下游河床演变过程等模型试验研究。尽管上述模型都是初步的或探索性的,但在工程上也有一定的意义。为解决小浪底水利工程的规划、设计及施工中的一些关键问题,黄河水利科学研究院(简称黄科院)、中国水利水电科学研究院、南京水利科学研究院等单位,在20世纪80年代开展了小浪底坝区泥沙模型试验,研究小浪底水库泄水建筑物优化布置形式和电站防沙措施。与此同时,黄科院在周口试验基地提出了新的河工动床模型相似律,成功地解决了黄河变态模型泥沙悬移相似、挟沙相似及游荡性河段河型如何模拟等难题,而且还解决了多沙河流模型沙材料的选取问题,克服了以往试验因模型小和固结(往往被称为板结)而不能长期运行的困难。这些进展为90年代相继开展的黄河花园口至东坝头河道整治模型和小浪底至苏泗庄河段河道模型的试验打下了良好的基础。两者至今仍在运行之中,先后完成了“黄河下游游荡型河道整治研究”、“黄河‘96·8’洪水预报试验”、“南水北调穿黄方案论证试验”、“小浪底水库温孟滩移民安置区河道整治模型试验”、“黄河调水调沙试验预报”等重要的科研项目。其中通过河道整治模型试验,就黄河下游河床演变规律、河道整治方案论证、河道整治工程布局、河道整治工程新技术、挖河减淤关键技术等开展了一系列试验研究,研究成果在河道治理中发挥了重要的指导作用。同时,河道模型试验在黄河下游洪水预演预报中也得到了应用,自1992年以来,先后多次开展了黄河下游游荡性河段洪水演进试验,增强了黄河下游防洪预案制订及防洪调度决策的科学性。

1995年之后,黄科院建设了小浪底水库模型、三门峡水库模型、泾河东庄水库高含沙模型等水库模型,首次解决了黄河水库异重流及非恒定排沙过程的模拟问题。其中利用小浪底水库模型主要研究了在不同的水库运用条件下,库区水沙运动规律及变化过程,出库含沙量及泥沙组成,库区纵、横剖面形态变化过程等,还展现了异重流运行、出库过程。再结合小浪底至苏泗庄河段模型试验,开展了小浪底水库拦沙初期运用方式对下游河道的防洪减淤效果试验研究。这些模型试验为小浪底水库运用方式的制定提供了科学依据。

正因为如此,黄河口模型试验解决了黄河治理开发规划、设计和工程建设中的众多关键问题,发挥了科学指导作用,同时极大地促进了治黄科技水平的提高和黄河模型相似理论及试验技术的发展。例如,通过基础试验研究,在泥沙的起动、泥沙的输移、泥沙的沉降和絮凝、高含沙水流的流变特性、不同含沙水流的阻力等方面都取得了基础性成果。尤其是在河工动床模型相似原理、几何变态影响、模型沙选择、黄河高含沙洪水模型的相似律

等方面，取得了理论及技术上的突破，不少研究成果处于国际领先或先进水平，这些都为黄河口模型的设计和试验奠定了坚实的基础。2000 年之后，清华大学、中国水利水电科学研究院、兰州铁道学院等将黄河模型相似理论及试验技术推广到黄河上游和海河、辽河、珠江、塔里木河等流域的相关模型中，均取得了良好的试验效果。

此外，黄河口模型试验还促进了黄河水流泥沙运动基本理论的研究与发展。应该承认，目前在黄河泥沙科研和规划设计中广泛应用的水流挟沙力公式、泥沙群体沉速公式、浑水动床糙率计算式、河床冲淤变形方程、泥沙连续方程以及推移质输沙率公式等，大都是黄科院试验研究人员在 20 世纪 90 年代结合模型试验中的认识图形，从理论上推演出来的，进而又推动了黄河泥沙数学模型的研制与开发。例如，黄科院、清华大学与武汉水利电力大学联合开发的“黄河下游平面二维泥沙数学模型”、“黄河水库准二维泥沙数学模型”、“泾河东庄水库高含沙数学模型”、“黄河宁夏河段准二维泥沙数学模型”、“黄河口平面二维水沙数学模型”、“黄河下游河势变动数学模型”等，基本上是在上述理论分析的基础上，借助黄河模型试验观测而逐渐完善的。

在黄河口模型试验方面，国内外已开展了大量的河口模拟技术开发及试验研究等工作。如半个世纪之前，随着电子工业的发展，模型中潮汐的产生已由简单的机械装置发展为运用光电原理的半自动控制，模型已由清水试验发展到盐淡水混合的模拟试验。像美国密西西比河口西南水道 12 m 水深规划试验、荷兰莱茵河口关于海上进港航道宽度与深度的试验、法国塞纳河口整治方案试验、加拿大圣劳伦斯河口航道整治试验、英国泰晤士河口疏浚试验、德国易北河口动床模型试验等，这些试验在试验技术和相似条件的考虑等方面都有了很大进步，同时测验技术也有较大改进。以这些试验成果为基础，河口的治理都取得了显著的效果。国外河口模型试验一直是解决航道整治、疏浚河槽、盐水入侵以及污染扩散等问题的重要研究手段。

自 20 世纪 70 年代以来，我国做过长江口、射阳河口、辽河口、甬江口、钱塘江口及曹娥江口的模型试验，除长江口模型外，其他模型都研究了河口河段的淤积变化。此外，1988 年，黄科院在周口试验基地也曾开展过黄河口淤积延伸的探索性试验。上述这些都给黄河口悬移质模型试验提供了可贵的经验，也为将要开展的黄河口模型试验提供了技术参考。

根据目前国内外河口模拟技术的新发展，河口数学模型与河工模型的耦合运行，正成为趋势。为使河口模型有较为可靠的试验结果，其模拟范围一般需要伸展至口外海域，而且模型不得不取用较大的几何变率，对相似性亦有影响。又由于柯氏力和风暴潮的作用难于复演，因而对大河河口的模拟存在较大困难。到了 20 世纪 70 年代，随着高速大容量电子计算机的出现，数学模型已推广到河口动力学的领域。数学模型尽管在模拟河口泥沙运动及边界三维变形等方面比河工模型逊色较多，但却有费用省、速度快、周期短、模拟范围大且灵活等优点，还可以模拟柯氏力和风暴潮的影响。显然，把数学模型同河口模型结合起来，两种手段相互补充、相互印证，则可提高河口模型试验的效率。在河口模型试验中实际应用这种设想的是加拿大国家科学研究院水力试验所，他们先后进行了圣劳伦斯(St. Lawrence)河口复合模型、缅因－芬地湾复合模型和塞内加尔河口复合模型试验。目前，中国水利水电科学研究院、黄科院、黄河水利委员会(简称黄委)设计院、山东黄河河务局、清华大学、中国海洋大学、武汉大学等单位，都建立了不同类型的黄河口数学模型，不仅可以为黄河口模型提供相关的边界条件，而且还为今后建立黄河口复合模型奠定了基础。

## 二、测控技术

河工模型的测控仪器及技术直接影响着试验成果的精度和水平，测控系统是河口模型的重要组成部分之一。

国内外已研制有较为成熟的流速仪、红外光测沙仪、NSY-Ⅱ型宽域粒度分析仪等量测仪器，而且 DPTV(粒子跟踪测速)技术在河工模型试验中也得到了应用，可对模型试验中表面流速进行实时快速测量。在潮波模拟设备方面，目前国内所使用的生潮设备和装置主要有空箱式、微型泵式和尾门式等。这些技术只适用于清水或低含沙水流河口模型试验，但是，对于黄河口模型试验仍有着参考价值。

黄科院在长期的模型试验中已研制出一些适用于高含沙水流动床模型试验的仪器和装置，特别是在先期进行的"黄河下游河道模型"、"三门峡库区模型"和"小浪底库区模型"的建设过程中，已经完成了部分测控设备的研究开发工作。例如，在引进国内高精度水位计的基础上，研制成功 SW-2 型光栅水位计，通过对比试验，数据采集精度明显提高，实现了数据采集和传输的自动化；完成了"模型黄河"河道模型厅中的沁河、伊洛河、小浪底进口清水流量自动控制系统，在尾门控制单元，利用交错式尾门，通过加装 SW-2 型光栅水位计、控制柜，实现了尾门水位的自动控制；完成了视频监控系统；高含沙水流多参数测试仪研制的第一阶段(HRL-001 型浑水热示踪流速仪的研制)工作已经通过有关专家的验收。近年来，黄委又将模型地形测量仪的研制作为主攻项目开展了研究。目前已研制出 HSTC-2 型浑水地形探测仪及依据拐点法原理的地形仪。另外，近期还成功研制自动制作模型断面模板机。上述测控系统及量测仪器都颇具特色，在黄河模型试验中发挥了很大作用。

"原型黄河"水文测验技术中所取得的丰硕成果也将为河口模型测控系统的研制提供重要的支持。如已研制出适用于高含沙水流水面流速测验的流速仪、浑水水深回声探深仪等，在泥沙采样方面先后研制出同位素测沙仪、光电测沙仪、振动测沙仪等。

## 三、建筑技术

黄河口模型试验厅，基地面积 45 255 $m^2$，跨度很大，属超大跨度空间结构。超大跨度结构的设计、施工技术成为本工程建设的关键因素。

近年来，各种类型的大跨度空间结构在美、日、欧等发达国家发展很快，建筑物的跨度和规模越来越大。目前，跨度达 150 m 以上的超大规模建筑已非个例，结构型式丰富多彩，采用了许多新材料和新技术，发展了许多新的空间结构型式。我国随着经济实力的增强和社会发展的需要，近十余年来也取得了比较迅猛的发展。工程实践的数量较多，空间结构的类型和形式逐渐趋向多样化，相应的理论研究和设计技术也逐步完善。当前，大跨度空间结构的类型主要有空间网格结构(平板网架结构、网壳结构)和以张力来抵抗外荷载作用的张力结构(悬索结构、膜结构和索－膜结构)等。各种类型的大跨度、超大跨度的空间结构在我国得到了广泛的应用,以体育、休闲、展览、航空港、机库等百米以上大跨度和超大跨度空间建筑物的建成作为我国建筑科技进步的象征,在国内外都取得了一定影响。

成熟的技术、新型的材料以及成功的建设经验为黄河口模型试验厅的建设奠定了良好的基础。

## 四、基地建设经验及人力支撑条件

黄河口模型试验基地的建设是一项系统工程,涉及因素众多,如建筑施工、水电及道路建设、模型制作与试验、量测与控制、人力资源调配等,不仅需要成熟的模拟技术、测控技术、建筑技术,还需要行之有效的组织和管理。在此方面,黄委在郑州北郊的"模型黄河"试验基地、长江口试验中心、北京水利科学研究院试验基地、南京水利科学研究院试验基地、珠江水利委员会试验基地、长江科学院防洪模型基地及清华大学顺义水利试验基地的规划和建设经验,都可为黄河口模型试验基地的建设提供借鉴和参考。

黄河口模型试验基地的建设需要有良好的技术支撑条件,需要以较强的技术力量作为科技资源保障。目前,黄委已形成了一支老、中、青结合的,具有较好理论基础、较强创新能力且能够解决重大科研及生产问题的队伍。利用"模型黄河"工程科技平台,可充分整合黄科院、山东黄河河务局等黄委内部的科技力量,同时聘请国内外专家和学者参与,形成多单位协作、多学科交叉、优势互补、技术手段先进、人员结构合理的攻关队伍,可保障黄河口模型试验基地建设所需的技术资源。

## 五、多渠道筹措资金

黄河口模型试验基地的建设目的是直接为黄河治理开发及管理提供科技服务,是直接与治黄生产实践结合的。在为黄河总体治理开发服务的同时,黄河口模型试验基地的建设,也同样要服务于黄河三角洲地区的建设。黄河口模型试验研究的成果,将为黄河总体治理开发以及地方的治理开发提供科学技术保障。因此,黄河口模型研究的实际需求很大。

目前,多渠道的投资格局已经初步显现,黄河三角洲地区中心城市东营市人民政府、胜利油田高度重视黄河口模型试验基地的建设。根据东营市东政发[2001]15 号文,东营市人民政府将无偿划拨约 1 000 亩土地用于黄河口模型试验基地建设;胜利油田管理局也对模型基地建设作出了承诺,拟出资 5 000 万元用于基地建设。因此,黄河口模型基地建设除基础设施和部分测控系统工程建设需从基本建设资金中筹措外,其余建设可以结合具体的项目开展,通过试验研究项目的实施促进黄河口模型基地工程建设。

# 第二章 黄河口模型试验基地的规划目标和主要任务

## 第一节 规划目标

通过黄河口模型试验基地建设,可运用先进的河工模型相似理论和试验技术、测控技术和信息技术,开展模型试验研究,为黄河口治理开发的重大决策提供科学依据,为相关水利基础设施与海岸工程的建设和运行服务,为“数字黄河”工程的建设提供物理参数,提高黄河口综合治黄的科技含量。届时,黄河口模型试验基地工程将成为河口综合试验的研究中心。

黄河口模型基地规划的总体目标是:紧密结合黄河口综合治理与三角洲开发的生产实际,通过模型试验开展科学研究,为今后黄河口治理开发和三角洲地区经济的持续发展提供强大的技术支撑。

### 一、近期目标

黄河口模型试验基地近期规划目标,按照“统一规划,重点突出,急需先建,分步实施”的建设原则,考虑黄河口治理的具体需求、资金条件及技术条件,近期集中力量和资金建设黄河口模型试验厅、基础试验厅、露天试验场与相应的基础设施、模型及其自动化测控系统,并针对当前最为紧迫的课题进行试验研究,为黄河口综合治理规划及现阶段治理工程布局提供支撑。

### 二、远景目标

在完善近期模型试验系统建设的基础上,通过建立“开放、流动、竞争、协作”的科研体制和运行机制,采取多渠道融资措施,实现良性的自身滚动发展。进一步建设黄河口展览馆、综合工程厅等,逐步建立起由黄河口模型试验厅、基础试验厅、综合工程厅、露天试验场、黄河口展览馆以及相应的配套设施组成的系统齐全、配套设施完备的多功能综合性试验基地和科学技术中心。

## 第二节 规划指导思想

以“科学技术是第一生产力”的战略思想为指导,以服务黄河口综合治理开发的科技需求为根本,遵循“三条黄河”的现代治黄理念,全面规划、统筹兼顾、合理安排、分期实施,采用先进的河工模型相似理论和试验及测控技术,通过黄河口模型试验基地工程建设,构架河口治理科技平台,提升河口综合治理科技水平,实现黄河口综合治理现代化的战略目标。

## 第三节　建设原则

黄河口模型试验基地建设是一项建筑规模大、技术难度大、涉及面广的系统工程，为确保达到预期的目标，建设时应遵循以下原则：

（1）立足全局，统筹规划。黄河口模型试验基地建设是加大21世纪治黄科技含量的一项具有战略意义的系统工程，是治黄近期的重点建设项目。因此，应在立足于治黄全局的层面上，从长远的观点，周详论证，科学比选，制定总体规划。

（2）需求牵引，开放共享。黄河口模型试验基地是服务于黄河口综合治理的科技平台，是研究黄河口演变规律及论证治理方案与措施的重要科技手段。因此，模型基地工程建设内容及任务、模型类型、模型功能及试验研究内容、工程运行机制等，都要以黄河口综合治理的需求进行确定，求实求用。此外，在模型基地建设中，将通过对黄委内部科技力量的整合，面向全社会，吸纳国内外的优秀专家学者，形成强势的科学技术队伍。同样，在模型试验运行中，亦将积极吸引国内外相关单位的力量及知名专家学者，利用黄河口模型试验基地开展同黄河口治理开发有关的科技创新研究，也将根据其他部门的需求进行专项试验，最大限度地实现黄河口模型试验基地这个科技平台的共享。

（3）突出重点，分步实施。黄河口模型试验基地工程建设内容较多，应根据总体安排，考虑轻重缓急和资金、技术条件，坚持突出解决黄河口治理开发中的首要问题、分阶段分层次建设的原则。

（4）成熟先行，探索研发。黄河口模型首先参考成熟的黄河动床模型相似律进行设计，按照成熟的多沙河流试验经验设计黄河口模型水沙循环系统及试验设备，并以此为基础针对带有特殊性的关键技术课题，开展前期研究工作，探索出新的方法，确保黄河口模型试验成功。同样对于测控仪器及设备，为保证黄河口模型基地工程建设的总体进度，也应本着“成熟先行，探索研发”的原则，运用进口流量自动控制、沿程水位自动采集和尾门自动控制等相对成熟的技术，先期建设这部分子系统，同时开展先进仪器的引进、开发与研制工作，使系统逐渐完善。

（5）先进实用，便于扩展。黄河口模型试验要在先进的黄河模型相似理论及试验技术的基础上进行创新，确保成果的先进性。同时按照节约投资的原则选取模型沙材料，达到经济实用。同样，测控系统建设也要积极采用最新技术，以稳定、高效地实现多种测控功能为出发点，支持现有的开发手段和开发成果，降低整个工程造价。除了保证系统建成后在相当长时间内不会因技术落后而大规模调整，还要充分考虑多种应用系统的互操作性以及未来软件系统功能的扩充及硬件设备的增添，保证系统可方便地扩展和升级。

（6）合理布局，交互使用。为节省投资并考虑同周边环境的协调，对模型基地的布局应进行多方案比较，除合理利用空间外，还应注重布局美观。在确定黄河口模型试验厅规模及模型平面比尺时，除重点考虑研究目的和需求外，还应考虑投资规模及建筑结构等因素。模型试验厅的使用要遵循“交互使用”的原则，按照模型建设总体安排，考虑试验研究次序，在一厅内充分利用空间，提高模型试验厅的利用率。

# 第四节 以往研究基础

长期以来,对于黄河口已有大量的科研和规划成果。20世纪50年代主要开展了河口尾闾历史调查和查勘工作,60~70年代对河口基本情况和流路演变基本规律进行了一定深度的研究,还根据防洪、油田开发等要求进行了河口防洪、防凌,有计划改道,水资源利用等治理规划工作。80年代以来,随着黄河三角洲地区经济的持续发展和石油的大规模开采以及河口地区、黄河下游防洪、防凌的需要,开展了河口观测、科研、规划等工作。90年代以来,有关河口演变规律、河口治理措施、生态环境保护、河口陆海相互作用等问题的研究相继被列入"八五"和"九五"国家重点科技攻关项目、国家自然科学基金项目、"973"重大基础研究项目、"863"项目等国家级研究课题,取得一系列重要的研究成果。例如,由李殿魁等完成的"八五"国家重点科技攻关增列项目"延长黄河口清水沟流路行水年限的研究",则围绕黄河入海流路的演进与河口形势、渤海及黄河口附近海域海洋动力状况、利用海洋动力输送黄河口泥沙、黄河口高水位分洪的必要性以及清水沟流路的使用年限等内容进行了深入研究。同时李殿魁基于"三约束"理论,还提出了"双导堤束水攻沙"治理河口的方案。

从规划方面讲,1989年在黄委有关部门、胜利石油管理局的配合下,黄委勘测规划设计研究院完成了《黄河入海流路规划报告》,1992年国家计划委员会以计农经[1992]1842号文批准了该规划报告。1993年由山东黄河河务局编写了《黄河入海流路治理一期工程项目建议书》,国家计划委员会以计农经[1996]238号文批准了该建议书。在1993~1997年,联合国开发计划署(UNDP)资助开展了"支持黄河三角洲可持续发展"项目。1997年按照水利部的安排,黄委勘测规划设计研究院开展了黄河口治理规划,2000年提出《黄河河口治理规划报告》。2002年,在国务院批复的《黄河近期重点治理开发规划》(国函[2002]61号文)中,要求近期加强河口治理,相对稳定入海流路,对近期河口治理的工程措施进行了安排。为了开发黄河三角洲,落实"十五"计划,在山东省委、省政府的直接领导下,由东营市政府与中国综合开发研究院组成联合规划组,于2001年编制了《黄河三角洲(东营)高效生态经济发展规划》。该规划对高效生态农业、绿色工业(包括石油开发)和现代服务业的发展进行了全面规划,并提出了促进这些产业发展的具体政策措施。

以往河口科研、规划成果,为各时期的河口治理提供了重要依据。特别是1992年国家计划委员会批准的《黄河入海流路规划报告》及1996年国家计划委员会批准的《黄河入海流路治理一期工程项目建议书》,对"九五"期间河口治理起到了重要的指导作用。虽然2000年提出的《黄河河口治理规划报告》内容包括入海流路、防洪、防潮、水资源利用、滩涂开发等方面的规划,但对生态环境保护、河口管理等问题重视不够,尚待模型试验研究后加以完善。至于地方政府提出的《黄河三角洲(东营)高效生态经济发展规划》,要求长期稳定黄河入海流路,对黄河水资源提出过高要求,与黄河治理开发的总体部署和黄河水资源总体规划不够协调,不能很好地体现人与自然的和谐相处。

关于黄河口研究的手段和途径,除利用实测资料开展分析外,主要有以下四种:一是运用现代水力学、河流动力学、海洋学等知识,对河口问题进行理论研究,并以此为基础建立数学模型;二是借鉴古今中外的河口治理经验和通过现场试验,提出相关的河口治理措施和途径;三是借助河工模型,开展黄河口的演变、整治方案以及发展趋势等方面的试验研究;四是利用现代化的技术手段,如卫星遥感、遥测技术对河口岸线的变迁、泥沙的扩散等进行观测研究。

就数学模型而言,20 世纪 80 年代后期,中国水利水电科学研究院研制了黄河口平面二维冲淤数学模型,其后又采用"ADI"算法,进一步改进了河口数学模型。该模型涉及复杂的海洋动力因素和河流动力因素,同时还考虑了河口絮凝和团聚现象对泥沙扩散的影响,再配合动边界的计算,使模型能反映黄河口的冲淤现象。此后,黄科院在河口"八五"攻关专题的研究中,也研制了黄河口数学模型。2001 年又研制开发了黄河口水动力学泥沙数学模型。该模型在原黄河下游河道泥沙数学模型的基础上加上了河口淤积延伸经验计算模式,考虑了潮位的年平均变化和潮位的周日变化,建立了黄河口河道一维泥沙冲淤数学模型,同时完成了一二维联解水动力学泥沙数学模型的开发,联解模型计算结果与实际基本符合。近些年,中国海洋大学围绕黄河口泥沙异重流的数值模拟、河口三角洲岸线变迁、河口三维水动力学模拟等问题做了大量工作。其中黄河口泥沙异重流数学模型,在一般平面二维泥沙异重流控制方程中引入了潮相控制,加入了潮位波动项和潮流影响项,同时考虑了河外潮流导致的侧向扩散,模型合理地解释了潮相对河口泥沙异重流的控制作用以及河口泥沙异重流的周期性特征。另外,黄委勘测规划设计研究院、黄科院、山东黄河河务局、清华大学、武汉大学等单位在进行黄河口问题研究和流路规划中,也曾利用各具特色的数学模型进行过计算,解决了部分生产实际问题。但从总体来看,目前的黄河口数学模型计算受天然实测资料验证困难、河海连接问题、动边界处理问题、拦门沙难以模拟问题、异重流运动具有三维性等方面的局限,尚难以按更高的要求解决河口治理工作中出现的问题。

从现有的试验来看,河口模型一般包括定床清水模型和定床悬沙模型两大类,在河口模型生潮系统方面已较为成熟。在河口模型设计中,采用三维不恒定流水沙方程与一维不恒定流水沙方程所得到的相似比尺关系式基本是一致的,不存在河道模型设计与海域模型设计不匹配的问题。在低含沙径流条件下,咸淡水问题不是影响模型设计的关键技术问题。但对于高含沙径流来说,还需对该问题作进一步研究。由于黄河口模型必须开展浑水动床试验,各方面的模拟难度更大,要求也更高。初步与黄河河道模型相似律类比后发现,由于入海水沙运动及河床演变的复杂性,含沙量比尺及时间变态问题仍是黄河口模型的技术关键。

浙江水利河口研究院的熊绍隆探讨了潮汐河口泥沙模型的相似律,提出了各类泥沙模型选沙的主要原则和时间变态的处理方法。近两年,清华大学泥沙实验室进行了引海水冲刷黄河河口段泥沙淤积长水槽试验研究,中国水利水电科学研究院泥沙所完成了"黄河口拦门沙疏浚效果概化模型试验研究"。此外,清华大学黄河研究中心在开展黄河口双导堤治理方案试验时,都涉及了河口模型的相似比尺和模型沙的选配问题,并认为泥沙悬移相似及海洋动力挟沙相似条件得到满足是保证入海泥沙运动与原型规律相同的关键所在,因而必须选取容重适中的材料配制模型沙。此外,为满足河道冲淤变形及河口区水沙运动的相似条件,黄河口模型水平比尺及几何变率均不宜过大。上述这些研究成果为黄河口模型的建立提供了有益的借鉴。

在卫星遥感及GPS应用方面，利用卫星遥感无疑是当今研究河口演变问题的重要手段。20世纪80年代，许殿元等进行了卫星遥感图像地貌信息特点和解译原理的研究，并将其应用于黄河下游平原和黄河三角洲地貌条件的应用研究等，叶青超借助已有的1∶50万黄淮海平原地貌图以及有关的参考文献，在全面解译黄河三角洲地貌成因类型的同时，对三角洲的形成历史以及现在三角洲发育的动态进行了充分的分析；江冲熙等则应用NOVA图像分析了黄河悬沙对鲁冀建港的影响。中国科学院资源与环境信息系统国家重点研究室在充分利用各种已有的资源与环境观测、调查资料的基础上，发挥遥感和全球定位系统的技术优势，在黄河三角洲演化、水流扩散和河海相互作用以及黄河口泥沙扩散研究机理方面作了大量工作，研究认为，在黄河口泥沙扩散研究机理方面，基于遥感，可以达到以下目标：

(1)确定研究的区域，了解相关环境的数据，如气候，水量、沙量的季节性变化。

(2)研究悬浮泥沙水体的光谱特征与其泥沙含量的关系。

(3)选择研究水体悬沙的最佳工作波段及定量分析模式。

(4)根据定量模式反演河口的泥沙分布及扩散。

同时，选用不同时相的卫片和MSS5和TM3进行解译和处理，可以对以下方面作出定性分析：①黄河泥沙分布特征；②潮流对泥沙扩散的影响；③入海位置对泥沙扩散的影响；④河口发育阶段对泥沙扩散的影响；⑤风对泥沙扩散的影响。结合河流、流量、波浪、潮流、风场等相关数据和环境资料作出科学的解释和证明。

另外，中国遥感卫星地面站、中国石油天然气总公司、中国海洋大学、中国科学院海洋研究所、同济大学、中国水利水电科学研究院、胜利油田、北京国土资源遥感公司、山东地矿部地质遥感中心等单位在卫星遥感资料的收集以及应用于黄河口方面也作了探索和研究。

综上所述，现有的研究成果已为建设黄河口模型打下了一定的基础，但同时又要承认，黄河口的研究现状同工程要求尚存在一定的距离，现有成果对河口治理、黄河下游防洪减淤与河口地区经济社会发展、生态环境保护等方面的互动关系，缺乏全面、系统、深层次的研究；工程方案在河口综合治理方向、治理目标、总体布局等方面不够清晰，未能从发展的眼光制订新时期的治水思路。黄河口治理涉及自然、生态、经济、社会各个领域，涉及多部门、多学科，是一个复杂的系统工程。因此，急需在以往工作的基础上，通过模型试验开展河口综合治理研究工作。显然，黄河口模型及其试验基地的建成和运用，将形成完善的黄河口研究体系，从而能够全面提升黄河口研究的水平。

## 第五节　研究内容及主要技术思路

### 一、黄河口演变和尾闾河段冲淤规律

认识黄河口演变和尾闾河段冲淤规律，是解决黄河口生产实践问题最为根本的基础。黄河口模型建成后，就可以研究不同来水来沙条件下泥沙扩散影响的范围(包括对东营港和广利港的影响)及其对河口海岸淤进与蚀退的影响；研究不同水沙及河床、边界条件

和海洋动力条件下海洋动力的输沙能力,找出河口海岸冲淤动态平衡的临界水沙因子。以此为基础,进一步研究入海流路不同阶段的发育过程及条件,重点研究淤滩成槽阶段、冲刷扩展阶段和淤积延伸阶段的规律,找出各阶段流路形成及变化的内在机理。模拟不同水沙及河床边界条件下入海流路的沿程冲淤分布、形态调整、行洪输沙能力变化、造陆速率以及拦门沙演变特征等。

## 二、黄河口发展趋势及其流路的合理安排

未来水沙条件变化如何,既是决定黄河口演变发展特征的主导因素,又是黄河口治理规划和决策必不可少的重要依据。不同水沙条件对黄河口的演变特征和发展趋势可从两个方面研究:一是长时期内不同水沙条件下黄河口的演变特征和发展趋势,二是短时期内不同水沙条件下黄河口的演变特征和发展趋势。对于长时期内不同水沙条件下黄河口的演变特征和发展趋势问题,以往的研究成果大多数依据的只是来水来沙量的大小,并没有考虑其水沙在一定时空内的搭配。为把握不同水沙条件下黄河口的演变特征和发展趋势,必须充分了解和把握河口河段的演变特征和规律,同时要及时掌握河口演变与整治的现状和新情况、新问题,包括河口河段的河床形态、比降、排洪能力、水位变化、延伸造陆状况以及整治工程的布局和作用等,再者要依据各方面的影响因素进行洪水组合概率计算,建立不同的来水来沙系列,然后利用黄河口模型试验预测发展趋势。

依据上述预测结果,就可以有针对性地对流路规划的各种方案在河口模型上复演出来,从流路改道的影响效果、演变特征、发展趋势等方面比较分析,从而确定优选的流路规划安排方案。

## 三、黄河口演变与黄河下游冲淤变化的关系

黄河口演变及其淤积延伸与黄河下游河道冲淤变化的关系问题属于河流纵剖面演变调整的范畴,而河流纵剖面的演变调整要受制于来水来沙条件、河床断面形态及特征、侵蚀基准面变化等多种因素。在以往的研究成果中,因难以实现对上述影响因素的分离或者对河床断面形态的影响考虑不够,再加上该问题本身的复杂性,使得现有各家的认识存在较大差异。通过黄河口模型试验,就可以在给定的来水来沙条件下,通过分别改变侵蚀基准面高程及其上游的河床断面形态,揭示溯源冲刷和溯源淤积的发展过程和机理,探讨分析溯源冲刷和淤积向上游发展时出现的问题,修正和完善河口延伸和侵蚀基准面变化影响的判别方法,从而进一步把握相应的影响机理。

## 四、黄河口地区防洪工程建设方案论证

独特的来水来沙条件、大量泥沙的堆积、河口河段的断面形态以及所处的地理位置,使黄河口成为灾害种类居多、出现概率居高的重灾区域。因此,黄河口的防洪减灾应是河口治理的重中之重。防洪工程建设主要包括工程措施和非工程措施。工程措施包括堤防、险工、控导、导流堤、挖河疏浚等工程的建设,非工程防洪措施主要包括黄河口洪水预报及防洪预案研究等。通过黄河口模型试验,可以获得洪水期的水位变化、冲淤状况、河势变化、漫滩情况、工程的适应性等信息。利用河口模型,对现有的防洪减灾工程措施的

效应进行综合评价，给出合理的总体布局，顺应当今防洪策略的转变，提出今后河口防洪工程措施建设的原则和方向以及整体布局。

### 五、黄河口海岸侵蚀及其防护工程方案

黄河三角洲岸线的变迁具有延伸和蚀退的双重特性，其中，延伸是占主导地位的。卫星遥感数据表明：1976～2000 年，黄河口总计造陆 630 $km^2$，年均造陆约 25 $km^2$。但是，自 20 世纪 80 年代末以来，由于黄河口来水来沙处于持续偏枯状态，造成了近几年海岸侵蚀呈现加剧的趋势，海岸侵蚀造成了巨大的经济损失。如 1992 年、1997 年黄河三角洲两次台风造成的侵蚀灾害损失达 9.7 亿元。因此，开展海岸侵蚀研究，从机理上分析海岸侵蚀原因，揭示岸滩侵蚀规律，在此基础上提出防护对策，对工农业生产和生态环境以及人民生活具有重要的意义。

因此，在模型中可反映包括波浪、潮汐、潮流和风暴潮等动力作用下的泥沙运动过程以及三角洲岸滩物质基础，模拟海岸地貌形态、岸坡物质组成和结构、土层工程力学性质及其抗冲刷能力，重点开展：①三角洲海岸侵蚀机制和岸滩稳定性研究；②减轻波浪、潮流等海洋动力侵蚀作用的防护工程方案研究；③泥沙的有效利用和岸滩促淤方法研究；④防护工程安全性评价及其保护、修复对策研究。

### 六、为“数字黄河”及其数学模型研究提供基础

通过河口模型的研究，可获得大量的技术数据，为有关黄河口平面二维水沙数学模型的建立和验证计算提供基础资料。同时，通过水槽和动床模型的试验，便于揭示河口泥沙运动机理和建立正确的物理图形，也可为相关泥沙数学模型的构建、控制方程的改进以及关键的技术处理提供重要的理论基础，从而促进黄河口数学模型模拟技术的提高。

此外，还可利用模型研究黄河口拦门沙影响及治理途径。拦门沙对防洪及流路变化有着明显的影响，人们长期以来在探索着对其的治理措施。因此，河口模型试验有助于该问题的解决。

## 第六节　黄河口模型试验的主要任务

建设黄河口模型试验基地的目的是：紧密结合黄河口治理与三角洲开发的生产实际，通过模型试验探索河口演变和尾闾河段冲淤规律、河口流路的合理安排、河口演变与黄河下游冲淤变化的关系、河口地区防洪工程建设方案及合理布局、河流动力条件和海洋动力条件之间的关系及其对岸线变迁的影响等，为今后黄河口治理开发和三角洲地区经济的持续发展提供强大的技术支撑。

为此，在本试验基地开展研究的主要任务为如下几方面：①探索黄河口演变和尾闾河段冲淤规律；②研究黄河口流路变化并提出流路安排方案；③探讨和把握黄河口演变与黄河下游冲淤变化的关系；④论证黄河口地区防洪工程建设方案；⑤研究黄河口拦门沙形成机理及治理措施；⑥研究海岸侵蚀及其防护工程方案；⑦为黄河口数学模型乃至整个“数字黄河”建设提供基础数据。

# 第三章 黄河口模型试验基地总体布局

## 第一节 基地选址

黄河口模型试验基地建设地点有山东省东营市和河南省郑州市两处可供选择。

### 一、区位与技术优势

郑州市为河南省省会城市,交通十分便利,是黄委机关总部所在地,集中了黄河治理的科学研究、规划勘测设计、水文水资源及信息系统等方面的部门或单位,汇集了一大批治黄科研方面的专家和模型试验技术人员,具有区位和技术优势。

山东省东营市靠近黄河口,为黄河三角洲的中心城市,为黄河河口管理局所在地,集中了大批实践经验丰富的河口专家,且距济南、青岛两市较近,这两个城市具有很多河口及海洋研究的专家。有连接济南、青岛等大城市的高速公路、铁路、民航和航运,交通也较为便利。黄河口模型试验不仅需要河流模拟技术,而且还需要海洋方面的技术,需要多方面高层次的专家学者共同参与,将来试验研究采取"开放、流动、竞争、协作"的科研体制和运行机制,因此模型基地建在东营市也有明显的优势。

### 二、长期试验研究和运行管理

黄河的治理是长期的,黄河口作为黄河治理的重要组成部分,其治理和相关的科学试验研究工作也是长期的,尤其是随着社会经济的发展,人们对河口治理有着更高的要求,因此试验研究基地无论建在郑州还是东营,都不会影响长期的试验研究任务。而且,建在东营市,利用地域优势,可以满足海洋、石油等部门开展相关内容试验研究的需求。

山东省东营市人民政府高度重视黄河口模型建设工作,多次向水利部、黄委提出将黄河口模型建在东营市的建议,并以东政字[2002]39 号文郑重承诺:"一是无偿划拨 1 000 亩城市用地作为模型基地建设用地。二是作为招商引资项目对待,享受有关优惠政策。三是对今后模型运行管理给予资金上的扶持。"显然,如此状况不仅为黄河口模型建设提供了条件,也为模型试验基地的长期运行管理提供了良好基础。

### 三、建设投资环境

如基地选址郑州,由于黄科院在北郊模型基地 260 亩土地上已建设了黄河下游河道、三门峡水库、小浪底水库和黄土高原等模型,显然没有足够的场地建设黄河口模型。

如基地选址东营,市政府承诺无偿提供 1 000 亩模型基地建设用地,场地宽阔,不仅能满足近期模型建设的需要,而且有利于远期规模的扩展;胜利油田管理局也对模型基地建设作出了承诺,拟出资 5 000 万元用于基地建设。由于模型厅建筑物规模较大,结合优越的地理位置和较好的建设环境，有条件建成标志性建筑，既是黄河口科研中心，也可作为海洋、石油工程等科研基地，还可集科研科普于一体，吸引国内外知名人士前来考察，进一步扩大黄河口的知名度。

在模型厅及其附属设施建设内容相同的情况下，无论基地选址郑州市还是东营市，工程建设投资基本相同。建在郑州需要征地，仅仅近期建设布局就需要场地600亩，不仅周期大大增加，且若每亩按50万～70万元计算，征地投资即需要3.0亿～4.2亿元人民币。显然基地选址东营市可节省巨额的占地投资。

综合以上各方面分析，黄河口模型试验基地选择建设在山东省东营市。

## 第二节　基地场地建设条件

### 一、场地条件

黄河口模型试验基地位于黄河三角洲地区的中心城市——山东省东营市。根据东营市城市总体规划，东营城区将是水系环绕，绿树成荫，花草丛生，具有欧式风格的花园式城市。黄河口模型试验基地位于东城，广利河南岸，基地西、南分别是东二路和南二路，东侧紧邻东营市胜利大街主干道。基地总占地面积约1 000亩，处在东城市区内，交通便利，水、电、通信等基础设施齐全，有可靠的淡水保证，海水利用方便，并与已建成的黄河水体纪念碑相互对应，毗邻天鹅湖公园和新世纪公园，南有正待开发的海上公园，模型基地建成后将成为东营市新的景观。

### 二、场地工程地质条件

该地区地貌单元属于第四纪黄河三角洲近代冲积平原。根据相邻开发区地质钻探揭露、静力触探资料及室内土工试验结果，构成模型场地的主要地层属于第四系黄河三角洲近代沉积土层。按一般工程地质性质的差异，自上而下分层简述如下：

(1)1层：素填土($Q_4^{ml}$)，以粉土、粉质黏土为主，土质不均匀，松散，局部含少量植物根系及有机质。厚度为2.00～2.40 m，层底标高为1.59～2.22 m。

该层内做静力触探试验6.80 m，取原状土样1件，地基土物理力学性质指标统计如下：

$\omega=33.6$，$\rho=1.80$，$e=1.019$，$\omega_L=35.9$，$I_L=0.81$，$P_S=0.2\sim2$。

式中：$\omega$为土的含水量(%)；$\rho$为土的湿密度，g/cm$^3$；$e$为土的空隙比；$\omega_L$为土的液限指标(%)；$I_L$为土的液性指数；$P_S$为比贯入阻力，MPa。

(2)2层：粉土($Q_4^{al}$)，黄褐色，均匀，黏粒含量高，局部夹粉质黏土微薄层，含Fe质条斑，湿，中密，摇震反应迅速，无光泽，干强度低，韧性低。埋深为2.00～2.40 m，厚度为0.40～0.70 m，层底标高为0.99～1.82 m。

该层内取原状土样3件，参照附近土样资料3件，做静力触探试验1.80 m，$P_S=1.8$ MPa。

(3)3层：粉质黏土($Q_4^{al}$)，黄褐色－灰褐色，均匀，层理明显，粉粒含量稍高，夹粉土薄层，含Fe质条斑及少量有机质，软塑，摇震无反应，稍有光泽，干强度中等，韧性中等。埋深为2.50～3.00 m,厚度为0.60～1.30 m,层底标高为0.28～0.58 m。

该层内取原状土样3件,参照附近土样资料3件,做静力触探试验2.20 m,$P_S$=0.7 MPa。

(4)4层:粉土($Q_4^{al}$),灰黄色－灰色,土质均匀,局部黏粒含量稍高,夹粉质黏土薄层,上部含少量Fe质条斑,下部含有机质,湿,中密,摇震反应迅速,无光泽,干强度低,韧性低。埋深为3.40～3.90 m,厚度为5.00～5.30 m,层底标高为－4.83～－4.68 m。

该层内取原状土样8件,做静力触探试验15.40 m,进行标准贯入试验6次,$P_S$=2.6 MPa。

(5)5层:粉质黏土($Q_4^{al}$),灰色,均匀,层理明显,粉粒含量稍高,夹粉土薄层,含有机质,软塑,摇震无反应,稍有光泽,干强度中等,韧性中等。埋深为8.60～9.00 m,厚度为0.60～0.80 m,层底标高为－5.52～－5.28 m。

该层内取原状土样3件,参照附近土样资料3件,做静力触探试验5.80 m,$P_S$=0.8 MPa。

(6)6层:粉土($Q_4^{al}$),灰色,土质均匀,局部黏粒含量稍高,含有机质,湿,密实,摇震反应迅速,无光泽,干强度低,韧性低。埋深为9.20～9.60 m,厚度为1.70～2.10 m,层底标高为－7.42～－7.22 m。

该层内取原状土样3件,参照附近土样资料3件,做静力触探试验5.80 m,进行标准贯入试验3次,$P_S$=3.2 MPa。

(7)7层:粉质黏土($Q_4^{al}$),灰色,均匀,层理明显,粉粒含量稍高,夹粉土薄层,含有机质,软塑,摇震无反应,稍有光泽,干强度中等,韧性中等。埋深为11.10～11.70 m,因各勘探孔均未揭穿该层,故厚度不详。

该层内取原状土样6件,做静力触探试验11.45 m,$P_S$=0.8 MPa。

场地土类型为中软土,场地类别为Ⅱ类,轻微液化。

## 三、气象水文条件

黄河三角洲地区属暖温带半湿润半干旱大陆性季风气候,由于濒临渤海,又具有明显的海洋性气候特征,四季分明,冷热干湿界限明显。春季少雨干旱,夏季多雨易涝,秋季少雨多晴,冬季干燥少雪。各主要气候数据如下:

主导风向及风速:北风、西北风,平均风速3.7 m/s;

年平均气温:12.2 ℃;

极端气温:－22 ℃, 41 ℃;

冬季日照率:25.4%(12个月2 727.4 h);

积雪深度:0.64 m;

基本雪压:0.3 kN/m$^2$;

基本风压:0.5 kN/m$^2$;

年平均降水量:537 mm;

最大降雨量:1 142.6 mm;

冻土深度:0.64 m。

## 第三节　基地总体布局

根据黄河口模型研究的任务、模拟范围和长期研究的需要，总体规划建设黄河口模型试验厅、基础试验厅、综合工程厅、露天试验场、管理运行配套设施等。

### 一、黄河口模型试验厅

黄河口模型试验厅主要用于布设黄河口模型，具有模拟海洋动力因素、河流动力因素功能和实时有效观测、收集、处理水流及泥沙等水文因子的功能，可以进行黄河口演变规律、流路合理使用年限、河口淤积延伸对黄河下游的反馈影响、河口段河道综合整治工程规划方案、海洋动力输沙等方面的试验研究。该试验厅是黄河口模型试验基地的核心组成部分。

黄河口模型试验厅包括利津以下河道及清水沟流路、刁口河备用流路及其相应范围的海域，并考虑利津以上河段预留一定范围，便于将来河道模型上延。黄河口模型试验厅根据模型试验的要求确定建设规模为建筑面积45 225 $m^2$。

### 二、基础试验厅

考虑黄河口模型建设的复杂性和特殊性，且在模型试验中需要解决诸多关键技术问题，必须建设基础试验厅。基础试验厅主要考虑布设安排两条不同类型的大中型水槽、河口概化模型，用于同基础性研究相关的其他试验。如进行河流纵剖面调整试验、河口异重流试验、拦门沙形态演变试验、盐淡水混合条件下泥沙沉降试验、潮流界与潮区界确定、模型沙水力特性试验、波浪作用下泥沙输移等诸多试验，这些基础性的试验研究，对提高黄河口模型试验水平是相当重要的。基础试验厅建筑基底面积6 530 $m^2$。

### 三、综合工程厅

综合工程厅建设将主要考虑安排有关海岸、海洋等方面的模型试验，用于解决海岸工程、海洋工程及胜利油田和其他生产部门需要解决的有关工程技术等问题，如岸线侵蚀与防护、港口回淤、海洋动力输沙等，并能满足开展相关局部模型试验研究方面的需要。

鉴于综合工程厅将主要解决海岸工程、海洋工程等问题，其最终可能同时模拟的海岸长度将达到300 km以上，相关海域宽度在100 km以上，为留有余地，故其试验场地的预留范围初步拟定占地面积约37 800 $m^2$。

### 四、露天试验场

考虑到黄河口淤积延伸状态将长期存在，为延缓下游河道淤积，减小海岸线和河长的延伸速度，需要给入海流路保持更大的摆动空间，有计划地拟定几条流路交替使用。为此，治黄方案推荐了清水沟、刁口河、马新河三条流路。因受黄河口模型试验厅建设规模的限制，上述河口模型不包括马新河流路。实际上，在三条流路中，马新河流路按利津以下计河长最短，在保证黄河下游防洪安全等方面作用较大。为全面研究不同流路对防洪的作用以及对地方经济社会的影响，利用更大空间，放大制作河口地区模型（上述河口模型几何比尺为480，其中的河道流路尺度不甚理想），安排用于包括马新河在内的流路变化研究的露天试验场是必要的。该露天试验场在第一阶段可用做前期试验工作，为正式试验打下基础。而在第二阶段，可以利用更大规模和模拟范围的露天河口大模型，进行入海流路及防洪规划试验，并开展河口河段的挖沙疏浚、西河口高位分洪及其他治理措施的模型试验研究；也可利用季差原理进行河口河段有关冰凌问题研究工作。结合生产需要，利用这个露天试验场，能够开展同黄河口地区取水防沙及水资源优化配制相关的试验工作，还可进行生态环境保护等内容的研究工作。由于露天试验场着重在宏观上开展黄河口地区流路演变及治理开发研究，暂不考虑海洋动力影响，且因模型规模大，可取天然沙近似作为模型沙，所以要求投资不大。

## 五、配套及辅助设施

配套设施主要包括科技楼、测控中心、综合楼、专家公寓等建筑物及道路、硬化场地、绿化、供水供电设施等。其中，科技楼功能主要满足办公、室内科学试验、测控中心、学术交流、人才培训、档案存放等用房要求；测控中心除用于对各试验厅的相关试验过程进行控制和试验数据信息收集与汇总外，同时还负责现场测验、模型试验数据处理、信息的传送等；综合楼主要为基地科技人员及试验工人提供生活用房、职工活动中心、食堂等公共设施用房；专家公寓楼是为外聘的国内外专家配置的设施较完备的生活用房。辅助设施用房则包括仓库、车库及变配电室、门卫室等。上述这些都是黄河口模型试验基地的必要组成部分。显然，完善的配套及辅助设施是模型试验基地正常运转的基本保证。

配套及辅助设施建筑基底面积3 118 $m^2$，总建筑面积4 200 $m^2$。

## 六、黄河口展览馆

为使黄河口模型基地逐渐成为集科研、爱国主义及治黄教育和黄河文化为一体的现代化基地，能充分展示黄河口地区的历史演变、治理成就以及黄河自然、人文景观，拟建设黄河口展览馆，建筑基底面积4 000 $m^2$，建筑面积8 000 $m^2$。

## 七、总体布局布置

根据黄河口模型试验需要确定的建设方案，拟定模型试验基地建设的总体布局为：基地占地面积66.67万$m^2$，长1 775～1 948 m，宽366～425 m。根据建设内容，总平面分两个功能区，分别为办公生活区及模型试验区，靠近胜利大街380 m范围内为办公、展览及生活区，布置科技楼、综合楼、黄河口展览馆、专家生活区及必备的附属设施。西部为试验模型区，根据试验内容要求分别布置黄河口模型试验厅、基础试验厅、综合工程厅、露天试验场等，并设置相应的基地及模型配套设施。黄河口模型试验基地总平面规划见图3-1。

根据东营市市政建设规划要求，基地绿化率应满足35%，总体布局沿南二路设60～80 m宽绿化带，试验区与生活区之间以绿化带相分隔，建筑物之间合理绿化种植。

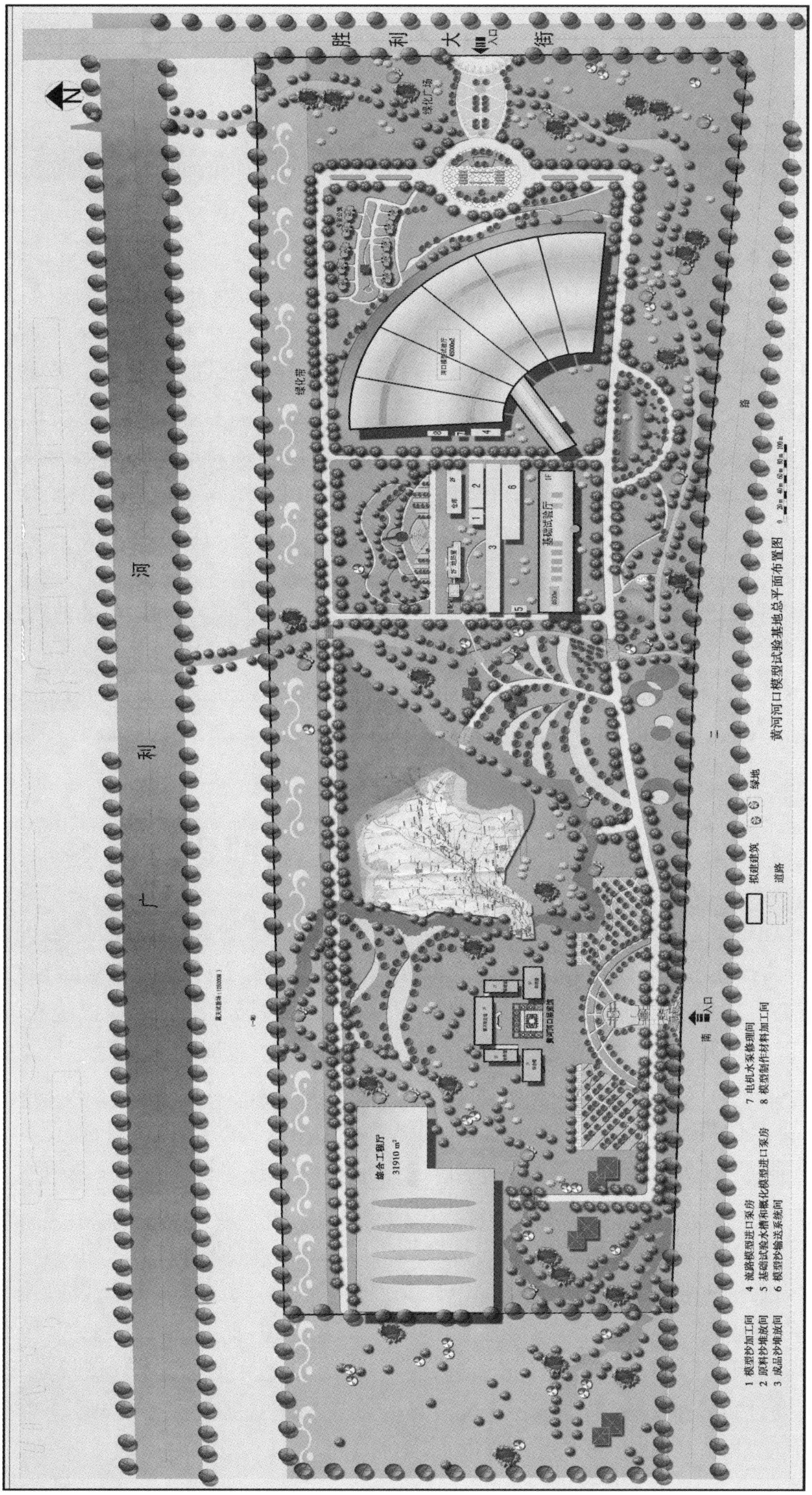
胜利大街
广利河
入口
绿化广场
绿化带
基础试验厅
综合工程厅
31910 m²
南
黄河口模型试验基地总平面布置图
1 模型沙加工间
2 原料沙堆放间
3 成品沙堆放间
4 流路模型进口泵房
5 基础试验水槽和概化模型进口泵房
6 模型沙输送系统间
7 电机水泵修理间
8 模型制作材料加工间
拟建建筑
道路
绿地

图 3-1 总平面规划

## 第四节　实施安排意见

按照“统一规划，重点突出，急需先建，分步实施”的建设原则，考虑到黄河口治理的具体需求、资金条件及技术条件，黄河口模型试验基地建设的实施分近期与远期两个阶段实施。

近期规划建设占地面积约 50 万 $m^2$，规划安排黄河口模型试验厅、基础试验厅、露天试验场及相应的基础设施、模型及其自动化测控系统建设，并针对当前最为紧迫的课题开展试验研究。近期规划实施内容在 3 年内完成，其中第 1 年实施并完成黄河口模型试验厅的基础、钢筋混凝土排架柱及顶部网架等上部主体结构建设，开工建设露天试验场及基础试验厅，并开展前期关键技术研究工作；第 2 年完成河口模型试验厅主体工程的建设并实施河口模型制作，实施并完成基础试验厅、科技试验楼及综合楼的全部工程建设，且在河口模型相似律及模型沙比选等方面取得实质性突破；第 3 年全部完成近期实施内容的辅助用房及附属设施建设，在前期关键技术研究成果基础上，完成河口模型的制作和模型验证试验。一期工程完成后，河口模型基地初步形成规模，基本满足现阶段对河口模型基地建设的要求。

远期规划内容的实施时机，视后续投资的情况以及未来建设环境和需求而决定。在模型基地运行良好、后续投资充足的情况下，在合适的时间开工建设黄河口展览馆、综合工程厅以及配套设施等项工程，逐步建立起由黄河口模型试验厅、基础试验厅、综合工程厅、黄河口展览馆以及完善的相应配套设施组成的系统齐全、配套设施完备的多功能综合性试验基地。

## 第五节　黄河口模型试验基地近期建设内容

按照“统一规划，重点突出，急需先建，分步实施”的建设原则，考虑黄河口治理的具体需求、资金条件及技术条件，模型试验基地建设分阶段进行。近期规划占地面积约 50 万 $m^2$。近期基地工程规划建设包括黄河口模型试验厅、露天试验场和配套附属设施建设等。

近期黄河口模型基地模型厅建设，包括黄河口模型试验厅和基础试验厅。根据两个试验厅规模、平面形状以及两者的相互关系，拟采取两厅邻建方案。黄河口模型试验厅相应的配套设施将主要包括测控中心、原料沙堆放间、模型沙加工间、成品沙堆放间、模型制作材料加工间（含金工间、木工间）、流路模型及基础试验水槽和概化模型进口泵房、电机水泵修理间、模型沙输送系统间以及模型沙堆放及其加工所需的防尘防爆装置等。其中，基础试验厅将设置专用水库，黄河口模型试验厅的水库按条形方式布设于模型滨海区四周。

近期配套设施包括科技楼、综合楼、专家公寓及必备的附属设施。附属设施用房包括仓库、变配电室、汽车库、门卫室等；基地配套设施包括基地道路、场地硬化地面、绿地面积绿化、道路及局部庭院照明、基地低压配电、基地给排水、基地采暖、基地管理设施等。

根据建筑设计行业管理标准《民用建筑设计劳动定额》工程项目分类规定，单体建筑面积 20 000 $m^2$ 以上至 80 000 $m^2$ 为一类建筑；单体建筑面积 5 000 $m^2$ 以上至 20 000 $m^2$ 为二类建筑；单体建筑面积 5 000 $m^2$ 以下为三类建筑。黄河口模型试验厅为水利试验用房，火灾危险性低。黄河口模型试验厅建筑面积 45 225 $m^2$，为一类建筑，属戊类厂房，建筑耐火等级二级；基础试验厅建筑面积 6 530 $m^2$，为二类建筑，属戊类厂房，建筑耐火等级二级；其余配套建筑面积均小于 5 000 $m^2$，所以科技楼、综合楼、专家公寓楼为三类建筑，建筑耐火等级二级。

黄河口模型试验基地近期工程规划主要指标见表 3-1。

**表 3-1　黄河口模型试验基地近期工程规划主要指标**

| 项目 | | 单位 | 建筑面积 | 基底面积 |
|---|---|---|---|---|
| 模型厅及其配套设施 | 黄河口模型试验厅 | $m^2$ | 45 225 | 45 225 |
| | 基础试验厅 | $m^2$ | 6 530 | 6 530 |
| | 原料沙堆放间 | $m^2$ | 900 | 900 |
| | 模型沙加工间 | $m^2$ | 300 | 300 |
| | 成品沙堆放间 | $m^2$ | 3 000 | 3 000 |
| | 模型制作材料加工间 | $m^2$ | 150 | 150 |
| | 黄河口模型进口泵房 | $m^2$ | 375 | 375 |
| | 基础试验水槽和概化模型进口泵房 | $m^2$ | 225 | 225 |
| | 电机水泵修理间 | $m^2$ | 60 | 60 |
| | 模型沙输送系统间 | $m^2$ | 1 800 | 1 800 |
| | 合计 | $m^2$ | 58 565 | 58 565 |
| | 黄河口模型水库 | $m^2$ | 3 000 | |
| | 水槽及概化模型水库 | $m^2$ | 250 | |
| 露天试验场 | | $m^2$ | | 126 000 |
| 试验基地配套设施 | 科技楼 | $m^2$ | 1 210 | 723 |
| | 综合楼 | $m^2$ | 1 410 | 815 |
| | 专家公寓 | $m^2$ | 1 000 | 1 000 |
| | 合计 | $m^2$ | 3 620 | 2 538 |
| 试验基地辅助设施 | 仓库 | $m^2$ | 300 | 300 |
| | 车库 | $m^2$ | 120 | 120 |
| | 变配电室 | $m^2$ | 100 | 100 |
| | 门卫室 | $m^2$ | 60 | 60 |
| | 合计 | $m^2$ | 580 | 580 |

续表 3-1

| 项目 | | 单位 | 建筑面积 | 基底面积 |
|---|---|---|---|---|
| 其他 | 场地路面硬化 | $m^2$ | 13 000 | |
| | 场区道路占地 | $m^2$ | 24 360 | |
| | 集中绿地 | $m^2$ | 136 000 | |
| | 远期余留用地 | $m^2$ | 136 950 | |
| 综合指标 | 近期总用地 | $m^2$ | 529 717 | |
| | 建筑基底面积 | $m^2$ | 61 683 | |
| | 建筑总面积 | $m^2$ | 62 765 | |
| | 绿地率 | | 38% | |
| | 建筑密度 | | 12% | |
| | 容积率 | | 0. 12 | |
| | 建筑系数 | | 35% | |

注:建筑基底面积和建筑总面积中均不包括水库的面积。

# 第四章　模型制作

## 第一节　试验模拟范围

根据黄河口流路摆动、改道、淤积延伸等分析结果及河口河段水文站点的布设情况，并综合考虑黄河口需要重点研究解决的课题，本河口模型试验的模拟范围应包括利津断面以下河道和相关的滨海区域。确定滨海区域模拟的范围时应考虑五个因素：一是入海泥沙扩散可能影响的范围；二是在一定时期内岸线的淤积延伸，从而滨海区的范围需要留有余地；三是未来流路的规划安排，包括未来口门的入海位置；四是与试验相关的滨海地形实测资料情况；五是潮流潮汐以及验潮点的实测资料情况。此外，还可以参考相关数学模型研究计算模拟范围情况。

### 一、入海泥沙扩散影响的范围

关于现状清水沟流路入海泥沙扩散可能影响的范围，根据黄科院和清华大学黄河研究中心数学模型初步计算结果，同时参考上述实测资料，认为黄河口以南的顺时针环流以及浅水弱流的存在，使入海粗颗粒泥沙难以向南运移沉积，仅在环流区内沉积较细的泥沙。黄河口以北，由于落潮期流速和历时大于涨潮期，且存在有逆时针涡旋，故在一定程度上阻止了泥沙北上。无潮点强流和 NE—SW 向的椭圆形强余流，是阻止黄河泥沙向北扩散运移的主要因素，使现河口以北到东北角广大水域常年为悬浮体低浓度区。因此，在涨潮期间，黄河口外的泥沙向南运移，但最远也只能抵达小清河口(北京坐标系 4 130 000)；在落潮期间，黄河入海泥沙向北和东北方向运移，但最远不超过 38°N 或者向北达不到位于湾口的五号桩海区(北京坐标系 4 210 000)。至于入海泥沙向东的扩散范围，从水沙因子以及地形实测资料来看，最远的直接扩散距离不会超过 30 km(北京坐标系 20 720 000)。黄河三角洲滨海区域示意见图 4-1。

### 二、岸线的淤积延伸以及滨海区的范围

由前述可知，河口地区堤防的设防标准是西河口流量为 10 000 $m^3/s$，控制水位不超过 12 m，这也是改道的控制条件。若以此要求确定岸线的淤积延伸长度，西河口以下河长可延长至 80 ~90 km。再对当时的海域部分留有余地，滨海区范围往东至少应达到北京坐标系 20 740 000，往南、往北的范围至少应达到北京坐标系 30 000 和 4 230 000。

### 三、考虑备用流路的规划安排

上述规划及研究成果均明确提出：在清水沟流路未达到使用年限前，考虑北部海岸蚀退和清水沟流路延伸各自带来的不同作用，研究清水沟流路与刁口河流路交替使用的可

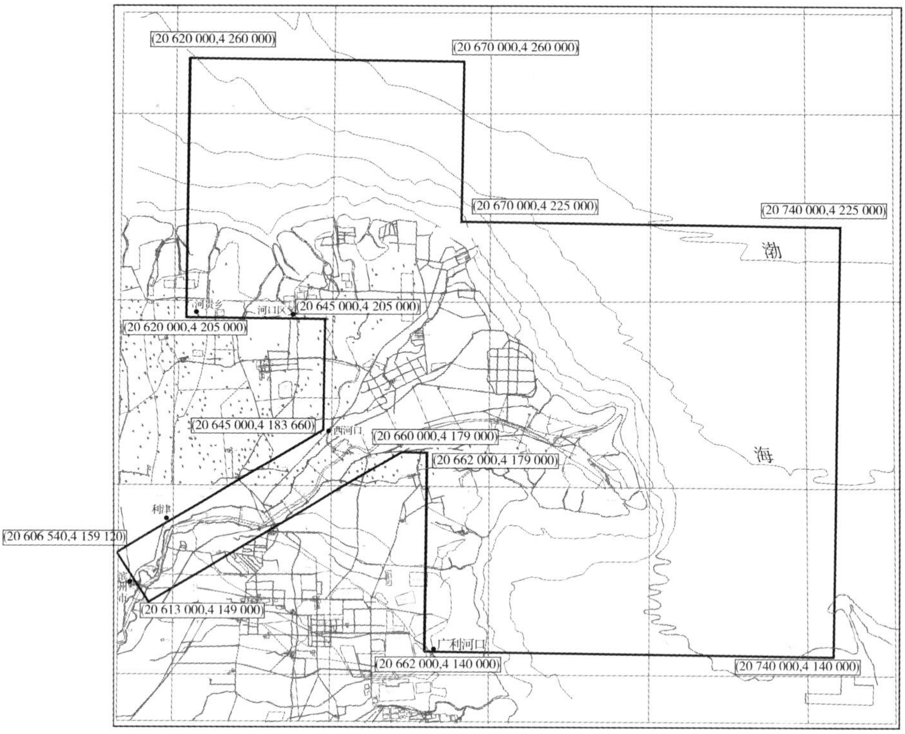


**图 4-1　黄河三角洲滨海区域示意**

行性,据此,黄河口模型的模拟范围应包括刁口河流路陆上部分和相关的滨海区域。其具体范围考虑其生产实践要求,应为北京坐标系南北方向 4 140 000 ~ 4 260 000、东西方向 20 610 000 ~ 20 740 000。

## 四、考虑现有的滨海地形实测资料

对现有的滨海地形实测资料而言,1968 年、1992 年、2000 年曾进行过三次黄河三角洲滨海区水下地形测量,监测了洼拉沟—小清河口 14 000 $km^2$、130 个断面的水下地形、高潮岸线、低潮岸线、潮沟的形态。目前,每年汛后都要进行黄河口滨海区 36 个固定断面测验,涵盖了湾湾沟—小清河口 360 km 的海岸以及相应的滨海区,具体北京坐标系的范围是,西起 20 625 000,往东、往南、往北则分别接近和超过 20 740 000、4 150 000、4 280 000。滨海测验断面示意见图 4-2。

## 五、海域验潮点的布设和实测资料情况

目前,黄河三角洲滨海区潮水位观测至今没有系统的资料,只有黄委山东水文水资源局在滨海区测量时观测的临时潮水位资料。黄委山东水文水资源局在滨海区测量时,为了改正滨海区水深资料,在三角洲滨海区范围内设立了 7 ~ 13 处临时潮水位站进行潮水位观测(见图 4-3)。为了推求水尺零点高程,一般进行 3 ~ 4 d 的连续观测,其余时间只在水深测量时进行观测,由于三角洲滨海区潮汐状况复杂,这些观测资料不足以反映三角洲

滨海区潮汐状况。因此，在考虑黄河口模型的模拟范围时需要考虑这一具体情况。

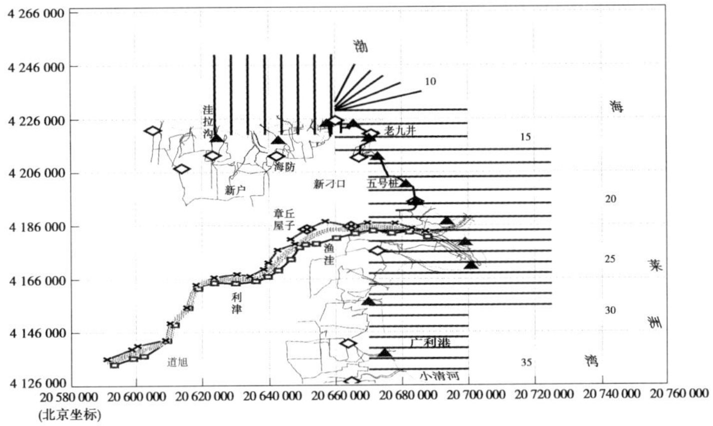


图 4-2　滨海测验断面示意

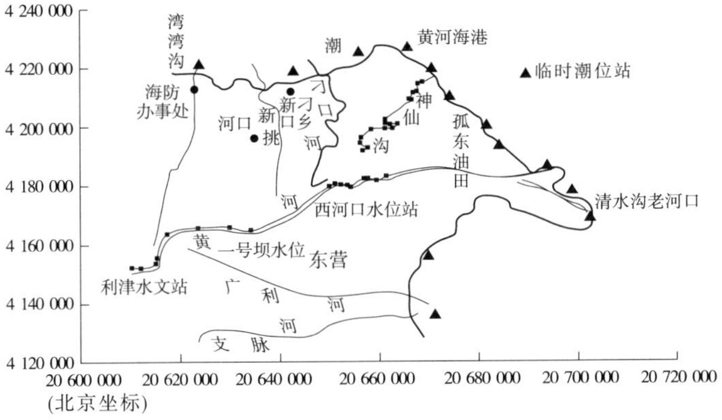


图 4-3　黄河三角洲滨海区潮位站布设示意

## 六、参考相关数学模型的研究计算范围

中国海洋大学开发的三维数学模型把整个渤海作为计算区域，计算潮流及潮汐调和常数，可以为黄河口模型的开边界提供潮汐边界条件，具体的计算范围为北纬37.45°～38.35°、东经118.4°～119.3°，换算为北京坐标系为西北角（4 247 350，20 622 383），东北角（4 248 928，20 701 066），西南角（4 147 447，20 623 883），东南角（4 148 011，20 703 531），见图4-4。中国水利水电科学研究院开发的数学模型，其计算范围为北纬37.2°～38.1°、东经118.75°～120.35°，换算为北京坐标系为西北角（4 220 119，20 653 506），东北角（4 223 977，20 793 883），西南角（4 147 447，20 623 883），东南角（4 124 041，20 797 457），见图4-5。此外，清华大学黄河研究中心研制开发的黄河口平面二维水沙数学模型的模拟范围也大致类同。从上述数学模型的计算范围来看，只要对模型的计算范围适当调整扩大，可基本上满足河口模型模拟范围的有关外海潮汐边界条件要求。

综合考虑上述因素，确定河口模型模拟范围为：陆上包括利津以下现河道以及刁口河流路区域；滨海区域岸线范围北起套儿河口，南至小清河口，海区范围应在离岸 50 ~ 60 km。整个模拟范围东西长约 140 km（北京坐标系 20 610 000 ~ 20 740 000），南北宽 150 km（北京坐标系 4 130 000 ~ 4 280 000）。

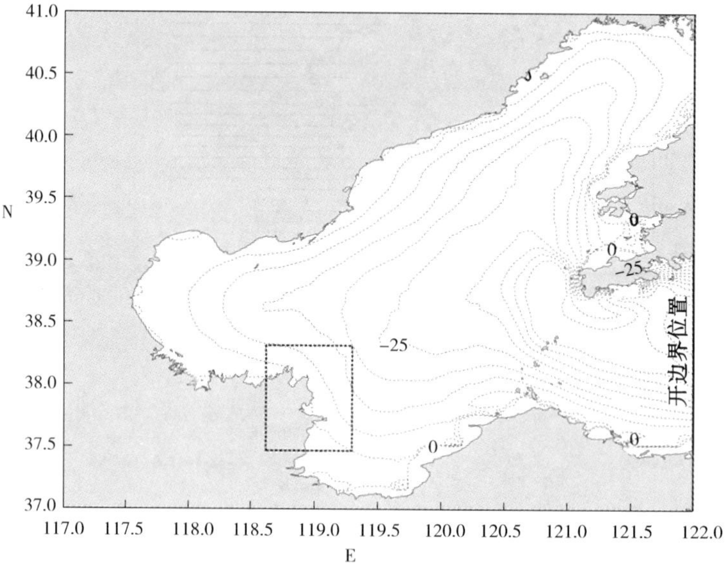


图 4-4　中国海洋大学数学模型计算范围示意

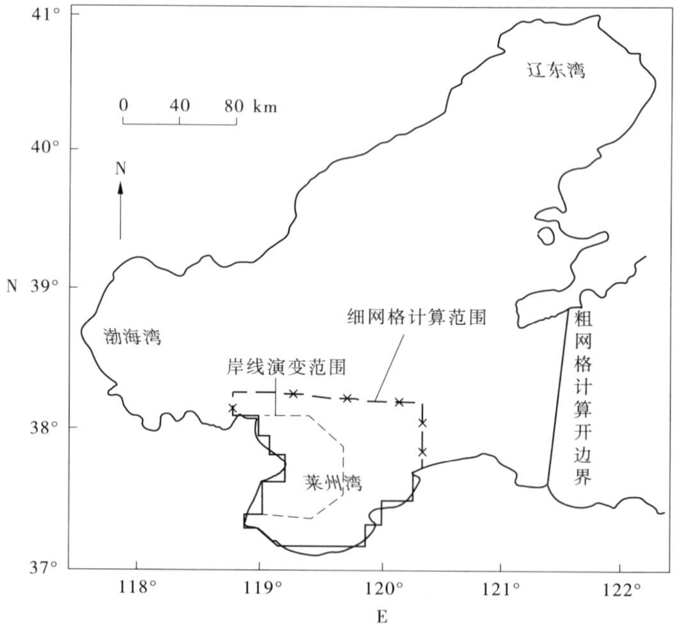


图 4-5　中国水利水电科学研究院数学模型计算范围示意

## 第二节 黄河口模型几何比尺的确定

在试验场地大致确定之后,选定模型几何比尺时除应满足模型相似条件外,还应着重考虑模拟对象具有的特殊性。对于黄河口模型而言,由于模拟范围由利津至口门的河道段和海区两部分构成,技术难度很大,需考虑的因素更多。根据当前国内外动床模型、河口潮汐模型建设的经验,并考虑黄河口试验大厅的规模和投资等因素的限制,模型的水平比尺初步选择以400~600为宜,垂直比尺初定为50~60,具体取值论证如下:

第一,根据以往的黄河河道模型试验经验,在模拟河身宽浅、冲淤变化大、河势易摆动的河道时,几何变率(水平比尺同垂直比尺之比)不可能过小。目前黄科院正在运用的小浪底至苏泗庄河段模型的水平比尺为600,三门峡库区模型水平比尺为420,小浪底库区模型水平比尺为300,几何变率为5~10。从这些模型的运用情况来看,都有相对成熟的多沙河流模拟相似理论做基础。黄河口模型毕竟以研究流路变化及治理开发为主要任务,模型中河道流路不能过小,因此选取水平比尺为400~600、垂直比尺为50~60,在满足模拟海域的同时,还可兼顾河道部分水流泥沙运动的相似性。

第二,由于目前国内外还没有解决河口模型大区域生潮的技术,因而现有的生潮设备及生潮技术也是影响几何比尺选择的一个重要因素。根据调查,当模型海区生潮距离大于100 m时,就很难保证潮汐模拟的相似性,尤其是弱潮海区的潮汐模拟难度更大。因此,水平比尺的选择不能过大,以免因水平比尺太大而使模型的海区范围过大。根据前述所确定的黄河口模拟范围,原型生潮距离一般为40~55 km,若水平比尺按500考虑,其模型上生潮的距离为80~110 m。因此,从这个角度讲,水平比尺取500左右较为适合。

第三,模型几何比尺的选择还受投资的限制。水平比尺越小,模型的规模就越大,相应地,模型制作费、试验厅建设费及试验运行费就越高。显然,从投资的角度而言,水平比尺不能太小。

第四,根据量测技术要求,模型几何比尺不能太大。尤其是垂直比尺太大时,模型制作往往会引起较大误差,也难以实现精细量测。

第五,比尺的选择还受到设计水深的影响。按照模型设计规则,在满足表面张力的条件下,模型试验主体区域水深最低不能小于1.5 cm。实测资料表明,黄河口口门处拦门沙坎顶附近的水深在平均潮位时一般为1 m左右,则模型所需要的垂直比尺上限为60,如果将模型几何变率限制在8~10以内,则水平比尺为480~600。

第六,比尺的选择还应当满足有关技术规程和规范的要求。根据上述确定比尺综合因素的限制要求,参照中华人民共和国行业标准如《水工模型试验技术规程》、《海岸与河口潮流泥沙模拟技术规程》、《内河航道与港口水流、泥沙模拟技术规范》、《通航水力学模拟技术规范》等。黄河口模型的水平比尺选择400~600,都符合上述技术规程规范。

第七,比尺的选择还应参考国内外其他江河河口模型的经验。从国内外有关河口模型的比尺情况来看(见表4-1),其水平比尺一般介于500~2 500,变率则控制在5~20,大部分模型的变率都在10以下。鉴于黄河口水流泥沙运动及流路演变规律更为复杂,加之水深较浅,模型几何变率应控制在10以下,在垂直比尺不能大于50~60的条件下,水平比尺不能大于 500 ~ 600。

综上分析，本规划阶段初步拟订黄河口模型的垂直比尺为 60，水平比尺为 480，变率为 8。鉴于问题的复杂性，在下阶段还需要结合关键技术的研究进展，对模型比尺进一步优化。

**表 4-1　国内外部分河口模型几何比尺**

| 模型名称 | 国名 | 水平比尺 | 垂直比尺 | 变率 | 规模 |
|---|---|---|---|---|---|
| 钱塘江尖山河湾南股槽整治动床模型 | 中国 | 700 | 70 | 10 | 74 m × 24 m |
| 珠江伶仃洋河口模型 | 中国 | 600 | 70 | 8.6 | |
| 长江深水港模型 | 中国 | 1 000 | 125 | 8 | 长 700 m |
| 圣劳伦斯河口模型 | 加拿大 | 2 000 | 120 | 16.7 | 229 m × 23.5 m |
| 缅因—芬地湾模型 | 加拿大 | 2 500 | 125 | 20 | |
| 马普林港模型 | 英国 | 1 000 | 100 | 10 | 100 m × 66 m |
| 濑户内海模型 | 日本 | 2 000 | 100 | 12.5 | 200 m × 100 m |
| 切萨皮克湾模型 | 美国 | 1 000 | 100 | 10 | 长 320 m，面积 36 200 $m^2$ |
| 旧金山湾和三角洲模型 | 美国 | 1 000 | 100 | 10 | 107 m × 153 m，面积 4 050 $m^2$ |
| 易北河河口模型 | 德国 | 500 | 100 | 5 | 长 335 m |

# 第三节　模型沙选择

长期以来，黄科院经过探索，选取郑州热电厂粉煤灰作为模型沙，成功开展了黄河水库及河道的动床模型试验，为本次进行黄河口模型选沙提供了经验。该材料容重为 2.1 $t/m^3$，郑州市价格为 500 元/$m^3$。考虑到黄河口模型沙粒度甚细，一般水力分选难以满足要求，故在东营市经动力细化并考虑运输费用后，价格需 1 000 元/$m^3$ 左右。该模型沙由于容重大，河口附近泥沙沉降的模拟易造成淤积偏快，且流路变形模拟困难。为较好地模拟黄河口泥沙运动及流路演变规律，尤其是需要真实地模拟入海泥沙的扩散和输运，对模型沙的物理化学、水力学及挟沙特性有更高的要求。因此，经初步考虑，本规划阶段暂选清华大学黄河研究中心同黄科院联合研制开发的新型模型沙材料——拟焦沙制成黄河口模型的模型沙。它是根据模型设计对容重及稳定性等方面要求，将煤粒采取特殊工艺脱除挥发成分，同时改变其化学键后，再按照颗粒级配要求加工配制而成的人工模型沙。根据本阶段对于黄河口模型的设计深度，初步要求模型沙容重为 1.7 $t/m^3$。就目前估算结果，如果自行研磨选配，可将成品模型沙价格降到 1 500 元/$m^3$。这种模型沙同长江科学院开展的长江防洪大模型初选的模型沙精煤和三峡模型长期使用的模型沙精煤价格相当，比电木粉、塑料沙或长江防洪大模型将可能采用的塑料合成沙的单价低出很多，且在模拟泥沙运动和河床变形等方面具有不可替代的优点。

为慎重起见，下阶段尚需根据黄河口模型沙特性专门研究的成果，最后确定所采用的模型沙种类。

## 第四节　近期模型制作及其配套

模型及其配套近期规划建设内容，包括黄河口模型、概化模型和两条试验水槽的模型制作及其配套设施。

### 一、黄河口模型制作及其配套

黄河口模型制作及其配套内容包括模型材料及制作、供水加沙系统、课题研究、模型常规仪器及分析设备等。在课题研究项目中列入了黄河口数学模型研制及同河工模型复合运行的研究课题，除为开发同河工模型结合的“复合模型”提供条件外，还可为河口模型的制作和运行提供外海区域边界条件。亦即由数学模型计算给出河口模型海域每个控制点的潮位曲线，来调控相应水泵出流量及运行方式。

根据河口模型试验基地的实际需求，并且参照国内同类试验，将课题研究费用列入黄河口模型制作配套投资。

### 二、概化模型、水槽模型制作及其配套

概化模型、水槽模型制作及其配套内容包括模型材料及制作、供水加沙系统、课题研究、模型常规仪器及分析设备等。

# 第五章　测控系统

## 第一节　系统建设原则

黄河口模型试验基地测控自动化系统的设计和建设以国家各类技术规范与行业要求为依据，结合现有各种设备的实际情况和系统未来扩展升级的需要，采用国际流行的分散式监测控制方案，系统的建设原则如下：

（1）先进性。系统采用最新技术，保证系统在建成后一段时间内不会因技术落后而大规模调整，并能够通过升级保持系统的先进性。

（2）安全性。为确保设备不受损害，在系统的各测控单元中将会配置相应的保护装置及措施，严格禁止不具备安全条件的非法操作。而且，系统对所有操作加以记录，以备查询。

（3）经济实用。系统建设充分利用现有成熟技术、设备，以降低工程造价。

（4）兼容性和扩展性。系统充分考虑多种应用系统的互操作性以及未来软件系统功能的扩充和硬件设备的增添，保证系统以后能方便地扩展和升级。同时，采用的技术是稳定的、成熟的，可有效支持现有的多种测控功能和网络协议。

（5）易于使用和维护。系统的维护应尽量集中、简单，避免复杂系统和多系统组合的维护费用，提高系统应用的效率。

（6）强大的可开发性。系统通过配备丰富的开发接口和多样的开发工具，支持现有的开发手段和开发成果，开发平台应该易用并能最大程度地满足需求变化。

## 第二节　系统实现功能

黄河口模型试验基地整个测控系统将综合应用量测技术、工业控制技术、计算机技术、地理信息系统、虚拟现实技术、多媒体技术和海量存储技术，以通信网络为纽带，逐渐实现以下六大功能：

（1）实时数据采集与监控。通过模型现场的量测设备采集水沙参数，利用工业控制系统对试验过程和量测设备进行远程监控。

（2）实时传输功能。通过通信网络的建设，实现数据快速传输。

（3）动态查询功能。基于分布式数据库和 Web 技术，实现数据即时查询。

（4）可视化功能。依靠基本数据、实时量测数据、数学模型和虚拟现实技术等，形象表现试验结果。

（5）模拟印证。逐渐实现在相同水沙条件和初始边界条件下，数学模型演算与河工模型试验的同步运行；当水沙条件不完整时，利用数学模型计算确定黄河口模型试验所需要的水沙条件。数值模拟与模型试验互为印证、互为补充。

(6)决策支持。黄河口模型作为“模型黄河”的一部分,黄委及其所属有关单位在未来能够通过网络将相关试验成果与“数字黄河”以及“原型黄河”的各种数据进行对比、处理和分析,并作出相应决策。

## 第三节　系统总体结构

黄河口模型试验基地测控自动化系统的结构主要由采集控制层、网络层、数据层、应用层、接口层、支撑层六个部分组成,总体结构如图 5-1 所示。

(1)采集控制层。测控自动化系统建立在信息采集与设备控制的基础之上,信息采集与设备控制需要通过不同的手段和措施,这些手段和措施以及相应的采集点与控制点就组成了采集控制层。采集控制层采集的内容有河道沿程水位、含沙量、水下地形、流速、流场、河势、潮位现场视频等信息,控制的内容包括进口流量、含沙量及潮波等。采集控制手段包括由各类量测设备、相关采集器材以及工业控制系统进行的自动采集、云台摄像、手工输入、数据接口自动获得等。具体的采集内容、手段、采集地点的布局等根据系统的具体需要决定。

(2)网络层。网络层为信息共享和数据传输提供基础,试验基地各模型厅通过现场工业总线和光纤主干线建成独立的局域网;各模型厅局域网通过光纤连接到测控中心,形成试验基地的信息传输系统。网络的建设根据实际情况采用公网和专网相结合的方式。

(3)数据层。数据层通过建立适当的数据库,使应用层能够更方便、更快捷地获得各种信息,实现各种应用功能。由于面对的是海量的不同种类的数据,而且还要直接面向信息的应用,因而数据结构的建立必须遵循相关标准,以便为上级和下级系统提供数据接口。

(4)应用层。应用层是建立在数据层基础之上的,通过各种软件模块实现试验过程控制、视频监视、数据回放、现场仿真等应用功能;并以浏览器或其他终端软件为载体,通过图形、图像、仿真等手段为各级人员提供其所需要的相关功能或信息服务。

(5)接口层。黄河口模型试验基地是一个远程试验站,是“模型黄河”的重要组成部分。利用接口层,“模型黄河”测控系统与黄河口实体模型试验基地测控子系统通过网络接口、数据接口和系统接口实现信息共享。

(6)支撑层。支撑层通过相关的标准体系以及最新的技术,保证黄河口模型试验基地整个测控系统安全、稳定、有效地运行。

## 第四节　系统建设内容

### 一、概述

黄河口模型试验基地测控自动化系统建设将紧密围绕整个基地建设的进度安排开展工作。在测控系统六个结构层的框架下,根据黄河口模型试验基地的构成体系,进行测控

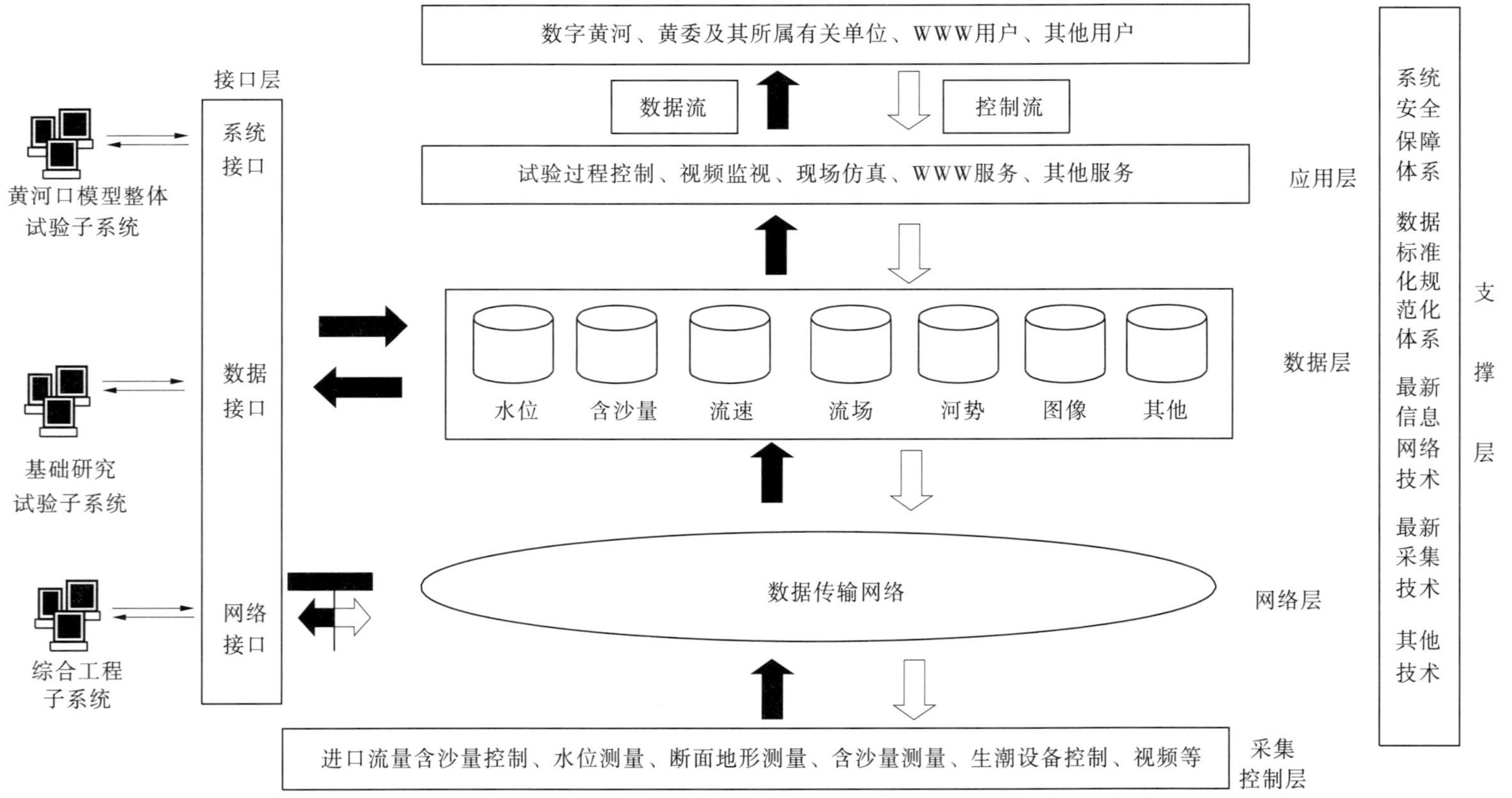


图 5-1　黄河口模型试验基地测控自动化系统总体结构

自动化系统的设计、建设。近期工程测控自动化系统将围绕黄河口模型试验厅、基础试验厅进行建设，综合工程厅测控自动化子系统、基地测控中心等的建设在后期开展。在各模型厅现场设置中央控制室，配备必要的服务器、数据库等软硬件，配备足够的量测仪器，建设功能齐全的控制系统，建设完备的通信网络系统，使系统能相对独立地完成数据采集、汇总、储存等任务。同时在建设中预留接口，以便与后期建设部分相连接，在逻辑上形成一个有机的整体。其建设内容与相关要求详见表 5-1，所采取的具体的技术路线如下所述。

**表 5-1　黄河口模型近期工程测控自动化系统建设内容与相关要求**

| 装置设备 | 技术要求 | | | 数量 | |
|---|---|---|---|---|---|
| | | | | 黄河口模型试验厅 | 基础试验厅 |
| 工业控制网络与中央控制室 | | | | 1 | 1 |
| 进口清水流量、含沙量自动控制系统 | | 进口流量及控制误差 | 进口含沙量及控制误差 | 1 | 2 |
| | 黄河口模型试验厅 | 0.01～0.1 $m^3/s$，≤±1% | 0～200 $kg/m^3$，≤±8% | | |
| | 基础试验厅河口概化模型 | 0.01～0.1 $m^3/s$，≤±1% | 0～300 $kg/m^3$，≤±8% | | |
| | 基础试验厅大型纵剖面试验水槽 | 0.01～0.1 $m^3/s$，≤±1% | 0～400 $kg/m^3$，≤±10% | | |
| 生潮装置及控制系统 | 潮形、潮位的模拟控制 | | | 1 | 1 |
| 尾门水位自动控制系统 | 水位 0～30 cm，误差（与测针相比）≤±1 mm | | | — | 1 |
| 流场河势量测系统 | | | | 1 | — |
| 视频采集系统 | | | | 1 | — |
| 水位计 | 量程 1～30 cm，测量误差（与测针相比）≤±1 mm | | | 55 | 25 |
| 流速仪 | 流速范围 0～150 cm/s，量测误差≤±5% | | | 30 | 15 |
| 含沙量仪 | 含沙量范围 0～200 $kg/m^3$，量测误差≤±5% | | | 25 | 10 |
| 水下断面地形仪 | 水深范围 2～30 cm，误差（与测针相比）≤±1 mm | | | 14 | 6 |

## 二、工业控制网络与模型厅中控室

黄河口模型试验基地各模型厅内将建设工业控制网络与中控室，用以连接和监控各量测设备、控制设备。模型厅中各采集、控制点设备与上位计算机的连接采用串行总线、光纤网、以太网组成的混合网络，目前市场上各种协议转换设备比较成熟，系统中可以利用这些设备将测控仪器接入网络。

为保证黄河口模型试验基地测控自动化系统现场通信网络的可靠性、实用性和先进性，网络建设将在前期工作中采用485 总线加光纤的方案，同时对基于 IEEE802.1b 协议的2.4G 无线以太网传输方案进行试验。后期工作的网络建设方案将视试验结果和使用效果而定。

485 工业控制总线适合在连接设备较多但数据量不大的情况下使用，如沿程水位计的连接。由于采用总线型连接，可以在满足传输要求的前提下大大减少现场布线数量，降低布线难度，并减小对模型的影响。

光纤网络适合在连接设备距离较远、数据量较大的情况下使用，如进口水沙控制点。光纤成本较485 总线高，而且其网络拓扑为星形连接，连接设备较多时线缆数量很大，因此不适合在连接设备多的情况下使用。

无线以太网使试验人员可以通过一台装有无线网卡的笔记本在大厅内任意位置调看试验数据，控制试验过程进行，为模型试验提供极大方便。但是，由于目前仪器设备直接联入无线网在成本上不太现实，必须采用无线有线结合的方式联网，这就带来了布线的问题。

近期工程将围绕黄河口模型试验厅、基础试验厅建设两套工业控制网络与中控室。每套中央控制系统配备工控机、服务器等硬件及配套软件，保证模型厅能够独立运行，并完成数据采集、数据存储、数据回放、数据调用响应等任务。

## 三、测控仪器、设备

测控仪器、设备是测控自动化系统的关键组成部分。近期工程测控自动化系统将围绕黄河口模型试验厅、基础试验厅（河口概化模型、大型纵剖面试验水槽）进行建设，其中基础试验厅的河口概化模型和大型纵剖面试验水槽共同使用测量设备（根据将来实际情况的需要和试验要求，如果测控设备不够，再另行增加）。

### （一）进口清水流量、含沙量自动控制系统

根据试验要求的水沙过程，对进口流量实施自动控制。对进入模型的实际流量、含沙量过程记录存储，并能随时显示与要求值的对比结果。

拟采用变频器对电磁流量计进行调节，黄科院在“小浪底至陶城铺河道模型”的建设过程中已经成功开发了该系统：按照中控室或现场设定的模型（或原型）出口流量，根据电磁流量计检测的流量实时值，反馈至控制系统，经 PID 运算，自动调节变频器以达到控制流量的目的。控制精度为最大流量的1%，跟踪时间小于3 min，基本不超调。

进口含沙量自动控制系统没有成熟产品，而“模型黄河”目前所采用的技术控制精度差，自动化水平低，故障率高，故需要研究开发。

### (二)生潮装置及控制系统

生潮装置及控制系统拟采用多台水泵变频调速闭环水位控制方案,实现潮形、潮位的自动模拟与控制。

黄河口模型试验厅需生潮装置及控制系统1套,每套生潮装置的构成为潜水泵约40台、水泵耦合装置40部、变频器20台(18.7 kW)。基础试验厅需生潮装置及控制系统一套,其构成为潜水泵约20台、水泵耦合装置20部、变频器10台(18.7 kW)。

生潮装置及控制系统技术成熟,国内有适用设备。

### (三)尾门水位自动控制系统

尾门水位自动控制系统设于大型纵剖面试验水槽末端,主要用于模型出口水位过程的自动控制。

珠江水利科学研究院的控制系统,按照中控室给定的量化曲线、给定值或现场设定的水位,根据水位仪检测的实际水位与要求水位的差别采用变频器调节设于尾门下游的潜水泵出水量,从而实现水位的控制。

### (四)流场河势测量系统

表面流场、河势测量是模型试验中的重要项目,对分析试验过程、掌握河流变化规律、提出正确有效的治理方案具有重要意义。河口模型尺寸大、观测范围广,使用单点式速度测量仪器费时费力,并且对于动床模型或非定常流动模型,床面和边界形态均在不断变化之中,利用传统测量手段根本无法进行流场、河势的测量。

数字化粒子图像测速技术在全场或部分流场实时测速,并运用图像技术对表面流场和河势进行测试分析处理方面,从根本上解决了目前测量方法中难以对洪水非恒定过程的整个流场进行测量,不能精确地从宏观上把握河势变化的难题。与传统测量方法相比,具有技术先进、试验周期短、工作效率高等传统测试手段无法取代的特点。目前,国外研究者多将粒子图像测速技术用于水槽试验中,未见有应用于实体模型的研究成果。国内研究者作出了许多探索性的研究,清华大学、河海大学和中国科学院力学研究所等单位较为系统地研究了粒子图像测速技术在模型中的应用。从应用情况看,对于清水模型流场的研究已取得较好的研究成果。通过研究开发,利用图像处理技术,实现对表面流速全场瞬时测量和河床变形实时测量分析,并能按要求输出流矢图、等深线、断面流速、地形分布等。这一技术可以为模型试验提供丰富、有价值的成果资料和分析手段,大大提高模型的应用水平。

### (五)视频采集系统

图像监控一直是人们关注的应用技术热点之一,它以其直观、方便、信息丰富而被广泛应用于保安、生产管理等场合。

现场图像监控系统主要由摄像机、视频矩阵、监视器、录像机等组成,由视频线、控制线缆等连接。现场图像监控系统一般采用模拟方式传输,采用视频电缆(少数采用光纤),传输距离不能太远,主要应用于小范围内的监控,如大楼监控、小区监控等。监控图像一般只能在控制中心查看。

数字视频压缩编码技术的日益成熟,微机的普及化,为基于PC的多媒体监控创造了条件。基于PC的多媒体监控系统功能较强,但稳定性不够好;功耗高;需要有人值守;同时,软件的开放性不好,特别是难以支持远程图像监控。

随着技术的进步,现在出现了一种新型的网络化远程视频监控,即基于嵌入式技术的远程网络视频监控。根据宽带 IP 网络系统对视频监控业务方面的要求,采用网络化分布式视频接入、集中控制管理、分布式共享的策略来实现视频监控。

黄科院在“模型黄河”、“小浪底至陶城铺河道模型”已经成功布设了一套基于网络基础的网络视频监控系统,运行效果良好。在黄河口模型试验基地各试验厅也采用网络视频监控系统以实现视频采集。

**(六)水位测量**

根据模型研究需要,需要在河道沿程及部分海岸布设水位计,进行水位实时自动测量与记录。

河工模型试验水位的测量仪器,主要是测针和跟踪式水位计。测针需人工操作,误差较大,且不宜进行自动水位采集;电位器式跟踪水位计实现了自动测量水位,但在水位自动采集系统中,由于水位在某一高度波动,导致水位计频繁动作,模拟输出电位器某一触点附近频繁受到摩擦,使电位器在该触点附近接触不良,导致测量不准确;其他型号的跟踪水位计,如编码盘式、步进电机式、振动针式水位计等,都存在着机械传动误差影响测量结果的现象,长期使用后机械磨损也会使测量误差加大。

光栅式水位计克服了上述水位计这些缺陷,它跟踪水位的动作由程序控制,并可进行多种参数的设置,工作更加灵活;避免了上述水位计频繁动作而带来的不必要的损耗,解决了上述水位计因机械磨损造成仪器工作不可靠的问题。黄科院成功研制开发了 SW-2 光栅式水位计,在“模型黄河”试验的应用过程中效果良好,相关技术指标满足黄河口模型试验的测量要求。

**(七)流速测量**

目前,国内外河工模型通常采用旋浆流速仪、超声波流速仪、电磁流速仪等,由于黄河口模型(包括概化模型、试验水槽等)的特殊性(高含沙、宽浅水流、低流速),传统的水流流速测试仪器、设备存在不同的缺陷,限制了它们的应用:旋浆流速仪多适用于清水流量的流速测量,在含沙水流的流速测试过程中纤维体的影响较为严重;超声波流速仪则由于在高含沙水流中的衰减问题而无法应用;电磁流速仪虽然不受流体含沙的影响,但模型厅中众多的电磁设备对流速测量影响严重,而且目前的技术尚未突破低流速测量对探头的苛刻要求。

在没有合适设备的情况下,先暂时采用旋浆流速仪。

目前,黄科院正在开展“河工模型水文参数(水位、河底高程、流速)实时自动量测系统研制及其应用”的研发工作,该项目第一阶段将开发 HRL-001 型浑水热示踪流速仪,其原理是通过加热流动水团在固定的距离内的运动时间换算出流速。其目标是能够满足河工动床模型高含沙情况下的流速测量要求,测量精度不超过 ±2%。完成后有望解决“模型黄河”(包括黄河口模型)试验的含沙量测量难题。

**(八)含沙量测量**

利用比重瓶人工取样测量含沙量的方法取样时会对河口泥沙模型水流或边界产生干扰,影响试验精度,而且测量过程复杂,工作效率低,不能满足自动测控的需要。由于黄河口模型具有模型水宽浅、含沙量大、测量精度要求高等特点，原型上现在使用的振动法含沙量测量仪器存在着对水流干扰大，不适应浅水中使用等缺点，难以在模型上应用。

黄科院正在开展“实体模型试验含沙量超声自动量测技术及相应设备”的研发工作，项目完成后有望解决“模型黄河”（包括黄河口模型）试验的含沙量测量难题。

**（九）地形测量**

地形是模型的基本参数，所有河工模型的建造和试验都离不开地形资料。地形测量分为水上和水下两部分。

1. 水上地形测量

黄河口模型试验基地各试验厅所建的大比尺模型的规模都比较大且走向复杂，单纯依靠经纬仪地形测量方法，工作效率较低。每测一个点需 2～3 人操作设备，人工读数，需时 2～3 min。每个模型需要测量的断面有数十个、上百个不等，每个断面所需点数原则上越多越好（点数越多地形控制越准确），现在受方法制约，只能测几个到十几个点（视断面宽度而定）。

采用激光三维地形扫描技术进行地形测量，可以将断面地形测量拓展为以断面线为中心的带状地形测量，并对重点地形进行全范围自动测量。激光三维地形扫描系统只需 1 人操作，采样速率大幅提高（每秒可达数千点），采集一个断面上的信息只需若干分钟，可给出三维地形图和网格地形图。该系统在 50 m 范围内扫描重建后的精度达到 0.7 mm，完全满足要求。考虑到一次性投资较大，黄河口实体模型试验基地只引进一套激光三维扫描系统。

2. 水下断面地形测量

模型试验中，水中所溶物质的导电离子一般是一个定量，即使有时会发生变化，相比之下，也是很微弱的变化，影响模型试验中浑水电导状况变化的主要因素便是浑水中所含模型沙的多少。通过测量浑水中电导率的变化，就可知道水中所含模型沙数量的变化。检测水体的电导是通过探头来感知的。当探头触及河床时，电导会发生变化，单片机通过检测电路、A/D 电路和接口电路获取这一信息，此时它的位置（垂直坐标）状况可由标尺读出，把这些数据记录下来，再测下一测点的位置坐标，直至测量结束，通过计算机进行数据处理并绘制断面地形图。水下断面地形测量有适用设备。

## 第五节　通信网络

各模型厅与基地测控中心之间的连接使用光纤网，基地测控中心与“模型黄河”测控中心的连接可以通过租用公网或利用专网实现。

## 第六节　数据存储

### 一、存储设备

存储设备选用磁盘阵列对重要数据信息进行冗余存储，确保数据的安全可靠。采用磁带机或者光盘刻录机进行数据备份并对视频及音频信息进行必要存储。

### 二、数据库系统

数据库系统对数据进行存储,并为应用层提供服务。测控系统中分别建立实时数据库和历史数据库。实时数据库的任务是将所有的实时数据按照原有的样子完整保存下来,通过数据库的存储过程或者是触发器来对实时数据进行校验,将正确、完整的数据写入到历史数据库当中。

在数据安全方面,对数据库的用户权限表使用 DES 加密方式,也就是说,即使是数据库管理员也无法知道任意用户的密码是什么。在数据的处理原则上保证实时数据库的数据只容许被追加,而不能有其他的操作(删除、更改等),这样才能保证数据的原始性。

数据库系统推荐采用 Oracle 的 Oracle 8i 或者更高版本。

## 第七节 控制应用

通过编制的软件实现以下主要功能:

(1)实现对黄河口模型试验远程监控的可视化管理。在系统控制中心安装多级电子地图,以电子地图为背景显示整个模型各控制点的位置分布。鼠标移到某个监控点,快捷显示该监控点的实时状态信息:水位和潮位、流量等。若该点运行异常,该处光标闪烁,警告提示。鼠标点击某个监控点,进入该监控点的详细画面,该界面上直观显示监控点的实时图像,以及水位、潮位、含沙量、流速等实时数据信息,并可对监控点进行控制。

(2)黄河口模型模拟信息配置及控制。根据对各监控点的自动化控制,对基地各模型进行自动化配置管理。

(3)与“数字黄河”工程关联。为“数字黄河”工程的建设提供物理参数及对模拟结果进行验证的观测资料。反过来,由于数学模型可以模拟风浪,因而数学模型也具有补充黄河口模型模拟功能的配合作用。同时,利用黄河口模型和数学模型组成“复合模型”。从而,达到“三条黄河”相互关联、互为作用的目的。

(4)远程控制。在控制中心,经过授权的用户可直接对模型试验进行控制。

(5)实时图像监视及远程视频控制。用户可按需要控制摄像镜头,缩放该部分图像等。另外,电源的开关、灯具的开关也可由用户自行控制。

(6)优先响应。系统支持多用户同时对控制点或相关设备的控制操作,当多个用户同时控制某一设备时,系统只响应单位级别较高的用户操作。若用户单位级别相同,则响应权限级别较高的用户操作。若用户单位级别和用户权限级别都相同,则以时间抢占较先者为响应对象。

当系统处于自动操作状态时,控制点运行只响应指定单位及控制中心的操作指令。若监控到用户在 10 min 内未发出任何控制指令,系统自动解除此次的监控操作,其他用户可继续对此设备进行控制操作。

(7)权限提示。系统实时显示当前处于控制状态的用户信息,以方便用户进行相关操作。

(8)报表统计。对所采集的数据信息进行分析统计处理,形成相关报表。

(9)身份验证。任何用户在进入系统前必须经过身份验证,合法的用户才能进入系统。对系统的操作设有权限限制,具有足够权限的用户才能进行相应的操作。

## 第八节　软件系统

在黄河口模型试验基地测控自动化系统软件平台的设计中,采用基于 Microsoft Windows DNA 的三层客户机/服务器结构和基于 Internet 的多层结构,能够充分满足用户界面、浏览、各种业务处理以及数据存储等现代分布式应用。

### 一、系统目标

本系统通过对不同时间各断面的水位、含沙量和流速等实时数据的采集建立相关数据库,对水下断面分布、河床全断面地形、滩区地形等地理空间信息的采集处理建立地理信息数据库。通过对模型各监控点进行实时的数据监测、模拟控制,对相关数据进行统计、分析,建立起模型工程信息数据库,将工程信息数据库与地理信息数据库相结合,并利用“数字黄河”、“原型黄河”的有关数据,建立各种三维模型。在此基础上,通过三维显示、图表对照、多媒体演示、虚拟仿真等先进的软件技术,实现“模型黄河”的数字化,为分析、决策提供直观支持。

### 二、系统功能

(1)数据管理。建立数据管理模块,对各类数据的存储、更新、查询、维护、统计进行管理。

(2)模型三维模拟。通过 DEM 生成黄河口三维模型,实现任意面剖切和多角度浏览,并根据各类水力参数,模拟、预测黄河口在不同条件下的变化。

(3)含沙量监测、模拟。通过各类数学模型对含沙量、流量等水力参数进行分析、计算,显示、模拟含沙量变化情况。

(4)水位、流量监测、模拟。将水位、流量数据通过图形、三维等方式直观地表现,通过数学模型对历史数据、未来趋势作出分析和预测。

(5)洪水演进及流场分布模拟。将河口沟壑水量、水位数据和地形数据相结合,通过演进模型,在等高线图、三维仿真图上直观表现洪水演进和流场分布情况。

(6)二维图表参照功能。利用二维图表,将黄河口现场监测数据和黄河口模型试验数据以及黄河口水沙数学模型计算结果进行比较,以图表的形式对流速、含沙量、水位、河势变化等信息进行综合分析比较。

### 三、系统构架

黄河口实体模型试验基地测控自动化软件系统框架图见图 5-2。

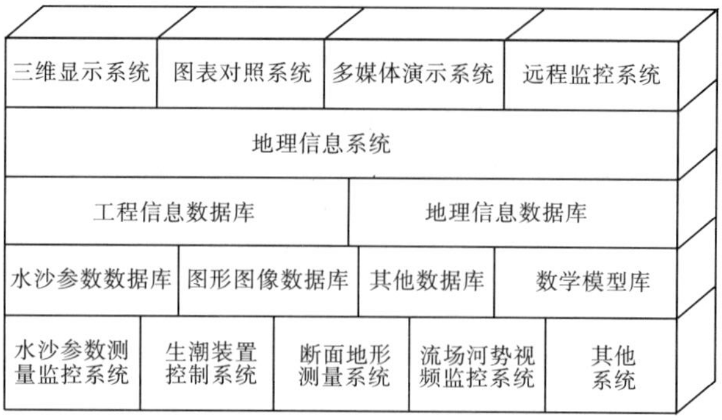


图 5-2　黄河口实体模型试验基地测控自动化软件系统框架图

## 四、基于 GIS 平台的数据管理及模型演示子系统

地理信息系统(GIS)是在计算机硬件和软件支持下对空间信息进行存储、查询、分析和输出,并为用户提供决策支持的综合性技术。GIS 利用计算机建立地理数据库,将地理环境的各种要素,包括各要素的地理空间分布状况和所具有的属性数据,进行数字存储,建立有效的数据管理系统。通过对多要素的综合分析,方便快速地获取信息,并能以图形、数字和多媒体等方式来表示结果。

该系统在 GIS 平台上通过建立工程信息数据库和地理信息数据库,对各种测量数据进行存储、处理分析,对"黄河口模型"的数据管理、效果检验、直观表现、模拟分析起到重要作用,并为决策机构提供分析工具和科学依据。

# 第九节　基础设施

## 一、计量认证体系的建立

计量认证工作是依据《中华人民共和国计量法》第 22 条的规定,对为社会提供公正数据的检验机构实施计量监督,通过严格的技术考核,确认其是否真正具备同检验工作相适应的计量检定、测试能力和可靠性。经计量认证合格的检验机构所提供的数据,在产品质量评价、成果鉴定等方面作为公正数据,具有法律效力。只有通过计量认证体系,才能保证所提供数据的准确性、公正性和合法性,才能和国际接轨。

## 二、测量设备搭载平台

流速、水位、地形、含沙量测量设备需在模型上沿选定断面布设,为满足设备自动化运行需要,需在模型上建设测桥,作为设备搭载平台。因模型测量设备电子元件较多,各类设备集中程度高,铁件对磁场干扰可能影响设备的测量精度,因此测桥建设材料拟选择不锈钢材料制作。流场及河势监测设备根据模型具体情况可固定在模型大厅侧壁、顶棚或通过埋设钢管固定。

## 三、测控中心

试验基地测控中心的建设,可实现基地整体试验体系、基础试验体系的信息测控及数据处理的系统化、自动化,极大地提高试验成果精度及试验工作的效率;同时,还可以实现试验过程实时动态显示、参数变化过程自由查视。测控中心主要组成包括:①基地中心控制系统(用以实现模型水力泥沙参数实时网络控制、信息管理及处理功能);②量测仪器校验和计量系统;③试验监视及展示系统;④仪器设备维修系统。因此,基地必须配备相应的办公室、实验室,另外还需配备会议室。

## 四、模型厅中控室

拟建设的各个模型厅测控子系统相对独立,每个模型厅需建设面积约为 140 $m^2$ 的中控室。

## 五、网络通信系统

实体模型的建设及运行应用通信及网络技术是非常必要的,需要在试验基地模型试验厅及办公室内建设通信及网络系统。

## 六、地线埋设

因自动化测量设备电子元件多,模型空间相对狭小,设备布设集中,各测量设备自动控制、采集信息传输线路集中,为避免各信号相互干扰,信号线均采用屏蔽线。一般情况下,模型中使用的测量设备探头发射信号比较弱,而水流中大量的带电离子的存在可能影响测量设备的测量精度,因此模型制作时应考虑埋设地线,尽可能中和水中带电离子,减小带电离子对测量设备运行的影响。

# 第十节　近期工程测控系统建设经费估算

根据“黄河口模型”建设的进度安排,测控自动化系统建设在近期工程中主要针对河口模型整体试验、基础试验厅进行测控自动化系统的布设,具体工程投资估算见表5-2。

**表5-2　黄河口模型近期工程测控系统建设经费估算**

一、仪器采购与系统开发(单位:万元)

| 项目 | 内容 | 单位 | 单价 | 黄河口模型试验厅 | | 基础试验厅 | |
|---|---|---|---|---|---|---|---|
| | | | | 数量 | 总价 | 数量 | 总价 |
| 控制设备 | 中控室及工业控制网络 | 套 | 30.00 | 1 | 30.00 | 1 | 30.00 |
| | 进口清浑水流量控制系统 | 套 | 20.00 | 1 | 20.00 | 1 | 20.00 |
| | 生潮装置及控制系统 | 套 | | 1 | 80.00 | 1 | 40.00 |
| | 尾门水位自动控制系统 | 套 | 8.00 | 0 | 0 | 1 | 8.00 |

续表 5-2

一、仪器采购与系统开发（单位:万元）

| 项目 | 内容 | 单位 | 单价 | 黄河口模型试验厅 | | 基础试验厅 | |
|---|---|---|---|---|---|---|---|
| | | | | 数量 | 总价 | 数量 | 总价 |
| 测量设备 | 流场河势分析系统 | 套 | 80.00 | 1 | 80.00 | 0 | 0 |
| | 视频采集 | 套 | | 1 | 20.00 | 1 | 8.00 |
| | 水位计 | 个 | 0.50 | 55 | 27.50 | 25 | 12.50 |
| | 流速仪 | 套 | 1.00 | 30 | 30.00 | 10 | 10.00 |
| | 含沙量仪 | 个 | 2.50 | 20 | 50.00 | 10 | 25.00 |
| | 水下断面地形仪 | 个 | 3.50 | 14 | 49.00 | 4 | 14.00 |
| | 三维激光地形仪 | 台 | 160.00 | 1 | 160.00 | | |
| 合计 | | | | | 546.50 | | 167.50 |
| | 714.00 | | | | | | |

二、其他相关费用(单位:万元)

| 项目 | 百分比 | 数额 | |
|---|---|---|---|
| 运杂费 | 7% | 49.98 | 计费基础为设备费用合计 |
| 安装调试费 | 8% | 61.12 | 计费基础为设备费用与运杂费之和 |
| 合计 | | 111.10 | |

三、测控系统近期工程建设总费用:825.10 万元

# 第六章　保障措施

## 一、组织管理

良好的组织、计划、建设管理体制是高质量完成黄河口模型试验基地工程建设的基本保障。

### (一)组织机构

黄河口模型试验基地工程建设主要包括黄河口模型试验厅及其附属设施建设和模型制作,是一项技术难度大、牵涉面广、周期较长的系统工程。因此,建立严密、高效的组织机构,协调黄委有关科技力量,联合国内外有关专家、学者,协同开展试验基地工程建设是非常重要的。为尽快建立黄河口模型试验基地,经山东黄河河务局、东营市人民政府、胜利石油管理局共同研究决定,以鲁黄办[2004]18 号文专门成立了黄河口模型试验基地建设管理领导小组,领导小组下设办公室,具体负责日常的建设管理工作。

建议黄委成立黄河口模型试验基地建设指导委员会,协调工程建设规划和实施计划的编制,并对工程建设的全过程进行协调、指导、监督,指导制定有关工程建设和运行管理办法、技术标准和规范等。

### (二)计划管理

计划管理是确保黄河口模型试验基地工程正常建设的极为关键的一个环节。在分阶段实施工程建设时,要以规划为依据,严格按照已经批准的各阶段前期工作任务及专项工程初步设计,区别轻重缓急,编制年度建设计划,明确建设内容和投资额度。经专家评审、领导小组审查批准后,由规划计划部门根据投资落实情况向项目实施单位下达投资计划。对各阶段严格把关,对项目实施情况和计划执行情况进行检查、督促,保证每一阶段按计划实施,避免影响后续阶段的实施和工程整体进度,确保年度计划如期完成。

### (三)建设管理

建立一套符合黄河口模型试验基地工程建设特点的建设管理办法,才能确保工程建设的质量。

建设管理主要从项目管理、技术管理、质量管理及建设策略四方面进行。黄河口模型试验基地工程建设特别是模型试验厅的建设,要全面贯彻项目法人制、招投标制、建设监理制和加强合同管理。项目承担单位要履行项目法人职责,按照责、权、利相结合的要求,确保质量,按时完成建设任务。在模型的建设中,为确保技术上的先进性,要加强对外的技术交流与合作,成立专家组,把握技术发展方向,对工程建设进行技术指导。特别是对黄河口模型的设计、模型自动化量测系统等重大关键技术问题进行专题咨询、技术把关,并建立严格的技术档案,为相关关键技术研发及系统升级维护提供技术支撑。

目前,黄委为了使治黄科研管理体系更趋于科学化和规范化,在重大项目研究中,还引入了首席专家制度。在黄河口模型项目中,已聘请了清华大学张红武教授为首席专家,本阶段负责项目的工程规划立项及前期研究工作。

## 二、基础数据支持

原型观测资料和基础数据是黄河口模型试验基地运行的基本保障。近期水利部已经批复了“数字黄河”工程规划，黄委也颁发了《信息资源共享管理办法》。黄河口模型试验基地工程建设将充分吸收“数字黄河”工程的资源，特别是数据库资源。目前，黄河水文数据库已拥有了与黄河口相关的流量、输沙率、水位、泥沙级配、断面成果等海量的野外观测资料，这对“黄河口实体模型基地”的建设无疑具有较强的基础数据和物理参数的支撑作用。但根据“黄河口实体模型基地”工程建设的特殊要求，仍需要补测或增测一些专门的基础数据，为工程建设提供基础数据支持。

## 三、人才培养

科学技术的大发展，人才是最关键、最根本的因素。开展黄河口模型试验基地工程建设，必须靠先进的理论和技术，必须靠人才。因此，人才对黄河口模型试验基地工程的建设至关重要。

为了保障黄河口模型试验基地工程建设、运行与发展，迫切需要具有复合型知识、技术过硬的专门人才队伍。为此，应建立科学的人才培养机制。根据人才需求状况，制订教育、人才培养和引进计划，确定培训对象、培训内容、培训安排，建立一套合理的能够满足“黄河口模型”工程需要的人才培养体系。采取多种形式培养和造就一批能跟踪国际先进水平的高素质人才。一方面选派勤于钻研、热爱黄河、协作精神强、业绩突出的拔尖人才出国深造；另一方面引进国内外高层次的专家学者，共同研究，提高科技人员的科研水平，同时健全人才竞争和激励机制，稳固和发展高水平的人才队伍。

# 第七章　运行管理

## 第一节　建设期管理

根据黄委黄人劳[2004]27号文"关于成立黄河河口研究院的通知"的精神，山东黄河河务局为黄河口模型试验基地建设的业主单位，负责整个项目的场地落实、资金筹措、基建安排和招投标工作，并负责黄河口模型试验基地建成以后的日常管理工作。黄科院具体负责黄河口模型的制作。

在分阶段实施工程建设时，基地建设业主单位要以规划为依据，严格按照已经批准的各阶段前期工作任务及专项工程初步设计，区别轻重缓急，编制年度建设计划，对各阶段严格把关。对项目实施和计划执行情况进行检查、督促，保证按计划实施，确保年度计划如期完成。黄河口模型试验基地工程的建设和试验研究是涉及黄河综合治理的长期建设工程，应制定总体实施战略和建设框架，应遵循"统一规划、分步实施、急用先建"的方针。在建设中，要全面贯彻项目法人制、招投标制、建设监理制和加强合同管理。

## 第二节　运行期管理体制与机制

### 一、管理机构

黄河河口研究院为基础公益类事业单位，在黄河河口管理局黄河口治理研究所的基础上，主要由黄委内部有关科技人员组成。黄河口模型既是"模型黄河"的重要组成部分，也是水利部确定的黄河泥沙重点实验室的重要组成部分。黄科院负责黄河口模型的前期研究、规划、设计等工作，并具体负责河口各类模型的制作、量测系统的研制等。黄河河口研究院负责河口模型试验基地竣工验收后的日常运行管理，设置三级管理机构，黄委为主管机关，山东黄河河务局、黄科院为主管单位。

黄河河口研究院拟定人员编制为30人。其中科技研究人员24人，后勤管理人员6人，可根据承担的科研项目需要，随时聘用系统内外的高层次科研人员作为客座研究员，并充分与其他江河科研机构联合，承担国内外其他河流海洋的模型试验研究项目，充分发挥河口模型的作用。人员安排根据实际需要可适当调整。

### 二、主要职责

初步拟定黄河河口研究院的主要职责如下：

(1)根据黄河入海流路规划，研究制定河口地区综合治理规划。

(2)分析研究利用河口水沙资源，为黄河三角洲地区开发建设提供服务。

(3)分析研究河口地区洪凌状况及规律,参与制定防洪防凌预案及对未来可能出现的洪水进行预演和预测。

(4)开展河口治理规划、工程设计、河道整治、工程施工、河口水文、调水调沙、引黄供水、河流潮汐、泥沙及环境生态研究,为科学决策提供依据。

(5)负责对河口“原型黄河”进行模拟试验、现场测控及对河口治理方案的观测、分析、评价。

(6)负责黄河口模型建设,做好模型及相关设施的管理与维护工作。以模型管理为平台,开展国内外水利试验研究技术合作与交流。

(7)研究制定本中心科研发展规划,发挥人才优势,推动治黄科技事业的发展。

(8)完成上级授权或交办的其他事宜。

## 三、管理机制

通过整合黄委内部较为分散的、从事黄河口研究的技术力量,可以充分发掘系统内部有效的技术和人才优势,实行开放式的研究运行模式,广泛吸引国内外的专家学者开展黄河口治理研究工作,使模型研究成果直接为原型河口的治理提供试验参数和技术支撑,提高科学技术生产力的实用效益。

### (一)建立“开放、流动、竞争、协作”的科研体制和运行机制

黄河口演变规律极其复杂,治理的难度相当大,因而黄河口问题的研究必须吸纳黄委内外和国内外的优秀专家和学者,采取多部门合作、跨学科攻关、多层次创新的途径。对于重大项目的实施,黄委已初步形成了合作、开放的良好环境,如已通过与国家自然科学基金委员会联合设立黄河联合基金,面向全国资助黄河问题的研究等,为黄河口模型试验基地的高效、良性运行创造了有利的条件,使黄河口模型试验基地成为国内外一流的水利科学试验研究基地。

### (二)将黄河口模型试验作为治黄重大项目进行管理

黄委经过多年的探索,对于战略性、前瞻性及应用基础性的治黄重要发展规划和重大项目研究,已经基本形成了一套较为完整的管理体系。对于治黄科研专项研究,制定了较为完善和系统的《黄委科技项目管理办法》。在黄河口模型试验研究中,引入了首席专家制。治黄科研管理体系将不断趋于科学化和规范化。黄河口模型试验基地运行也将纳入到重大项目的严格管理之中。

### (三)建立切实可行的管理制度

建立一套有关黄河口模型试验基地运行维护管理的规章制度,主要包括运行维护管理的任务,模型试验运行、测控系统运行维护、模型试验基地、试验成果文档等管理办法,以及管理人员的管理培训考核办法和岗位责任制度等。同时,明确试验基地、测控中心、模型试验单位的关系及其职责和义务;采用先进的管理手段,与科技体制改革相结合,制定黄河口模型试验基地科研项目考核激励措施,对管理制度的实施发挥督促作用。

### (四)建立信息资源成果共享机制

信息资源是重要的战略资源,信息资源共享是目前我国信息化建设中的一项重要内容。为加强治黄科技含量,推进治黄现代化,实现治黄信息资源共享尤为重要。根据黄委

《信息资源共享管理办法》，黄委系统内的信息资源应实现互联共享。在黄河口模型试验基地工程的建设、运行中，也需要实现资源共享、互联互通。

为此，需要依据《信息资源共享管理办法》，建立黄河口模型试验基地工程信息资源共享机制，并制定相应的管理办法。在模型试验运行中，通过测控系统的信息网络，将重要的试验数据与图像实时在黄委相关范围内发布和再现，加快试验信息资源的利用速度，提高试验信息资源的利用率。通过建立信息资源成果共享机制，促使黄河口模型试验基地建成一个开放的、多功能的面向社会的科技服务平台，为黄河的治理开发发挥更大的作用。

# 第三节　管理费用测算及费用来源

## 一、运行费

本项目是黄河治理长期开展基础研究的基础性设施建设，所产生的经济效益目前无法量化，主要体现在社会效益方面。工程年运行管理费测算采用简化计算方法。

**（一）工资及福利费**

模型基地科研及管理人员30人，人均年工资额取20 000元，福利费按职工工资总额的14%计取，劳保统筹费按工资总额的17%计取，住房公积金按职工工资总额的10%计取，总费用计85万元。

**（二）材料燃料及动力费**

材料燃料及动力费主要为模型试验、基地管理中发生的水、电等费用，由于本部分内容还难以较准确测算，初步估算每年25万元。

**（三）工程维护费**

工程维护费按固定资产投资的0.5%估算，基地年工程维护费约为85万元。

**（四）其他费用**

其他费用按照职工工资及福利费总额的100%估算，为85万元。

综合以上分析估算成果，黄河口模型试验基地年运行费约280万元。

## 二、运行费来源及建议

黄河河口研究院作为以国家投资为主，流域水利机构负责运行的治黄科学研究基地，主要服务于黄河及河口的治理开发，为地方经济社会持续发展提供技术支持，为基地正常运行和长期发挥作用提供资金保障，建议由以下三个方面筹措管理运行费用：

（1）作为基础科学研究基地，由上级部门下拨一定的事业经费。

（2）东营市人民政府对模型运行管理给予资金上的扶持。

（3）作为开放式的研究基地，从研究项目中，收取一定的经费作为模型基地的管理费用。

# 第八章 黄河口模型试验基地近期投资和效益分析

## 第一节 近期投资估算

黄河口模型试验基地总占地面积约1 000亩。根据东营市东政发[2001]15号文,将无偿划拨土地用于模型建设用地,故不再计列占地投资。根据黄河口模型试验基地近期工程规划的建设任务,编制内容主要包括近期规划的模型基地工程、试验研究及关键技术专项研究、设备及安装以及模型材料及制作等。其中模型基地工程建设包括黄河口模型试验厅、基础试验厅、露天试验场和配套附属设施建设等;试验研究及关键技术专项研究包括供水加沙系统、课题研究、模型常规仪器及分析设备、测控关键技术专项研究等。

黄河口模型试验基地近期工程建设总投资16 830.74万元,其中建筑物及其土建配套工程建设投资11 975.99万元、工程建设其他费用4 207.41万元、不可预见费647.34万元。近期工程建设总投资16 830.74万元,其中胜利油田管理局拟出资5 000万元资助黄河口模型试验基地的建设,其余11 830.74万元由国家投资。

黄河口模型试验基地近期工程建设总投资估算见表8-1。

表8-1 黄河口模型试验基地近期工程建设总投资估算 (单位:万元)

| 序号 | 项目名称 | 建安费 | 设备费 | 其他 | 合计 | 占总投资比例(%) |
|---|---|---|---|---|---|---|
| | 第一部分 建筑物及其土建配套工程 | | | | 11 975.99 | 71.15 |
| 一 | 黄河口模型试验厅 | 8 331.24 | | | 8 331.24 | |
| 二 | 基础试验厅 | 736.35 | | | 736.35 | |
| 三 | 露天试验场 | 200.00 | | | 200.00 | |
| 四 | 综合楼 | 169.75 | | | 169.75 | |
| 五 | 科技楼 | 155.23 | | | 155.23 | |
| 六 | 专家公寓 | 123.85 | | | 123.85 | |
| 七 | 配套设施 | 656.00 | | | 656.00 | |
| 八 | 室外工程 | 1 603.57 | | | 1 603.57 | |
| | 第二部分 工程建设其他费 | | | | 4 207.41 | 25.00 |

续表 8-1

| 序号 | 项目名称 | 建安费 | 设备费 | 其他 | 合计 | 占总投资比例(%) |
|---|---|---|---|---|---|---|
| 一 | 土地使用费 | | | | 80.84 | |
| 1 | 占地补偿费 | | | 80.84 | 80.84 | |
| 二 | 试验研究费 | | | | 1 075.54 | |
| 1 | 课题研究费 | | | | 740.54 | |
| 1.1 | 黄河口模型制作课题研究费 | | | | 655 | |
| 1.2 | 概化模型和水槽制作课题研究费 | | | | 85.54 | |
| 2 | 关键技术研究费 | | | 335 | 335 | |
| 2.1 | 模型沙特性试验研究费 | | | 95 | 95 | |
| 2.2 | 黄河口动床模型相似律研究费 | | | 165 | 165 | |
| 2.3 | 试验技术及制模技术研究费 | | | 45 | 45 | |
| 2.4 | 测控关键技术及数据处理研究费 | | | 30 | 30 | |
| 三 | 与未来科研有关的其他费用费 | | | | 3 051.03 | |
| 1 | 办公家具购置费 | | 135 | | 135 | |
| 2 | 设备及安装工程费 | | 1 046.85 | 83.75 | 1 130.60 | |
| 2.1 | 黄河口模型常规仪器及分析设备费 | | 149.80 | 11.99 | 161.79 | |
| 2.2 | 黄河口模型供水加沙系统费 | | 107.27 | 8.58 | 115.85 | |
| 2.3 | 概化模型和水槽供水加沙系统费 | | 25.80 | 2.06 | 27.86 | |
| 2.4 | 基地近期工程测控系统费 | | 763.98 | 61.12 | 825.10 | |
| 3 | 模型材料及制作费 | | | | 1 785.43 | |
| 3.1 | 黄河口模型材料及制作费 | | | 1 665.32 | 1 665.32 | |
| 3.2 | 概化模型材料及制作费 | | | 55.09 | 55.09 | |
| 3.3 | 水槽材料及制作费 | | | 65.02 | 65.02 | |
| | 一至二部分合计 | | | | 16 183.40 | 96.15 |
| | 不可预见费 | | | | 647.34 | 3.85 |
| | 静态总投资 | | | | 16 830.74 | 100.00 |

## 第二节　效益和展望

黄河口模型试验基地是一个综合性、社会性、基础性的科学试验研究基地，是“模型黄河”工程的重要组成部分。研究内容涉及黄河口泥沙运动规律、黄河口演变规律、黄河口流路使用年限及方案等。其成果将加深对河口演变基本规律的认识，为黄河下游及黄河三角洲地区制定新形势下的防洪战略、明确黄河口治理方向、制定合理的流路规划以及有效的防洪减灾对策等提供坚实的科学依据和技术支撑，对于相对稳定入海流路，促进黄河三角洲地区经济社会可持续发展，具有重要的意义。因此，本项目的规划建设实施具有巨大的社会、经济效益。

### 一、社会效益

黄河口模型试验基地建成后社会效益是巨大的，主要表现在以下几个方面：

(1)黄河口模型的社会效益将是长期的。人民治黄半个多世纪以来，对黄河的治理开发付出了艰辛的努力，取得了举世瞩目的成就，由于黄河水少沙多，水沙关系不协调，黄河治理开发与社会经济发展之间的矛盾将长期存在。由于黄河口治理不仅关系到三角洲地区的持续发展，而且直接影响黄河下游的防洪安全，因此对黄河口基本规律的研究和认识是长期的。从国内外河工模型来看，如黄河三门峡、小浪底水库模型和下游河道模型，其不仅发挥着重要作用，而且模拟范围和研究内容还在不断拓展；德国的易北河口模型、加拿大圣劳伦斯河口模型，目前仍发挥着作用。黄河口模型的建设随着治黄的需求和社会经济的发展，在黄河口研究及治理中将长期发挥作用。

(2)通过黄河口模型试验，能够定量认识和宏观把握黄河尾闾河段淤积延伸对黄河下游的反馈影响，为新形势下黄河下游防洪战略安排提供科学依据和技术支持。因而黄河口模型试验基地的建设，对于黄河全河的治理开发意义重大。

(3)通过试验研究，可掌握一定水沙条件下河口河段演变的基本规律及海洋动力的输沙能力等，为制定科学合理的黄河入海流路规划提供依据。

(4)研究分析相对稳定入海流路不同工程措施的效果及影响，为综合比较各种措施对延长清水沟流路行河年限和渔洼以上河段防洪减淤的作用，评价治理方案实现的可能性提供技术支持。

(5)提高防洪决策水平，提高防洪管理能力，减免洪水(凌汛)对两岸人民生命财产的威胁，保持黄河三角洲地区的社会稳定，促进地区社会经济的持续发展。

### 二、经济效益

黄河口地区是黄河洪凌灾害较为严重的地区，黄河自 1855 年在铜瓦厢决口夺大清河入渤海以来，以垦利宁海为顶点的黄河三角洲改道 50 余次，较大改道 9 次。新中国成立以来，洪凌灾害也频繁发生，1963 年 12 月黄河三角洲地区发生冰凌壅塞，造成济南军区马场及 15 个村庄、2 600 多人，以及 41 万亩耕地被淹。1987 年汛期和凌汛期，一年两灾，造成胜利油田停产，灾害损失巨大。黄河口模型试验基地建设尽管无法用直接经济效益来衡量,但其间接经济效益是明显的。项目实施后,将提高河口流路安排的科学性,提高治理方案的合理性和治理效果,加强河口地区洪情预测预报的准确性,可以更合理地安排治理投入,减少人民生命财产的损失。其经济效益是巨大的。

## 三、远景展望

黄河口的治理关系到黄河下游的防洪安全,关系到黄河三角洲地区的经济社会持续发展,是实现维持黄河健康生命治黄终极目标不可或缺的重要组成部分。建设黄河口模型试验基地,将为长期开展黄河口治理研究工作提供良好的科学技术支撑,通过模型试验并配合其他研究工作,探求黄河三角洲的自然演变规律,为减缓河口淤积延伸对黄河下游的影响,合理安排黄河入海流路,制订和优化治黄工程措施,有效减轻洪水灾害提供科学依据。

同时,黄河口模型试验基地的建设及其研究成果,将为充分发挥黄河三角洲地区的资源优势,促进黄河三角洲地区经济社会的可持续发展,优化经济社会发展总体布局,并充分考虑生态环境的承载能力,坚持人与自然的和谐共处,谋求黄河下游的长治久安并促进地区经济社会的可持续发展产生很大的作用和带来巨大的社会经济效益。

从目前看,黄河口模型试验基地建设具有很大的市场需求和发展空间,无论是山东省东营市人民政府还是胜利油田,都对该基地的建设给予了极大的关注和重视,在基地用地、资金投入和运行管理费用上都给予了承诺。因此,该基地的建设和发展是有保障的,也是有生命力的。

黄河口模型试验基地的建设与运行将坚持面向社会、开放合作的原则,吸引国内外关注黄河治理的专家、学者,利用黄河口模型试验基地开展相关专题的研究。将充分实行“滚动发展”的运行方式,在吸纳技术、人才的同时,根据其他部门的需求开展技术服务性试验,最大限度地实现黄河口模型试验基地这个科技平台的共享。通过科学、有效的管理体制和优良的服务体系,最终使黄河口模型试验基地成为国内外一流的科学试验研究基地。

# 第九章 黄河口模型理论研究及模型沙选择

## 第一节 河口潮流泥沙运动基本方程

无论数学模型计算还是黄河口模型试验,都必须以河口潮流泥沙运动的基本方程为基础。众所周知,河口水沙数学模型限于目前的研究水平尚不能开展三维计算,同样河口模型试验受测验手段的限制,也难以观测潮流、波浪及泥沙运动的三维变化。因此,本节仅介绍河口平面二维潮流泥沙运动方程。

### 一、潮流运动基本方程

描述黄河河道及河口潮流运动的基本方程包括河海水流连续方程和河海水流运动方程。

河海水流连续方程

$$\frac{\partial z}{\partial t}+\frac{\partial (v_i h)}{\partial x_i}=0 \tag{9-1}$$

河海水流运动方程

$$\frac{\partial v}{\partial t}+v_j\frac{\partial v_i}{\partial x_j}+f\sigma_{ij}v_j+g\frac{\partial z}{\partial x_i}+\frac{gv_i\sqrt{v_jv_j}}{C^2h}=\varepsilon_{ij}\frac{\partial^2 v_i}{\partial x_i\partial x_j}(i,j=1,2) \tag{9-2}$$

式中:$v_i$ 为垂线平均流速;$h$ 为水深;$z$ 为水位;$C$ 为谢才系数,$C=\frac{1}{n}R^{1/6}$($R$ 为水力半径,$R=h$);$g$、$\rho$、$\varepsilon$ 分别为重力加速度、水密度和紊动黏滞系数;$f$ 为科氏力系数($f=2\omega\sin\phi$,$\omega$ 为地球自转角速度,$\phi$ 为地理纬度)。

$$\sigma_{ij}=\begin{bmatrix}0 & -1\\ 1 & 0\end{bmatrix}$$

为系数矩阵。

一般情况下,可取 $\varepsilon$ 为常数或采用零方程模型。在零方程模型中,根据张红武的"涡团模式",得出 $\varepsilon=c_nv_*=\sqrt{z(h-z)}$,沿水深积分,可推求出垂线平均紊动黏性系数表达式为

$$\varepsilon=\frac{\pi}{8}c_nv_*h \tag{9-3}$$

式中:$v_*$ 为摩阻流速;$h$ 为水深;$c_n$ 为涡团参数。

### 二、泥沙运动方程

常见的描述河口泥沙运动基本方程是在引入泥沙同紊流脉动完全跟随,紊动扩散作

用是支持泥沙悬浮的唯一力量及水平扩散对河床变形影响较少等一系列假设条件下获得的。在黄河口河段，含沙量、泥沙粒径变幅大，河床局部的纵横底坡并不很小的情况下，上述假设很难成立，为此张红武在前人的基础上，从异质粒子与紊流场的相互作用等方面入手，修正了泥沙连续方程和河床变形方程，对三维悬移质泥沙运动扩散方程和连续方程沿水深积分，引入一些关于沿水深平均物理量的定义，对扩散项的积分用菲克定律表示，并假定沿垂向没有泥沙交换，并利用水流连续方程可推出沿深度平均的泥沙连续运动扩散方程和河床变形方程，即

$$\frac{\partial S}{\partial t} + v_j \frac{\partial S}{\partial x_j} - \varepsilon_s \frac{\partial^2 S}{\partial x_j \partial x_j} = -\frac{K_1 a_* \omega}{H}(f_1 S - S_*) \tag{9-4}$$

$$\frac{\partial z_b}{\partial t} - \frac{K_1 \alpha_*}{\gamma_0}\omega_i(f_1 S - S_*) = 0 \tag{9-5}$$

式中：$\omega_i$ 为泥沙沉速；$S$ 和 $S_*$ 分别为水流含沙量和挟沙力；$f_1$ 为泥沙非饱和系数；$K_1$ 为考虑紊流脉动在水平方向产生的扩散作用及泥沙存在产生的附加影响而引入的修正系数，简称为附加系数；$\alpha_*$ 为平衡含沙量分布系数，代表平衡条件下底部含沙量与平均含沙量的比值，由张红武的含沙量沿水深分布式可求得如下理论计算公式

$$\alpha_* = \frac{1}{N_0}\exp\left(8.21\frac{\omega}{\kappa v_*}\right) \tag{9-6}$$

$$N_0 = \int_0^1 f\left(\frac{\sqrt{g}}{c_n C},\eta\right)\exp\left(5.33\frac{\omega}{\kappa v_*}\arctan\sqrt{\frac{1}{\eta}-1}\right)\mathrm{d}\eta \tag{9-7}$$

式中：$\kappa$ 为浑水卡门常数；$c_n$ 为涡团参数（$c_n = 0.375\kappa$）；$v_*$ 为摩阻流速；$C$ 为谢才系数；其中的函数式为

$$f\left(\frac{\sqrt{g}}{c_n C},\eta\right) = 1 - \frac{3\pi}{8c_n}\frac{\sqrt{g}}{C} + \frac{\sqrt{g}}{c_n C}\left(\sqrt{\eta-\eta^2} + \arcsin\sqrt{\eta}\right) \tag{9-8}$$

在式(9-4)、式(9-5)中出现的附加系数 $K_1$，根据黄河下游河道动床模型试验资料，其形式为

$$K_1 = \frac{1}{2.65}\kappa^{4.5}\left(\frac{v_*^{1.5}}{v^{0.5}\omega}\right)^{1.14} \tag{9-9}$$

对于非饱和系数 $f_1$，形式为

$$f_1 = \frac{S}{S_*}^{\left[0.1\arctan\left(\frac{S}{S_*}\right)\right]} \tag{9-10}$$

对于上述海洋动力作用下的潮流挟沙能力，除包含一般挟沙力的作用外，还包含有波浪对挟沙能力影响，综合窦国仁及张红武的研究成果，运用能量平衡问题，可将潮波风暴挟沙能力公式表达为

$$S_* = \alpha\frac{\gamma\gamma_s}{\gamma_s - \gamma}\frac{H^2}{hT\omega} + S_{*0} \tag{9-11}$$

式中：$\gamma$、$\gamma_s$ 为水、泥沙容重；$h$ 为水深，$H$、$T$ 为平均波高、周期。$S_{*0}$ 用张红武水流挟沙力公式计算为

$$S_{*0} = 2.5\left[\frac{(0.0022 + S_V)v^3}{\kappa \frac{\gamma_s - \gamma_m}{\gamma_m} gh\omega}\ln\left(\frac{h}{6D_{50}}\right)\right]^{0.62} \tag{9-12}$$

只是将流速改为潮流速,即

$$v = (v_x^2 + v_y^2)^{1/2} \tag{9-13}$$

式中:$\omega$ 为泥沙沉速;$\alpha$ 为系数,根据黄河口的 1987 年实测同步观测资料,可取 $\alpha = 0.0001$。李东风等采用实测资料对潮波风暴挟沙能力公式进行的验证结果表明,式(9-11)与黄河口实际情况较为符合。

## 第二节　主要相似条件

河口泥沙运动相对于河道具有特殊性,同时也具有一般性,因此黄河口模型的相似条件应该是在黄河动床模型律的基础上进一步考虑海洋动力影响构成的。利用上述潮流泥沙运动方程进行相似分析,并结合黄河下游模型试验的方法,初步可以得出如下以悬移质泥沙运动为主的黄河口模型的主要相似条件。

水流重力相似条件

$$\lambda_v = \sqrt{\lambda_H} \tag{9-14}$$

水流阻力相似条件

$$\lambda_n = \frac{1}{\lambda_v}\lambda_H^{2/3}\left(\frac{\lambda_H}{\lambda_L}\right)^{1/2} \tag{9-15}$$

水流挟沙相似条件

$$\lambda_s = \lambda_{s_*} \tag{9-16}$$

泥沙悬移相似条件

$$\lambda_\omega = \lambda_v\left(\frac{\lambda_H}{\lambda_L}\right)^{0.75} \tag{9-17}$$

泥沙起动及扬动相似

$$\lambda_{v_c} = \lambda_v = \lambda_{v_f} \tag{9-18}$$

河床变形相似条件

$$\lambda_{t_2} = \frac{\lambda_{r_0}\lambda_L}{\lambda_s\lambda_v} \tag{9-19}$$

河型相似条件

$$\left\{\frac{[D_{50}h(\gamma_s - \gamma)/\gamma]^{1/3}}{iB^{2/3}}\right\}_p \approx \left\{\frac{[D_{50}h(\gamma_s - \gamma)/\gamma]^{1/3}}{iB^{2/3}}\right\}_m \tag{9-20}$$

由于模型及原型悬沙粒径较细,一般满足 G. G. Stokes 定律,因而可确定悬沙粒径比尺表达式

$$\lambda_d = \left(\frac{\lambda_\nu\lambda_\omega}{\lambda_{\gamma_s-\gamma}}\right)^{1/2} \tag{9-21}$$

以上各式中：$\lambda_L$ 为水平比尺；$\lambda_H$ 为垂直比尺；$\lambda_v$ 为水流流速比尺；$\lambda_n$ 为糙率比尺；$\lambda_\omega$ 为悬沙沉速比尺；$\lambda_s$ 为水流含沙量比尺；$\lambda_{s*}$ 为水流挟沙能力比尺，对于河口模型应该包含水流及海洋动力共同挟沙能力的比尺；$\lambda_{t_2}$ 为河床冲淤变形时间比尺；$\lambda_{\gamma_0}$ 为淤积物干容重比尺；$\lambda_{v_c}$ 为泥沙起动流速比尺；$\lambda_\nu$ 为水流运动黏滞性系数比尺；$\lambda_{\gamma_s-\gamma}$ 为泥沙与水的容重差比尺；$\lambda_d$ 为悬沙粒径比尺；$B$ 为造床流量下河宽；$h$ 为造床流量下平均水深；$i$ 为河床比降；$\gamma_s$、$\gamma$ 分别为泥沙、水流容重；$D_{50}$ 为床沙中值粒径。

此外，为保证模型与原型水流流态相似，还需要满足流态限制条件和表面张力限制条件。

(1)流态限制条件（充分紊流，$Re$ 为模型雷诺数）

$$Re > 2\ 000 \tag{9-22}$$

(2)表面张力限制条件（$h_m$ 为模型水深）

$$h_m > 1.5\ \text{cm} \tag{9-23}$$

# 第三节　模型沙选择

模型沙选择是悬沙动床模型试验的关键问题之一。选取的模型沙应保证河床的输沙条件相似，一般要求满足沉降、起动流速和糙率等方面的相似条件。此外，潮汐河口在涨潮流或落潮流过程中，流速在零与最大之间变换，泥沙随之发生沉降而又起动，变化快而又频繁，因而模型中应采用轻质材料为模型沙。黄河口模型沙的选择应要求其力学特性及物理化学特性均应同时满足要求。在满足模型相似条件的前提下，同时考虑外形稳定、可长期重复使用、经济、易选配加工、可操作性强等多种因素。

## 一、常用模型沙特性分析

为模拟黄河口泥沙冲淤变形规律，必须对模型沙的物理、化学等基本特性有更高的要求。长期以来，很多专家在大量生产试验中，对包括粉煤灰、天然沙、塑料沙、煤屑、电木粉等材料在内的模型沙的特性进行了研究和总结。对于黄河口模型来讲，为满足试验长期运行，必须重视模型沙的稳定性。

一般来说，模型沙在潮湿的环境中固结严重，将使起动流速增加，致使模型河床冲淤与原型的相似性明显偏差（特别是影响冲刷过程的相似性）。王桂仙等曾于1990年开展了 $D_{50} \leqslant 0.038$ mm 的电木粉起动流速试验，其结果为：$h = 10$ cm 时，初始条件下 $v_c = 10.8$ cm/s；在水下沉积两天后，$v_c$ 增加到 12 cm/s；在水下沉积两个月后，$v_c = 21$ cm/s；而脱水固结两周后，即使流速增至 28 cm/s，电木粉也不能起动。1996年，张俊华等还做了郑州热电厂粉煤灰（$\gamma_s = 2.1$ t/m$^3$，$D_{50} = 0.035$ mm）及山西煤屑（$\gamma_s = 1.5$ t/m$^3$，$D_{50} = 0.05$ mm）两种模型沙的起动流速试验，结果表明，在相近水深条件下，山西煤屑的起动流速随着沉积时间增加有大幅度的增加。例如，在水深同为 4 cm 条件下，水下固结 96 h 后，起动流速从初始的 5.95 cm/s 达到 8.40 cm/s，脱水固结 96 h 后可以达到 13.1 cm/s。而郑州热电厂粉煤灰的起动流速随固结时间增加而有所增大，但随时间增加所受的影响明显较小。综合各个方面，可将几种可能作为黄河口动床模型的模型沙的优缺点归纳于表9-1。

表 9-1　动床模型的模型沙优缺点对比

| 种类 | 优点 | 缺点 |
| --- | --- | --- |
| 天然沙 | 物理化学性能稳定，造价低，固结、板结不严重 | 容重大，起动流速大，模型设计困难，颗粒较细时黏聚力偏大 |
| 塑料沙 | 起动流速小，可动性大 | 造价高，水下休止角小，容重太小，稳定性差，不宜作为长河段洪水模型的模型沙 |
| 电木粉 | 固结前起动流速小，易满足水流阻力、河型、悬移等相似条件 | 固结、板结后起动流速大增，重复使用性差，材料造价也高，试验时难以观察床面泥沙运动状况 |
| 煤屑 | 造价不太高，新铺煤屑起动流速小，易满足水流阻力、河型、悬移等相似条件，水下休止角适中 | 固结后起动流速很大，制模困难，重复使用性差，悬沙沉降时易絮凝，试验环境污染较严重，试验时难以观察床面泥沙运动状况 |
| 郑州火电厂粉煤灰 | 造价低，物理化学性能稳定，容重不大，水下休止角适中，选沙容易 | 活性物质含量高，试验时床面固结、板结严重，模型小河难以复演主流摆动特性 |
| 郑州热电厂粉煤灰 | 造价低，物理化学性能稳定，容重及干容重不大，选配加工方便，水下休止角适中，模型沙一般不板结，固结也不严重，并能保证模型长系列放水试验的需要 | 细颗粒含量少，选细沙时比火电厂粉煤灰困难，选大颗粒床沙时余地太小，且作为长江中下游模型沙时容重偏大 |
| 拟焦沙 | 物理化学性能稳定，容重及干容重适中，重复使用性强，水下休止角适中，模型沙一般不板结，固结轻，并能保证模型长系列放水试验的需要 | 造价偏高，试验时难以观察床面泥沙运动状况 |

黄科院经过长期探索，选取郑州热电厂粉煤灰作为模型沙，成功开展了黄河水库及河道的动床模型试验，为进行黄河口模型选沙提供了经验。该材料容重为 2.1 t/m$^3$，郑州市价格为 500 元/m$^3$，考虑到黄河口模型沙粒度甚细，一般水力分选难以满足要求，故在东营市经动力细化并考虑运输费用后，价格需 1 000 元/m$^3$ 左右。该模型沙由于容重大，河口附近泥沙沉降的模拟易造成淤积偏快，且流路变形模拟困难。为较好地模拟黄河口泥沙运动及流路演变规律，尤其是需要真实地模拟入海泥沙的扩散和运输，对模型沙的物理化学、水力学及挟沙特性有更高的要求。

## 二、模型沙的初步选定和论证

黄河口地区河道槽蓄量大，洪峰陡涨陡落，因此在设计模型时，为避免时间变态所带来的一系列问题，必须投入大量的人力物力，对几何比尺、相似条件、模型沙材料及其粗度等进行反复比选，力求含沙量比尺尽量同模型淤积物干容量比尺接近，从而使河床冲淤变形时间比尺与水流运动时间比尺相近，也只有如此，才可能保证黄河口模型能真实地模拟原型的海洋动力特性。

通过初步比选，本项目暂选清华大学黄河研究中心同黄科院联合研制开发的新型模型沙材料——拟焦制成黄河口模型的模型沙。它是根据模型设计对于容重及稳定性等方面要求，将煤粒采取特殊工艺脱除挥发成分，同时改变其化学键后，再按照颗粒级配要求加工配制而成的人工模型沙。根据本阶段对于黄河口模型的设计深度，初步要求模型沙容重为1.7 t/m$^3$。就目前估算结果，如果自行研磨选配，可将成品模型沙价格降到1 500元/m$^3$。这种模型沙同长江科学院开展的长江防洪大模型初选的模型沙精煤和三峡模型长期使用的精煤模型沙价格相当，比电木粉、塑料沙或长江防洪大模型将可能采用的塑料合成沙的单价低出很多，且在模拟泥沙运动和河床变形等方面具有不可替代的优点。取拟焦沙作为模型沙时，该材料容重 $\gamma_{sm}=1.7$ t/m$^3$，干容重 $\gamma_{om}\approx0.6$ t/m$^3$。于是若取原型沙容重 $\gamma_s=2.64$ t/m$^3$，干容重 $\gamma_0=1.43$ t/m$^3$，则可求出泥沙水下容重比尺 $\lambda_{\gamma_s-\gamma}=2.36$，淤积物干容重比尺 $\lambda_{\gamma_0}=2.38$。为对所选模型沙基本物理特性及运动特性有进一步的把握，本阶段进行了模型沙起动试验及流变特性试验，并进行了河口概化模型试验。

**（一）模型沙基本特性分析**

模型沙起动流速是模型设计的重要依据之一，起动流速试验是开展动床模型试验的前期预备试验之一，为此专门对初步选定的拟焦沙开展了起动流速试验，模型沙级配曲线见图9-1，中值粒径 $d_{50}=0.045\sim0.05$ mm。

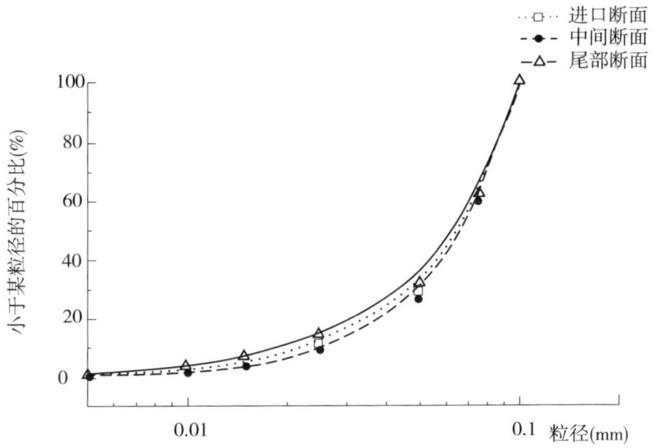


**图9-1　模型沙级配曲线**

通过试验，获得了大量的试验数据（见表9-2），将数据整理后可点绘出拟焦沙的起动流速、起冲流速、扬动流速与水深的关系曲线，见图9-2。

**表9-2　拟焦沙起动流速成果**

| 水深（cm） | 起动（弱动）流速（cm/s） | 起动（中动）流速（cm/s） | 起动（普动）流速（cm/s） | 起冲流速（cm/s） | 扬动流速（cm/s） |
|---|---|---|---|---|---|
| 1.0 | 7.89 | 8.69 | 9.56 | 12.80 | 15.80 |
| 2.0 | 8.43 | 9.29 | 10.20 | 13.50 | 16.85 |
| 2.5 | 8.80 | 9.65 | 10.60 | 13.60 | 17.00 |
| 3.0 | 9.10 | 9.95 | 10.95 | 13.70 | 17.10 |
| 4.0 | 9.50 | 10.10 | 11.10 | 13.70 | 17.20 |

此外，初步进行了模型沙流变特性试验。试验采用模型沙级配见图9-3，初步试验结果见图9-4。

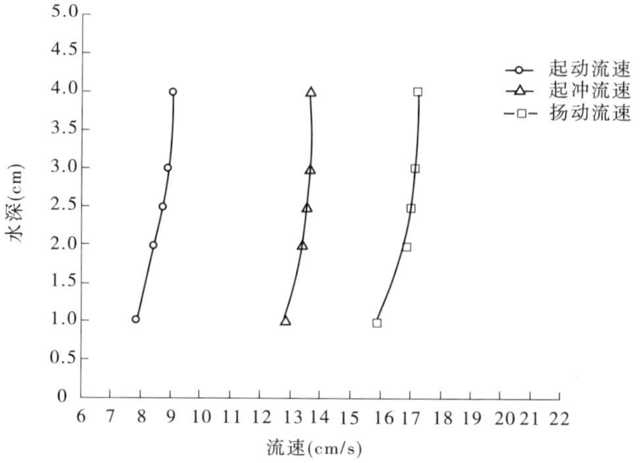


图 9-2　拟焦沙起动试验曲线($d_{50}$ =0.049 9 mm)

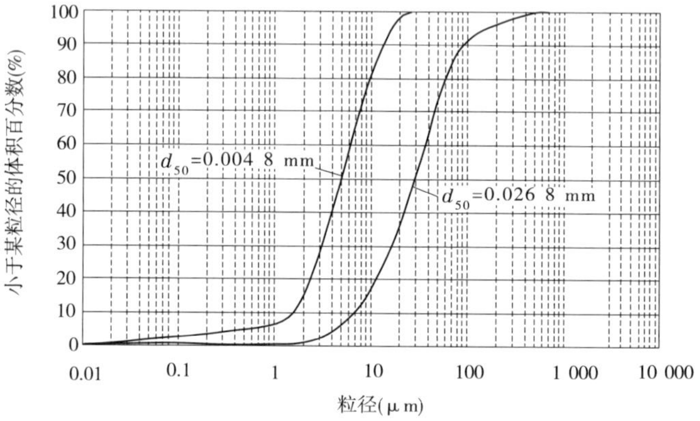


图 9-3　模型沙级配曲线

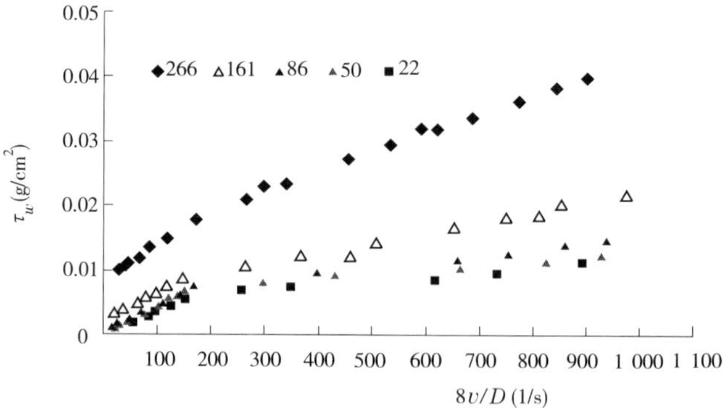


图 9-4　拟焦沙(0.004 8 mm) $\tau_w$ ~8$v$/$D$ 关系图

由于各沙样组成不同且颗粒级配不同,故初始形成宾汉流体的含沙量也不同。若以 $\tau_B$ =0 作为一挟沙水流与宾汉流体的分界标准,由试验结果可以得出各沙样对应的临界含沙量,见表 9-3。

表 9-3　不同试验沙样临界含沙量

| 沙样名称 | 黄沙(mm) | | | 粉煤灰(mm) | | | | 拟焦沙(mm) | |
|---|---|---|---|---|---|---|---|---|---|
| | 0.006 0 | 0.008 1 | 0.009 8 | 0.008 6 | 0.016 8 | 0.021 7 | 0.038 0 | 0.004 8 | 0.026 8 |
| 临界含沙量($kg/m^3$) | 100 | 150 | 250 | 250 | 250 | 350 | 400 | 50 | 250 |

**(二)河口概化模型试验**

为对所选模型沙运动特性有进一步的把握,我们制作了水平比尺 1 000、垂直比尺 100 的河口概化模型,水流时间比尺 100,流量比尺 100 000。采用模型沙为拟焦沙,易淤易冲,床沙中值粒径为 0.03 ~ 0.05 mm,悬沙中值粒径为 0.018 mm。

海区生潮采用水泵、尾门控制,潮周期按标准半日潮,模型涨、落潮时间约为 4 min,整个放水过程一般持续 18 个潮周期左右,潮差定为 0.7 ~ 1.2 cm。河道段长约 13m,宽 0.5 ~ 0.8 m,由上往下逐渐变宽,口门呈小喇叭形,宽 0.8 ~ 1.2 m,口外迅速展宽,两侧岸滩似沙嘴略向前突出。滨海深水区最大水深为 12 cm 左右,高潮在无径流时沿河道上溯 10 m 左右,高、低潮位分别定位 1# 测针读数 30.5 cm 和 29.5 cm。据此,深水区 -10 ~ -2 cm等深线间长度约 4 m,浅水区 -2 m 等深线—低潮线间距 4 ~ 5 m,上游边界径流流量相当于原型 1 500 $m^3/s$,测得该流量下海区平均流速 0.14 cm/s,口门处 0.17 cm/s,感潮段 0.15 ~ 0.3 cm/s。

所有试验过程中的口外、口门和感潮河段,总体上仍呈现淤积。纵向淤积大体分成三段,第一段在感潮段和口门,出现大面积边滩、心滩,有明显主槽,口门以上以心滩为主。口门边滩高潮时水深约 1 cm,低潮时出露水面,为水下浅滩;第二段在口外浅水区,主槽不明显,水深 1.2 ~ 2.5 cm,淤积体坡度极缓,部分有负比降;第三段在深水区,水深超过 4 cm,淤积体坡度相对前者较陡,基本无主槽。横向淤积特点主要在口门高潮线以下涨潮时水面扩宽处,除主槽有较大心滩外,其两侧岸滩淤积特别显著,具有横向坡度,同时高、低潮线间滩地普遍淤积,距主槽越近淤积越明显,地势较低、上水时间较长的右侧潮滩淤积大于地势较高、上水时间较短的左侧潮滩。总体上口外淤积呈扇面展开,由于海区受原始地形影响,潮流方向多偏右,淤积因此也以右侧为多。淤积物粒径区域分布明显,主流区粗,滩地细,上游粗,下游细,到深海区已皆是细颗粒。

试验过程中观察到,河道水流进入河口区后主流仍保持较大流速,尽管涨潮期间水面宽广,但主流向两侧扩散范围呈较小角度,河道附近的滩面流速较大,紊动扩散较强,引起淤积显著,淤积物颗粒较粗。大部分潮滩主要受潮汐水流涨落影响,加上底部阻力大,所以流速小,紊动扩散弱,淤积相对也小一些,主要为细颗粒淤积。总的来说,模型河口淤积颗粒来自径流挟带的泥沙,径流及其扩散水流的范围、强度和历时是影响淤积范围和程度的主要因素。

容重分别为 1.7 $t/m^3$ 及 1.9 $t/m^3$ 的拟焦沙试验表明(见图 9-5、图 9-6),尽管后者河道来流含沙量比前者大,但由于水下容重较大,浑水扩散范围仍小于前者,表明拟焦沙容重不宜大于 1.7 $t/m^3$。此外,即使是采用容重为 1.7 $t/m^3$ 的拟焦沙,如果粒径略微增加(相当于泥沙悬移相似条件中的指数 0.75 变为 0.85,其悬沙中值粒径为上组次中值粒径的 1.1 ~ 1.2 倍),浑水扩散范围也会有所减小(见图 9-7、图 9-8),实际上这两组试验含沙量比上组次还有所增加。其表明为保证黄河口附近浑水扩散范围同原型相近,不仅要控制模型沙的容重,而且还要对悬移质泥沙细度有较高要求。

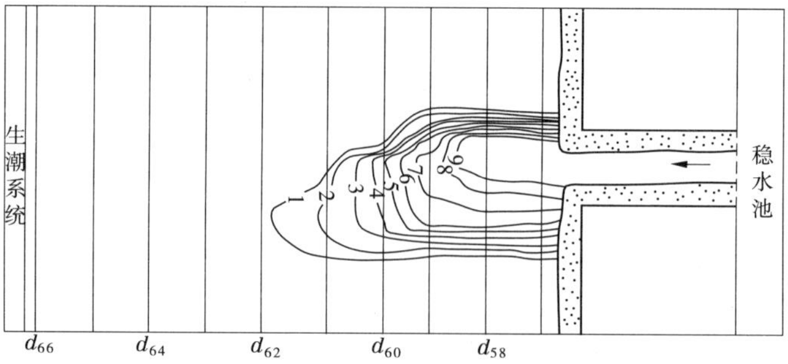


(a)涨潮期

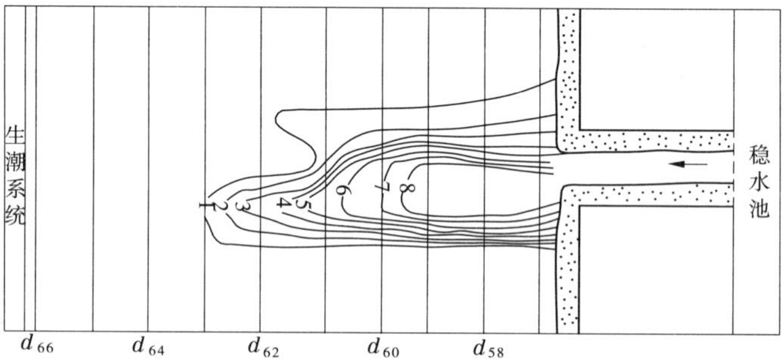


(b)落潮期

**图 9-5　容重为 1.7 t/m³ 的拟焦沙浑水扩散状况($Q$ = 1 500 m³/s、$S$ = 10 kg/m³)**

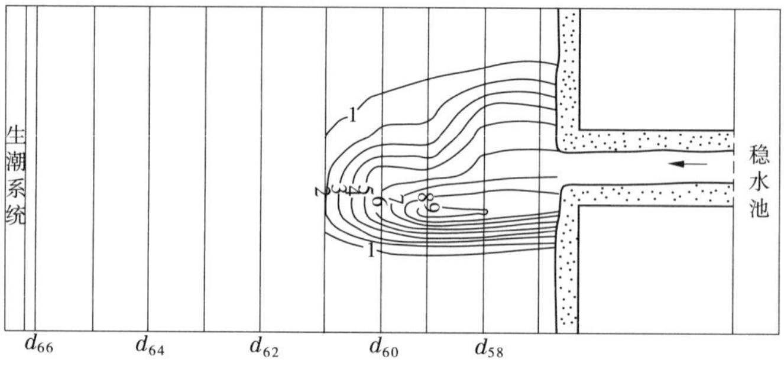


(a)涨潮期

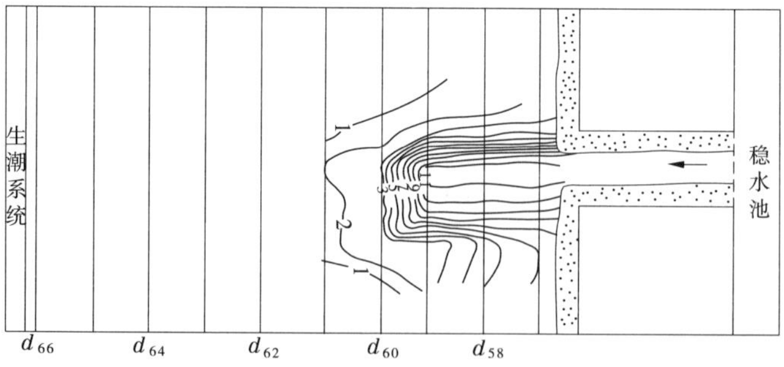


(b)落潮期

**图 9-6　容重为 1.9 t/m³ 的拟焦沙浑水扩散状况($Q$ = 1 500 m³/s、$S$ = 15 kg/m³)**

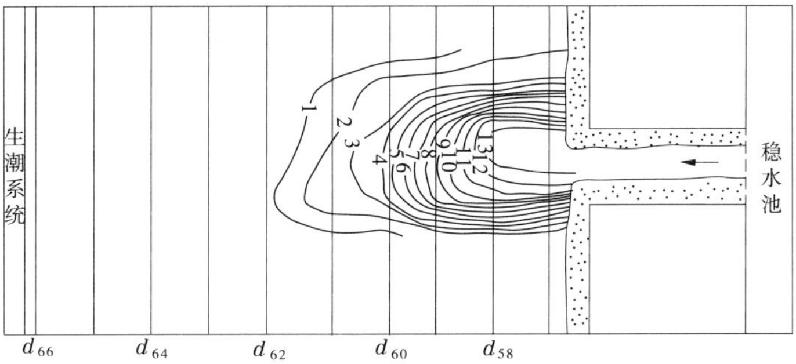


(a)涨潮期

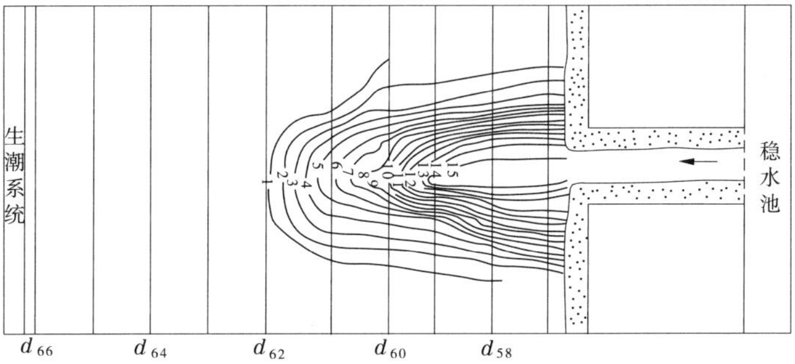


(b)落潮期

**图 9-7　容重为 1.7 t/m³ 的拟焦沙粒径增大 1.1 倍浑水扩散状况（$Q=1\ 500\ m^3/s$、$S=10\ kg/m^3$）**

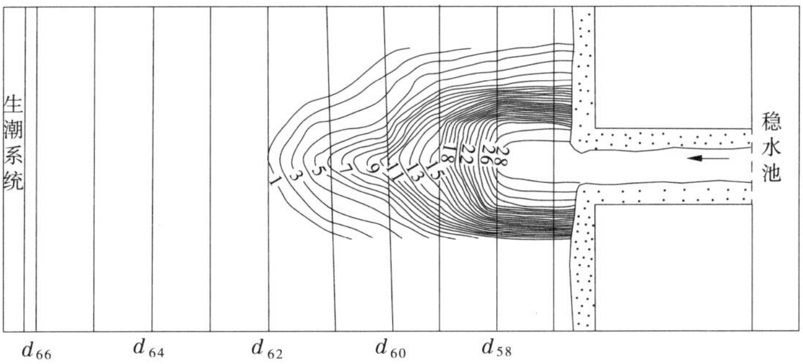


(a)涨潮期

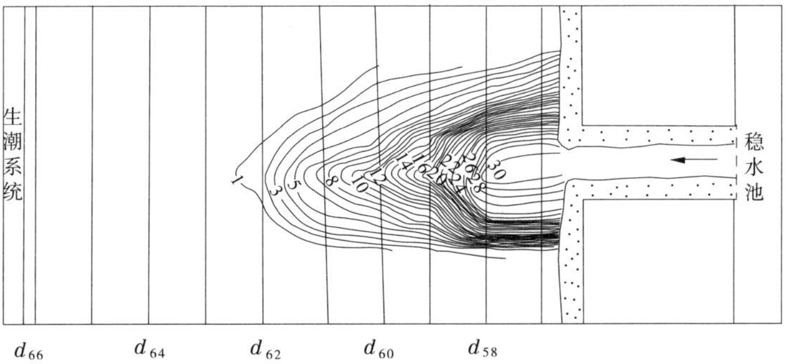


(b)落潮期

**图 9-8　容重为 1.7 t/m³ 的拟焦沙粒径增大 1.2 倍浑水扩散状况（$Q=1\ 500\ m^3/s$、$S=10\ kg/m^3$）**

试验表明，黄河进入河口区初期，水深增加不多，但流速梯度很大，故受底部摩擦力的影响，在射流扩张体的两侧边缘形成水下潜堤。潜堤防止射流再向两侧扩张，所以不能再用增加宽度的方法来满足泥沙沉积的增加，于是拦门沙开始向上发育（见图 9-9）。拦门沙背部具有倒比降，水深不断减小；到拦门沙顶部，水深减至最小。

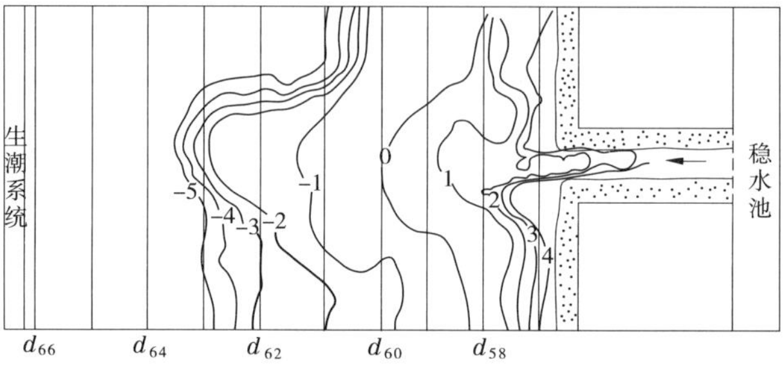


**图 9-9　容重为 1.7 t/m³ 的拟焦沙淤积等值线（$Q = 1\ 500\ m^3/s$、$S = 30\ kg/m^3$）**

初步比较结果表明，本阶段推荐拟焦沙作为模型沙，基本上能够满足泥沙运动的相似，其容重、粒径级配可按模型设计的要求制作，且性能稳定、成本不高。因此，黄河口模型选沙方面的问题可以得到较好解决。

# 第四节　模型几何变率论证

根据相似理论的要求，河口模型往往以正态为宜。然而由于河口海岸地区水域很大，进行正态或小变率的泥沙模型试验几乎都不现实。从国内外河工模型应用实例来看，20 世纪 40 ~ 50 年代美国兴建了密西西比河流域模型，用于研究流域防洪调度，采用水平比尺为 2 000，垂直比尺为 100，变率达 20；60 ~ 70 年代，美国又兴建了旧金山湾、契沙匹克湾模型等，水平比尺在 1 000 以上。此外，英国、德国、加拿大等国开展的典型河口模型试验几何变率都较大。

国内南京水利科学研究所 20 世纪 50 年代开展的射阳河闸模型、鸭绿江潮区模型、黄浦江河口整治模型的平面比尺为 700 ~ 1 200，垂直比尺为 70 ~ 150，变率为 8 ~ 10；1956 年开展的长江口整体模型平面比尺为 2 600，垂直比尺为 120，变率高达 21.67，到了 1998 年，随着经济的发展和科技水平的提高，长江口模型平面比尺变为 1 000，垂直比尺为 125，变率仅为 8；黄科所 70 ~ 80 年代开展的黄河夹河滩至高村河段水平比尺为 1 200，垂直比尺为 90，变率为 13.3，此后再进行的黄河花园口至东坝头河道整治模型水平比尺调整为 800，垂直比尺为 60，变率仍为 13.3；中国水利水电科学研究院开展的黄河花园口至黑岗口河段模型平面比尺为 1 200，垂直比尺为 50，变率为 24。对于河口模型垂直比尺问题，美国陆军工程兵团水道试验站总结的经验是，河口定床水工模型最适合的垂直比尺是 100，小于 150 的比尺很少采用，很浅的河口则用 80 或 60。这是因为模型水深太小时，现有流速仪不能应用，而且也不能保证在大部分潮汐周期中水流为紊流状态。德国方修士研究所也认为，垂直比尺 100 较适当，这样模型上流速与潮位的测量精度大致与原型的测量误差相一致。英国环境局在介绍泰晤士河口外部分模型试验资料中认为，研究较小范围的问题时，用动床小比尺模型预测河口体系的泥沙运动可得出合理的成果。日本学者则认为，河口是三维问题，条件复杂，最好采用动床试验。

由此可见，本模型初步拟定的水平比尺为480、垂直比尺为60较为常见，所取垂直比尺$\lambda_H$也能使模型最小水深满足表面张力限制条件式(9-23)，因而是较为适宜的。下面再从几何变率限制的角度进行论证。

几何变态模型主要涉及河道水流的二度性问题，按照张瑞瑾方法，表达河道水流二度性的模型变态指标为$D_R$

$$D_R = \frac{R_x}{R_1} \tag{9-24}$$

式中：$R_1$为正态模型中的水力半径；$R_x$为垂直比尺与正态模型平面比尺相等，变率为$D_t = \frac{\lambda_L}{\lambda_H}$的模型中的水力半径。当$D_R = 1.0 \sim 0.95$时为理想区段；当$D_R = 0.95 \sim 0.90$时为良好区段；当$D_R = 0.95 \sim 0.85$时为勉可区段；当$D_R < 0.75$时为不适合区段。

根据本模型初步拟定的几何比尺（水平比尺480，垂直比尺60），若取原型河道河宽800 m，水深3～4 m，并按张瑞瑾的判别方法及标准计算，可得到$D_R = 0.95 \sim 1.0$，说明本模型取用的几何比尺变率属于理想区段。

窦国仁从控制变态模型边壁阻力与河底阻力的比值，以保证模型水流与原型相似的概念出发，提出了如下模型变率限制关系式

$$D_t \leqslant \left(1 + \frac{1}{20}\frac{B}{h}\right) \tag{9-25}$$

张红武提出相对保证率的概念，即

$$P_* = \frac{B - 4.7hD_t}{B - 4.7h} \tag{9-26}$$

若以保证率$P_*$不小于85%作为模型与原型相似良好的标准，则变率限制条件为

$$D_t \leqslant 0.032\frac{B}{h} + 0.85 \tag{9-27}$$

将河槽宽度$B$、水深$h$代入上述各家公式计算得出的变率限制值表明，本模型选定的几何变率$D_t$都在各家公式的允许范围内，变率影响较小，可满足工程实际需要。

实际上，以往教科书中关于河工模型几何变率对流速场相似影响的讨论所依据的理论都是些不十分成熟的方程和公式，如对数流速分布公式和谢才公式，应该指出，由半经验半理论公式推导的结论有一定的局限性。对于几何变态的影响，已有不少学者进行了专门的研究。例如，张红武、李保如开展的专门研究结果表明，模型变率主要取决于原型河道宽深比和河床糙率。宽深比越大和糙率越小，变率就得大一些，否则，变率就应小一些。同时认为，只要适当选取变率，模型几何变率对流速分布的影响是有限的。

应该指出的是，窦希萍最近采用系列概化模型对潮流、波浪、泥沙模型几何变率的影响进行试验研究，对采用数学模型方法研究变率影响问题进行了探讨，给出潮流模型、波浪模型和泥沙模型变率的允许范围，其成果是很有意义的。尤其是如下结论对黄河口模型设计颇有价值：①各模型涨潮平均流速和落潮平均流速基本不受模型变率的影响。②当模型变率小于8时，变率对波高的影响不明显，当模型变率为12.8时，模型变率对航

道内的波高影响较大。③清水动床试验表明,无论是潮流作用还是潮流波浪共同作用,当变率小于8时,模型变率对航道及边坡上的冲刷深度影响不明显。④浑水定床试验表明,单独潮流作用时,当变率小于8时,模型变率对航道回淤的影响不大。当潮流波浪共同作用时,变率小于6时对航道回淤的影响也不大。模型变率对大潮中浪作用下的航道回淤影响大于对大潮无浪作用下航道回淤的影响。⑤浑水动床试验表明,当模型变率小于8时,模型变率对航道底宽上的平均回淤厚度的影响不明显,对航道边坡上泥沙回淤厚度的影响也不太明显。

拟建的黄河口地区模型中基本上无航道港口引起的泥沙淤积问题,因而采用不大于8的几何变率,不会对试验结果的可靠性造成较明显的影响。

如果从海洋动力模拟的角度讲(见本章第五节),几何变率太大时波浪形态、波浪破碎及折射、绕射现象可能受影响较大。因此,遇到斜坡边界时,还要按照预备试验进行处理,以防斜坡变陡后夸大波浪的反射程度。

## 第五节　主要比尺计算

由上述水平比尺 $\lambda_L=480$、垂直比尺 $\lambda_H=60$,比降比尺 $\lambda_J=\lambda_H/\lambda_L=0.125$。由水流重力相似条件式(9-14)求得 $\lambda_v=\sqrt{60}=7.75$,由此求得流量比尺 $\lambda_Q=\lambda_v\lambda_H\lambda_L=223\ 200$。

由水流阻力相似条件式(9-15),得糙率比尺 $\lambda_n=0.699$。本试验进口河道模型的阻力相似问题是河口模型试验成功的基础。若按初步拟定的模型比尺,可得到河道模型最小雷诺数为 $Re_{\min}>1\ 000\sim2\ 000$,满足了紊动流态限制条件。按照水流阻力相似条件,得糙率比尺 $\lambda_n=0.699$,表明模型糙率为原型的1.4倍。原型一般糙率为0.010~0.015,模型糙率为0.014~0.021,根据黄河下游河道模型实践经验,这样的糙率可以在模型制作中,通过精细模型制作,细化局部地形,是不难达到河道模型阻力相似条件的。至于河口段水位相似问题,主要受海平面变化所控制,一般是容易解决的。但由于目前在底部摩阻对波浪影响方面的研究还不够,因而河口区底部糙率的相似条件尚未很好解决。不过根据南京水利科学研究院港口整体模型试验经验,在研究波浪折射和绕射时,只要保证地形相似,底部采用光滑的水泥抹面,就可以基本满足相似要求。

由悬移质泥沙悬移相似条件式(9-17),得 $\lambda_\omega=1.63$。根据原型及模型水流温差情况,取 $\lambda_\nu=0.743$,再将 $\lambda_{\gamma_s-\gamma}$ 及 $\lambda_\omega$ 代入式(9-21),得 $\lambda_d=0.716$,表明模型悬移质泥沙粒径为原型的1.4倍。

由原型河道河宽 $B_p$、平均水深 $h_p$、比降 $i_p$、床沙中值粒径 $D_{50p}$ 及模型的河宽 $B_m$、平均水深 $h_m$ 及比降 $i_m$ 等数据代入河型相似条件式(9-20),则可求得模型床沙中值粒径 $D_{50\,m}=0.023$ mm,此时床沙粒径比尺 $\lambda_D\approx3$。由此还可看出,所选模型床沙中值粒径同模型进口悬移质泥沙粗度相近,因而也方便了试验的操作运行。至于河口区泥沙淤积物,尚需根据实测资料相应变化。

按照水流挟沙相似条件,含沙量比尺必须等于挟沙力比尺。因为只有如此,才能保证河口模型泥沙冲淤相似。因而,悬移质泥沙模型试验重要而且十分棘手的问题之一是如

何确定含沙量比尺 $\lambda_s$，在国内开展的少沙河流的悬移质动床模型试验中，无论正态或变态，广泛采用下式计算 $\lambda_s$ 和挟沙力比尺 $\lambda_{s_*}$，即

$$\lambda_{s_*} = \frac{\lambda_{\gamma_s}}{\lambda_{\gamma_s-\gamma}} \tag{9-28}$$

对于轻质沙，由式(9-28)计算得到的 $\lambda_s$ 或 $\lambda_{s_*}$ 小于1(意味着要求模型中的含沙量比原型的大)。不过对于多沙河流的模型，李保如、屈孟浩、张红武、彭瑞善、胡春宏、陈建国、张俊华、江恩惠的试验结果表明，多沙河流模型的含沙量比尺必须大于1。河海大学及西北水利科学研究所在开展黄河壶口通航工程有关泥沙模型的率定试验时，也不得不将含沙量比尺由小到大进行调整，最后甚至确定为5，表明多沙河流悬沙模型，不能采用式(9-28)求含沙量比尺。

此外，长江模型也有不采用式(9-28)确定含沙量比尺的。例如，长江科学院唐日长及殷瑞兰等在开展葛洲坝工程坝区泥沙模型设计时，指出利用水流挟沙力公式推求比尺关系式，不能简单地取挟沙系数等于1。选株州精煤为模型沙，在难以确切推求挟沙力比尺形式的前提下，确定的含沙量比尺 $\lambda_s = 1$，显然这种处理相对于盲目地采用式(9-28)确定含沙量比尺的做法是明智的。近些年梁中贤、魏国远等开展的三峡水库泥沙模型也采用了与上述葛洲坝枢纽坝区模型相同的设计方法和模型沙，取 $\lambda_s = 1$。而长江科学院殷瑞兰、范兆林等学者在南水北调中线穿黄工程研究进行的多沙河流模型试验证明，$\lambda_s$ 必须大于1。

实际上，以往教科书导出的含沙量比尺关系式首先是依照半经验的水流挟沙力公式并引入挟沙系数比尺等于1和指数等于1的假定得到的，其次也同人们采用 $\lambda_\omega = \lambda_v\lambda_H/\lambda_L$，这是一个完全不考虑泥沙悬移相似性的比尺关系。与泥沙悬移相似条件有关，致使所得的含沙量比尺局限性很大，概念上也容易形成误解。

模型设计时确定含沙量比尺 $\lambda_s$ 最妥当的办法，是由 $\lambda_s = \lambda_{s_*} = S_{*p}/S_{*m}$ 的途径确定含沙量比尺($S_*$ 为水流挟沙力)或用同时适用于原型和模型的水流挟沙力公式求 $\lambda_{s_*}$。例如，黄河河道模型多采用张红武的水流挟沙力公式计算含沙量比尺。本模型中海洋动力作用下的潮流挟沙能力，采用式(9-11)计算原型水流挟沙力，至于模型的水流挟沙力，可采用清华大学黄河研究中心概化模型的初步试验结果。由此求出 $\lambda_{s_*} = S_{*p}/S_{*m} \approx 2$，实际上该比尺尚需通过验证试验后方能确定。

由式(9-28)可以看出，水流挟沙力比尺同模型几何比尺无关，意味着模型只要采取相同模型沙材料，不管模型尺度或几何变率大小，也不管模型沙粒径的粗细，模型的水流挟沙能力都是相同的，显然采用该比尺关系式确定模型水流挟沙力比尺的做法在物理概念上是错误的，同时也间接说明泥沙悬移相似条件不能选用 $\lambda_\omega = \lambda_v\lambda_H/\lambda_L$。

根据黄河模型试验经验，含沙量比尺也可以通过下式估算出初值，即

$$\lambda_s = \lambda_{s_*} = 4.4\frac{\lambda_{\gamma_s}}{\lambda_{\gamma_s-\gamma}}\frac{\lambda_H}{\lambda_L}\frac{\lambda_v}{\lambda_\omega} \tag{9-29}$$

如果 $\lambda_\omega$ 按式(9-17)计算，式(9-29)变为

$$\lambda_s = \lambda_{s_*} = 4.4\frac{\lambda_{\gamma_s}}{\lambda_{\gamma_s-\gamma}}\left(\frac{\lambda_H}{\lambda_L}\right)^{0.25} \tag{9-30}$$

式(9-30)表明,水流挟沙力比尺不仅同模型沙容重有关,而且同模型几何变率有关,变率越大水流挟沙力比尺越小,则要求模型加沙量越大,这显然在定性上是符合实际的。因为变率越大时模型河床比降越大,模型小河的水流挟沙能力自然有所增加。将几何比尺、泥沙容重比尺及水下容重比尺代入式(9-30),可以求出水流挟沙力比尺及含沙量比尺为 1.73,同初步设计确定的数值 2 接近,表明上述模型设计确定的含沙量比尺是较为可靠的。

将 $\lambda_s$、$\lambda_L$、$\lambda_{\gamma_0}$、$\lambda_v$ 代入式(9-19),可得河床冲淤变形时间比尺为 73.7,同水流运动时间比尺 $\lambda_{t_1}=\lambda_L/\lambda_v=61.9$ 相近,表明本模型基本上不存在明显的时间变态缺陷。

模型设计得到的主要比尺见表 9-4。

**表 9-4　模型主要比尺汇总**

| 比尺名称及符号 | 比尺数值 | 依据 | 备注 |
|---|---|---|---|
| 水平比尺 $\lambda_L$ | 480 | 根据场地条件 | |
| 垂直比尺 $\lambda_H$ | 60 | 参考前期研究结果 | 几何变率 $D_t=8$ |
| 流速比尺 $\lambda_v$ | 7.75 | 重力相似条件 | |
| 流量比尺 $\lambda_Q$ | 223 200 | $\lambda_Q=\lambda_L\lambda_H\lambda_v$ | |
| 糙率比尺 $\lambda_n$ | 0.699 | 阻力相似条件 | |
| 沉速比尺 $\lambda_\omega$ | 1.63 | 悬移相似条件 | |
| 泥沙水下容重比尺 $\lambda_{\gamma_s-\gamma}$ | 2.36 | $\gamma_{sm}=1.7\ t/m^3$ | 模型沙为拟焦沙 |
| 悬沙粒径比尺 $\lambda_d$ | 0.716 | 式(9-21) | 取 $\lambda_\nu=0.743$ |
| 床沙粒径比尺 $\lambda_D$ | 3.0 | 河型相似条件 | |
| 起动流速比尺 $\lambda_{v_c}$ | 8.75 | 起动相似条件 | 按照分别确定原型和模型起动流速的办法判断 |
| 干容重比尺 $\lambda_{\gamma_0}$ | 2.38 | $\lambda_{\gamma_0}=\gamma_{0p}/\gamma_{0m}$ | $\gamma_0$ 为干容重 |
| 水流运动时间比尺 $\lambda_{t_1}$ | 61.9 | $\lambda_{t_1}=\lambda_L/\lambda_v$ | |
| 含沙量比尺 $\lambda_s$ | 2 | $\lambda_s=\lambda_{s*}=S_{*p}/S_{*m}$ | 尚待验证试验确定 |
| 河床变形时间比尺 $\lambda_{t_2}$ | 73.7 | 河床变形相似条件 | 尚待验证试验确定 |

## 第六节　时间变态及泥沙起动相似问题

### 一、时间变态影响

当模型几何比尺确定后,水流运动时间比尺即为定值,而河床冲淤变形时间比尺还与泥沙干容重比尺、输沙比尺有关。若两者相差较大，即出现所谓的时间变态。在动床模型中，为研究河床冲淤变形问题，总是按 $\lambda_{t_2}$ 来控制模型放水，这种严重的时间变态将使模型中最基本的水力因素的相似受到影响，进而还会影响泥沙运动的相似性，且河床冲淤变形也不可能做到严格的相似。从这种角度讲，时间变态是很多河工动床模型试验的致命弱点。

为缓解时间变态对泥沙模型试验结果的影响，清华大学王桂仙、惠遇甲等通过系统研究采取了两条补救措施。第一条是在进口提前释放下一级流量，涨水阶段适当加大流量，落水阶段则适当减小流量，以便在短时间内以人为的流量变化率来完成槽蓄过程。第二条是按设计要求随时调整模型出口水位，即在短时间内以人为的水位变化率来完成回水上延过程。

中国水利水电科学研究院王兆印、黄金池曾以流速形式表达的连续方程式，分析了河工动床模型时间变态影响的一些性质，提供的一些试验资料与府仁寿的研究结果相同，均定性反映了模型涨落峰偏差趋势。但这些分析工作仅从连续方程出发，未能进一步与水流运动方程式相联系，尚难以说明时间变态对各水力因素在沿程和随时间变化的影响。为此，吕秀真、戴清通过水流连续方程和运动方程的数值求解，对时间变态所引起的诸水力因素和河床冲淤沿程偏离的性质及偏离的程度进行了分析。认为时间变态后，使上游进口段淤积量偏小，下游出口段淤积量偏大。就流速和挟沙力而言，偏差主要集中在靠近模型出口的下游河段，其次在进口段。就水位而言，中间河段的偏差大于进出口段。该项研究结果还表明适当滞后尾门水位调节时间是一个有效的校正途径，但也同时指出，不论哪种校正方式，都难以使水位、流速和挟沙力同时得到有效的校正。

为了在更大的范围内开展研究，黄科院张俊华、赵连军等以黄河下游小浪底至苏泗庄河段原型及河工模型为研究对象，建立同时适应原型及模型的非恒定流数学模型。利用典型年实测资料，针对给出的不同时间变率 $p_t$ 及相应的含沙量比尺 $\lambda_s$，计算沿程洪水过程及河段冲淤量，进而分析时间变率对洪水过程及河床变形的影响。其研究结果表明：①若 $\lambda_{t_2} > \lambda_{t_1}$，则导致洪水在传播的过程中峰值减小，洪峰滞后，流量过程线变得较为矮胖，而 $\lambda_{t_2} < \lambda_{t_1}$ 时，峰值增大，洪峰提前，流量过程线变得较为尖瘦。这种偏离随 $p_t$ 的增大而增大，且随河段长度的增长而更为突出。② 时间变态后，模型沿程水力要素的偏离会导致河床变形与原型不相似，这种误差随 $\lambda_{t_2}$ 与 $\lambda_{t_1}$ 偏离程度的绝对增加而加大。显然上述研究结论对黄河洪水模型的设计与试验具有重要参考价值。

近些年来，清华大学博士生张丽春也采用这种思路，以一维不恒定流泥沙数学模型为工具，在理想矩形河道内对动床模型试验中时间变率带来的影响进行数值模拟；考察了悬移质模型、推移质模型、潮流挟沙模型等受时间变率的影响；采用不同模型沙（以得到不同的时间变率）的模型，比较水流及泥沙运动过程中与原型的差别，特别是泥沙浓度传播过程与原型的偏差，以及由此引发的河床变形与原型的偏差，并对偏差产生的原因进行了分析；对时间变率及其相关因素，如河道长度、槽蓄量、不同的上下游边界条件、水沙概化过程线上各级流量的历时、流量梯级之间的流量变化量等给模拟结果带来的影响进行了考察，提出了控制模型水沙运动与原型偏差程度的指标——时间变态影响参数；提出在模型设计及准备阶段应综合考虑模拟河道、时间变率的大小与水沙过程概化曲线三者是否配套的观点；还通过算例对推移质泥沙模型、河口潮流泥沙模型受时间变率的影响进行了数值模拟；对一直沿用的潮流模型时间变态问题的处理方法的可行性进行了检验。

张丽春还通过对各种类型的模型试验中时间变态效应的考察，提出了一些改进措施。如在河工模型试验上，适当延长汛期过后平水期的运行时间，以便受时间变态影响的下游河段上泥沙浓度及淤积量能够得到一定程度的恢复；试验暂停时，为避免泥沙静水沉降使沿程淤积大量增加，施放一定时间的小流量清水，把一部分泥沙送出河道；尾门水位按照水位—流量关系控制或尾门水位适当滞后调节；放弃河床变形时间比尺，以水流连续时间比尺控制模型运行，对冲淤结果进行修正等。

应该承认，现有的通过模型进口或尾门的调节对时间变态影响的作用是有限的，尤其对长度较大的河道模型更是如此。如果两个时间比尺相差过多，不仅现实可行的校正措施难以奏效，而且这些校正措施本身还会引起新的偏差，对此应该采取慎重的态度。

## 二、泥沙起动相似问题

由于泥沙起动规律在定量上的研究成果很不成熟，因而模型床沙粒径的确定不可能十分确切。为进行分析，首先将教科书给出的起动流速点据用两条外包线描绘在图9-10中，不难看出，当粒径为0.04～0.5 mm时，泥沙起动流速的差异实际上在目前的实验室观测的误差范围之内，对于动床模型试验精度而言更是如此，只是分别在粒径大于0.5 mm和粒径小于0.04 mm时，起动流速才相应显示出随粒径增大而增大或随粒径减小而增大的变化趋势。实际上我们在长期的河工动床模型试验中也已发现，只有在粒径小于0.04 mm甚至更细的模型沙，河床的活动性受黏性影响才较大。

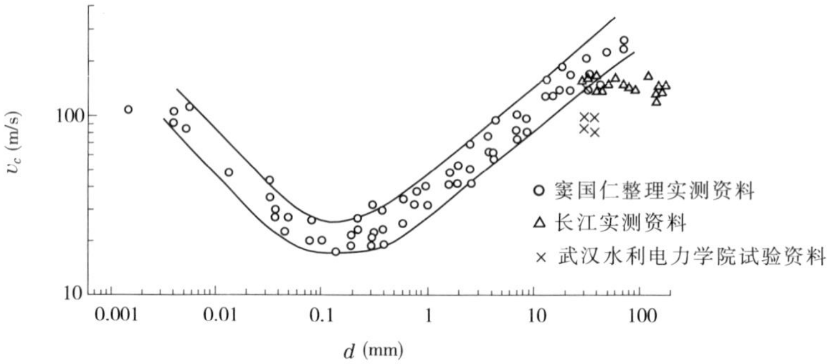


**图9-10　起动流速点据分布图**

再由点绘的郑州热电厂粉煤灰在水深为5 cm时，起动流速 $v_c$ 与中值粒径 $D_{50}$ 的点群关系来看（见图9-11），当 $D_{50}$ = 0.018～0.035 mm时，尽管 $D_{50}$ 变化了近2倍，$v_c$ 的变化并没有超出目前水槽起动试验的观测误差。正因为如此，试验操作时的模型沙粗度即使与上述模型设计值有一些偏差，也不致于对泥沙起动相似条件有大的影响。

附带指出，按照教科书介绍的均匀沙起动流速公式，计算原型床沙起动流速一般为0.6～0.7 m/s，一方面由于未考虑非均匀性而有所偏小，另一方面是因为水槽公式同天然情况存在系统误差而偏小甚多（景阳霞及王云将中国海洋大学黄河口海床表层粉质土起动流速实测结果与前人公式计算值对比后发现，中值粒径为0.032～0.042 mm的泥沙起动流速约为公式计算值的 1.6 倍，见图 9-12）。若以此比例推算，则得原型床沙起动流速为(0.6～0.7)×1.6＝0.96～1.12(m/s)。因而可以间接证明我们上述确定的原型床沙起动流速值是符合实际的(原型床沙实际还受咸水影响而出现絮凝现象，起动流速可能进一步变化)。

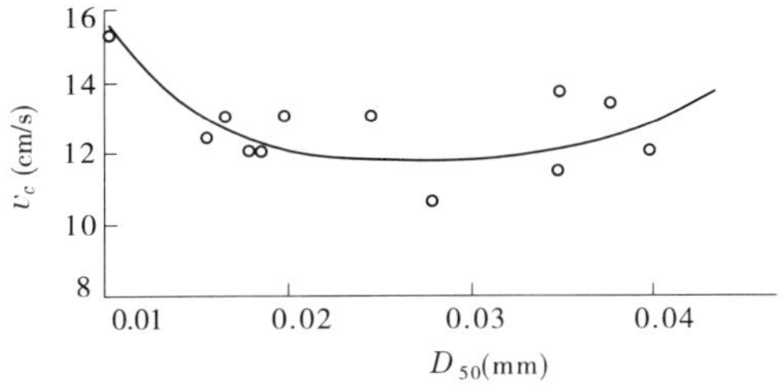


图 9-11　郑州热电厂粉煤灰起动流速 $v_c$ 与中值粒径 $D_{50}$ 关系($h$ ＝5 cm)

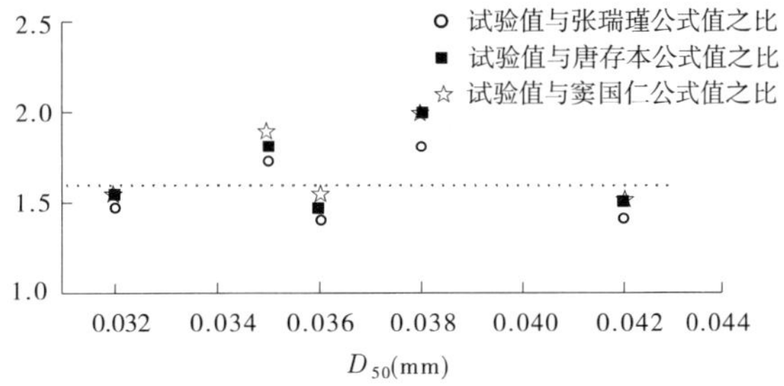


图 9-12　黄河口粉质土起动流速试验值与前人公式值之比

应该指出，由于悬移质运动和推移质运动很难用相同的方程加以描述，因而本模型很难严格考虑推移质运动的相似性。实际上，主观上做到全沙模拟是在一些假定条件下实现的。由于判断泥沙运动相似与否是通过河床冲淤变形检验来实现的，因此客观上兼顾推移质运动相似是可能的，亦即在本模型中，按照悬移质泥沙模拟，也能兼顾推移质运动引起的河床变形相似问题。

## 第七节　波浪相似分析

为对黄河口模型波浪相似的程度有所了解，本节根据窦国仁及窦希萍的研究成果进行分析。

### 一、波动速度相似分析

根据线性波理论，在有限水深条件下各层波动水质点速度在水平方向的分量 $U_w$、垂直方向的分量 $W_w$ 以及波速 $C_w$ 和波周期 $T$ 分别为

$$U_w = \frac{\pi H}{T}\frac{\cosh\dfrac{2\pi(h_o+z)}{L}}{\sin\dfrac{2\pi h}{L}}\cos(2\pi\frac{x}{L}-2\pi\frac{t}{T}) \tag{9-31}$$

$$W_w = \frac{\pi H}{T}\frac{\cosh\dfrac{2\pi(h_o+z)}{L}}{\sin\dfrac{2\pi h}{L}}\sin(2\pi\frac{x}{L}-2\pi\frac{t}{T}) \tag{9-32}$$

$$C_w = \sqrt{\frac{gl}{2\pi}\tanh\frac{2\pi h}{L}} \tag{9-33}$$

$$T = \frac{L}{C_w} \tag{9-34}$$

式中：$H$ 为波高；$L$ 为波长；$h_o$ 为基面以下水深；$z$ 为位于基面上的垂直坐标，当 $z$ 位于水面时，水深 $h = h_o + z$，当处于海底时 $z = -h_o$；$x$ 和 $t$ 分别为讨论点的位置和时间。

求(9-31)~式(9-34)表明，只有当波高比尺与波长比尺相同且均等于水深比尺时，模型与原型的波浪质点速度才能相似，即波浪尺度比尺需按水深比尺取成正态。因此取

$$\lambda_H = \lambda_L = \lambda_h \tag{9-35}$$

由式(9-31)~式(9-34)，可以得出各量的相似比尺

$$\lambda_{U_w} = \lambda_{W_w} = \lambda_h^{1/2} \tag{9-36}$$

$$\lambda_{C_w} = \lambda_h^{1/2} \tag{9-37}$$

$$\lambda_T = \lambda_h^{1/2} \tag{9-38}$$

上述比尺关系表明，波浪水平质点速度比尺不仅与垂直质点速度比尺相同，还与波速比尺和水流水平速度比尺相同，但波浪的垂直速度比尺与水流的垂直速度比尺不同，波周期比尺与水流时间比尺也不同。

## 二、波浪传质速度相似分析

在有限水深条件下波浪传质速度 $U_T$ 的计算公式为

$$U_T = \frac{1}{2}\pi^2\left(\frac{H}{L}\right)^2 C_w \frac{\cosh\dfrac{4\pi(h_0+z)}{L}}{\sinh\left(\dfrac{2\pi h}{L}\right)} \tag{9-39}$$

当波高比尺与波长比尺相同并均为水深比尺时，由式(9-39)可得波浪传质速度比尺为

$$\lambda_{U_T} = \lambda_{C_w} = \lambda_h^{1/2} \tag{9-40}$$

即本模型波浪传质速度比尺与波浪质点速度和水流水平速度的比尺相同。

## 三、波浪折射相似

波浪在由深水区向浅水区传播过程中将发生折射。当波浪斜向进入浅水区时，由于深水处的波速和波长较大，波浪逐渐转向，波峰线逐渐趋向于与等深线平行。在传播过程中，波周期变化较小，可以认为是常值，因而有

$$\frac{C_v}{C_{w0}} = \frac{L}{L_0} = \tanh\left(2\pi\frac{h}{L}\right) \tag{9-41}$$

$$\frac{\sin a}{\sin a_0} = \frac{C_w}{C_{w0}} \tag{9-42}$$

式中：$a_0$ 和 $a$ 分别为深水处的入射角和浅水处的折射角。在折射过程中表述波高变化的关系式为

$$\frac{H}{H_0} = \left[\frac{1-\sin^2 a_0 \tanh^2\left(\dfrac{2\pi h}{L}\right)}{\cos^2 a_0}\right]^{-\frac{1}{4}} \left[\frac{2\cosh^2\left(\dfrac{2\pi h}{L}\right)}{\dfrac{4\pi h}{L}+\sinh\left(\dfrac{4\pi h}{L}\right)}\right]^{\frac{1}{2}} \tag{9-43}$$

由于本模型中已取波高和波长比尺均为水深比尺，故从上述各式可得

$$\lambda_{C_w} = \lambda_{C_{wO}} = \lambda_h^{1/2} \tag{9-44}$$

$$\lambda_{\sin a} = \lambda_{\sin a_O} \tag{9-45}$$

$$\lambda_L = \lambda_{L_O} = \lambda_h \tag{9-46}$$

$$\lambda_H = \lambda_{H_O} = \lambda_h \tag{9-47}$$

上述相似分析表明，本河口模型中的波浪折射情况与原型相似。

## 四、波浪绕射相似

波浪在传播过程中遇有建筑物时将发生绕射。如仍用 $H_O$ 表示绕射前的深水波高，则经绕射后的波高 $H$ 可有下式表述

$$H = H_O K_r \tag{9-48}$$

其中 $K_r$ 为绕射系数，其值为下述复变函数 $F(x,y)$ 的模

$$F(x,y) = \frac{1+i}{2}\left\{\exp\left(\frac{i2\pi y}{L}\right)\int_{-\infty}^{\sigma}\exp\left(-\frac{\pi}{2}i\beta^2\right)\mathrm{d}\beta + \int_{-\infty}^{\sigma}\exp\left(-\frac{\pi}{2}i\beta^2\right)\mathrm{d}\beta\right\} \tag{9-49}$$

其中

$$\sigma^2 = \frac{4}{L}\left(\sqrt{x^2+y^2} - y\right), \sigma'^2 = \frac{4}{L}\left(\sqrt{x^2+y^2} + y\right) \tag{9-50}$$

在式(9-49)绕射公式中包含着 $y/L$ 和 $\sqrt{x^2+y^2}/L$ 值，其分子分母中的长度具有不同的比尺，因而本模型中的波浪绕射情况不能与原型完全相似，为消减偏离，需要通过预备试验来率定(一般通过率定建筑物附近的绕流系数来实现)。

## 五、波浪破碎相似分析

波浪传至岸边浅水区域时将发生破碎，其破碎水深(或破碎位置)与波高、波长和岸滩坡度等有关。日本《港口建筑物设计标准》依据大量试验资料，将 $H_b/h_b$ 与 $h_b/L_O$ 的关系绘制成以岸滩坡度 $m$ 值为参考的曲线组。窦国仁进一步将此曲线概括为如下的表达式

$$\frac{H_b}{h_b} = 2.88 m_O^{1/3}\exp\left[-11 m_O^{1/2}\left(\frac{h_b}{L_O}\right)\right] \tag{9-51}$$

其中

当 $m > \frac{1}{50}$ 且 $\frac{h_b}{L_O} < 0.2$ 时，$m_O = m$；

当 $m \leqslant \frac{1}{50}$ 且 $\frac{h_b}{L_O} \geqslant 0.2$ 时，

$$m_O = \frac{1}{50} \tag{9-52}$$

这里 $m$ 为岸滩坡度。式(9-51)表明，当岸滩坡度大于 1/50 时，破碎波高与破碎水深的比值与岸滩坡度有关；当岸滩坡度等于或小于 1/50 时，该比值则与岸滩坡度无关；仅与 $h_b/L_O$ 有关；当 $h_b/L_O$ 很小时，$H_b/h_b$ 值不再随 $h_b/L_O$ 的减小而增大并趋于常值，当 $m \leqslant \frac{1}{50}$ 时，

该极限值为

$$H_b/h_b = 0.78 \text{ 或 } h_b = 1.28H_b$$

黄河口属于粉沙和淤泥质岸滩，其坡度远小于 1/50，因而对于这类岸滩波浪发生破碎的位置在变态模型中仍能与原型相似。

## 六、沿岸流相似分析

当波浪斜向传至浅水区时将发生破碎并产生沿岸流。表述沿表流流速的公式较多，其中由 P. D. Komar 修改后的 Longuet-Higgins 公式为

$$u_l = 0.675\sqrt{\left(\frac{H_b}{h_b}gH_b\right)}\sinh 2\theta_b \tag{9-53}$$

式中：$u_l$ 为沿岸流的平均流速；$\theta_b$ 为破波波峰线与岸线间的夹角（锐角）。

由于变态模型中的折射与原型相似，因而模型中的 $\theta_b$ 与原型中的 $\theta_b$ 相同，故得

$$\lambda_{u_l} = \lambda^{1/2}H_b = \lambda_h^{1/2} \tag{9-54}$$

即沿岸流的流速比尺与水流流速比尺相同。如采用 P. S. Eagleson 的公式，也可得到相同结果。

$$u_l = \sqrt{\frac{3}{8}\left(\frac{gH_b^2 n_b}{h_b}\right)}\frac{m}{f_w}\sin\theta_b\sinh 2\theta_b \tag{9-55}$$

式中：$f_w$ 为波浪摩阻系数；其他符号含义同前。

破波带波群速与波速的比值为

$$n_b = \frac{1}{2}\left[1 + \frac{4\pi h_b/L_b}{\sinh(4\pi h_b/L_b)}\right] \tag{9-56}$$

由于波高与波长的比尺相同，故 $n_b$ 的比尺等于 1。波浪阻力系数 $f_w$ 与无尺度谢才系数 $C_O$ 的平方成反比，而在阻力相似条件下由 $\lambda_u = \lambda_v = \lambda_h^{1/2}$ 可知，$C_O$ 的比尺等于变率的开方，故有

$$\lambda_{f_w} = \frac{\lambda_h}{\lambda_l} \tag{9-57}$$

而岸滩坡度 $m$ 的比尺为

$$\lambda_m = \frac{\lambda_h}{\lambda_l} \tag{9-58}$$

故从式（9-55）也可得到 $\lambda_{u_l} = \lambda_h^{1/2}$，即与潮流流速比尺相同。由此可见，黄河口模型中的沿岸流与原型可以达到相似。

综上所述，在本模型中取波高比尺与波长比尺相同且均等于水深比尺，对于坡度较缓黄河口和海岸，可以达到波浪质点速度、传质速度、波速、波群速、波浪折射、波浪破碎的位置、类型和沿岸流等的相似，但在波浪绕射方面有一定的偏离，需要进一步通过预备试验加以率定。

从上述几方面的分析来看，按照初步设计结果开展黄河口模型试验，技术上是可行的。但同时应该承认，波浪作用下的海岸泥沙运动是复杂的动力过程，波浪及泥沙运动的相似条件很难全部满足，具体的试验操作也会遇到不少困难。下阶段尚需通过“黄河口

模型相似律的研究”等关键技术的攻关，包括必要的数学模型计算（黄河口平面二维水沙数学模型的理论基础，与本章第一节所列基本方程雷同，本阶段不再单独阐述），解决主要相似环节。此外，正式试验时还应根据现场资料进行全面认真的分析，针对需要解决的问题，抓住主要相似条件和操作模拟难点，反复通过预备试验进行率定，尤其是需要通过验证试验确定黄河口模型的含沙量比尺及时间比尺。

## 第八节 模型率定

按黄河口实体模型建设进度要求，当模型建成后，需要进行如下率定工作：一是进口供水加沙系统的运行，主要通过自动控制系统对清水和浑水的流量进行率定；二是生潮系统的运行及调试，主要对潮差、沿岸流等关键参数进行率定；三是对清水沟流路河口泥沙淤积进行率定，主要包括河口泥沙淤积部位及淤积体形状等。

# 第十章　黄河口模型平面布置及主体工程设计

## 第一节　模型平面布置

黄河口模型建设规模为：黄河口模型模拟范围包括黄河干流河道长约 100 km（利津黄河大桥至黄河口）、黄河故道、神仙沟、清水沟、清 8 改汊流路及北起沾利河口，南至溢洪河口 30 km 宽的海区范围。模型平面比尺1∶480，黄河口模型占地面积约 43 000 m$^2$。模型范围东西长约 270 m，南北宽约 310 m。拟建的试验大厅可容纳整个模型。

根据黄河口模型试验研究的需求，黄河口模型除包括河道及滨海海域部分模型外，还应包括黄河进口供水加沙系统、海域生潮系统、回水渠、测桥、数据采集中央控制系统等，模型平面布置见图 10-1。

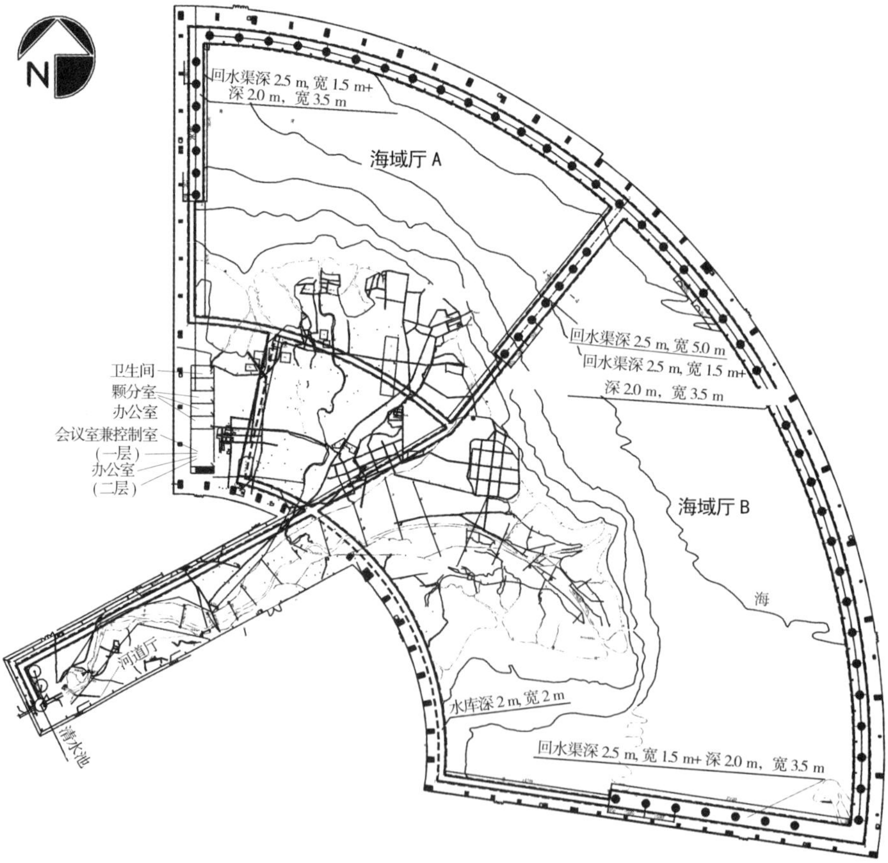


图 10-1　模型平面布置

# 第二节　模型基础及回水渠设计

## 一、模型基础填土

根据黄河口模型试验厅设计报告，模型厅内场地的现状绝对地面标高为3.130 m，模型试验大厅内0.000 m标高相当于绝对标高5.440 m，比现状地面高2.310 m。由于地下水对混凝土有一定的腐蚀性，且考虑回水渠施工简单，初步确定安装水泵处回水渠渠底相对高程为-3.050 m（地下水埋深1.0~1.5 m）。根据模型用水量计算回水渠深度为2.5 m，可推得模型海区底部高程为-0.550 m。又根据模拟的海区深度可推求河口处定床顶高程为-0.310 m。对照现状地面高程可知模型基础填土厚度为1.7~2.0 m。

填土要求为均质、无杂草及腐殖质，压实度要求达到97%，分层填筑，每层填土压实后厚度不大于0.2 m。

如果只按模型厅建筑面积计算填土，则填土方量=43 964×1.85-(575×5×1.85+558×2×1.85)=7.40（万 $m^3$），如考虑厅外3 m，则增加约0.53万 $m^3$，总填土量7.93万 $m^3$。

## 二、模型回水渠布置

回水渠尺寸主要受模型用水量制约。根据海区面积和水深可估算模型需水量=0.5×100×0.33×320=5 280（$m^3$）。由于回水渠深度已经确定，所以宽度就要根据模型需水量进行设计。考虑到生潮水泵及生流水泵的安装，将安装水泵的回水渠加宽至5 m，为减小工程量，将安装水泵一侧回水渠渠底高程定为-3.050 m，宽度为1.5 m，另一侧高程为-2.550 m，宽度为3.5 m；其他部位宽为2 m，深度均为2.0 m，渠底高程为-2.550 m。

水泵抽水时不产生吸气的最小水深约0.8 m，考虑盖板厚度后，则可用水深度为1.58 m，回水渠可用水量=575×5×1.58+558 2×1.58=6 306（$m^3$），满足要求。

由于回水渠的防渗要求较高，其底板和边墙采用0.2 m厚钢筋混凝土，底板下设0.1 m厚素混凝土垫层，对安装水泵的回水渠，因宽度较大，应设跨度为5 m的横梁，初步选定横梁高度0.45 m，宽度0.2 m，梁间距4 m，梁之间设置预制盖板，为安装和检修水泵方便，在回水渠安装水泵一侧1.43 m宽的范围内不设盖板，并在开口两侧设轨道，以便水泵安装检修滑车行走；回水渠每隔30 m设一道沉陷缝，采用橡胶止水带止水；回水渠内部用2 cm厚防水砂浆粉面。回水渠断面图见图10-2。

回水渠尺寸计算挖土方量=515×2.5×1+60×5.8×1+515×3.5×0.5+558×3×0.5=3 374（$m^3$）。

素混凝土用量=515×6×0.1+60×6×0.1+558×2.4×0.1=479（$m^3$）。

钢筋混凝土用量=(515+60)×10.24×0.2+558×6.44×0.2+143×5×0.45×0.2=1 961（$m^3$）。

防水砂浆用量=515×10×0.02+60×10×0.02+558×6×0.02=182（$m^3$）。

长2.2 m、宽0.5 m盖板用量=558/0.5=1 116（块）。

长4 m、宽0.5 m盖板用量=(515+60)/0.5=1 150（块）。

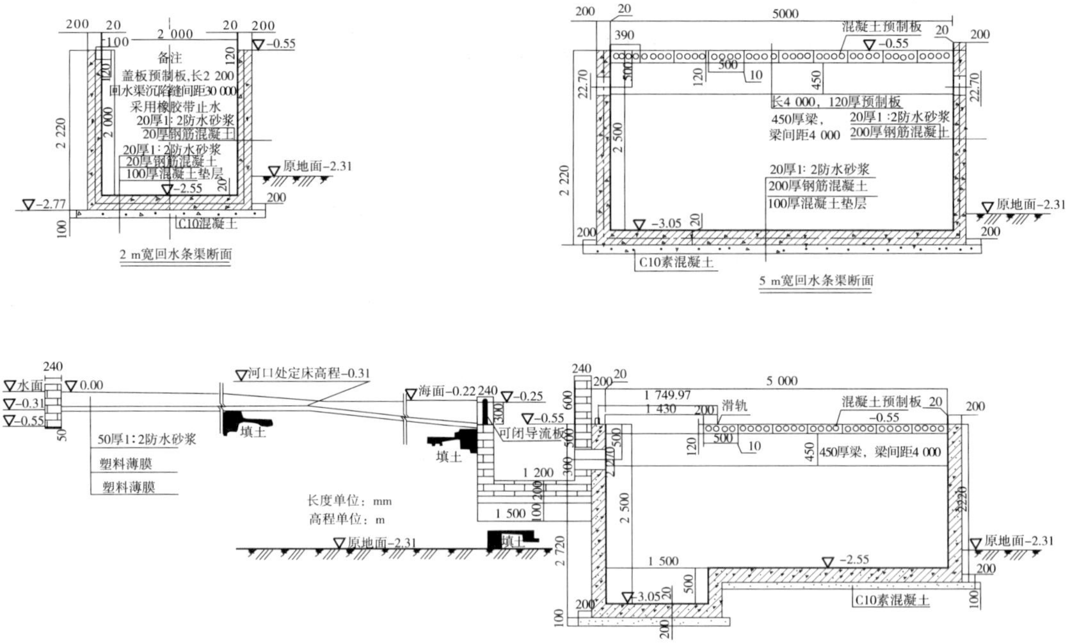


图 10-2　回水渠及模型纵剖面图

橡胶止水带长 $=19\times10.3+19\times7.3=334$(m)。

## 三、模型边墙设计

模型边墙的高程主要考虑模拟河段的落差及模拟海区的最大深度,同时考虑一定的富裕量。根据原型河道0.1‰的比降可计算出模型河道落差。

已知利津到河口的距离约70 km,河道比降0.1‰,垂直比尺60,海区最大水深20 m,河道最大水深10 m,则:

模型河道落差 $h_1=70\ 000\times0.1‰/60=0.12$(m);

模型海区深度 $h_2=20/60=0.33$(m);

模型河道水深 $h_3=10/60=0.17$(m);

结合海区最深处底部高程 -0.550 m 可求得模型边墙高程为0.000 m(包括超高0.1 m),边墙采用24 cm厚的砖砌,高度为0.55 m,墙内侧用2 cm厚防水砂浆粉面,防止漏水,外侧水泥砂浆勾缝。

为了生潮出流平顺,在水泵出口设置稳流槽,槽身用0.24 m厚的砖砌,内部用2 cm厚防水砂浆粉面,稳流槽底部设0.1 m厚素混凝土垫层。边墙尺寸和稳流槽与回水渠的位置关系见图10-2。

根据模型边墙和稳流槽尺寸,可计算砖墙总面积 $=(12+150\times3+150\times2)\times0.55+600\times3.7=2\ 639$(m);

用砖量 $=2\ 639\times128\times1.2=40.5$(万块);

防水砂浆 $=370\ 000/520\times0.25\times1.2+2\ 639\times0.02\times1.2=277$($m^3$)。

## 四、模型定床和动床地形设计

定床地形制作应结合填土进行。大厅的填土高程为 -0.600 m,顶部铺地板块后高程为 -0.550 m。模型范围内填土在海区最深处应达到 -0.650 m,从海区最深点到河口填土高程逐渐升高,至河口处应达到 -0.510 m,从河口至模型河道进口处填土高程均为 -0.510 m。

当填土达到预定高程后,根据地形图按精度要求剖切断面,断面间距 0.5 m,并制作断面板。用经纬仪定位、水准仪定高程,填筑 5 cm 后的细沙,然后敷设两层防渗塑料薄膜,薄膜之间采用热黏合,最后用 5 cm 厚的防水砂浆粉面。为节省成本,仅对地形变化较大的部分用断面板控制,其余部位采用桩点法进行地形制作,以减少三合板用量,初步测算用三合板 200 张(1.2 m×2.4 m),最终的定床高程如下:河道进口至河口均为 -0.310 m,从河口至海区最深点高程逐步降至 -0.550 m,见图 10-2。

防水砂浆用量 = 43 964 × 0.05 - 515 × 7 × 0.05 × 1.2 = 2 422($m^3$);

塑料薄膜用量 = (43 964 - 515 × 7) × 2 = 40 359 × 2 = 80 718($m^2$);

质量 = 80 718 × 1.1 × 0.000 012 × 1.2 = 1.28(t);

细沙用量 = 43 964 × 0.05 × 1.2 = 2 638($m^3$)。

当定床制作完成后,根据利津黄河大桥断面以下河道及滩地地形资料,采用断面法铺做初始地形,断面间距以保证控制精度为准。采用断面板控制地形变化,断面间距 0.3 ~ 0.5 m,初步测算用三合板 4 000 张(1.2 m×2.4 m)。根据原型最大冲刷深度 12 m 计算,动床铺模型沙厚度约 0.2 m,初步估算模型床沙用量 = (12 × 106 + 260 × 80) × 0.2 = 4 414($m^3$)。

由图 10-1 可计算出模型厅边角空余面积约为 960 $m^2$。需铺水泥地板块(长 0.2 m、宽 0.2 m、厚 0.05 m)方量为 960 × 0.05 = 48($m^3$)。

## 五、进口水沙调控系统设计

根据 1950 年至今黄河口利津断面水沙统计资料,汛期最大流量发生在 1958 年,最大流量 10 400 $m^3/s$,对应含沙量为 23.6 $kg/m^3$;最大含沙量发生在 1973 年,最大含沙量 222 $kg/m^3$,对应流量 3 190 $m^3/s$。

进口清浑水系统:根据以上数据及模型几何比尺,计算模型流量 $Q = 10\ 400/(480 \times 60 \times 60^{0.5}) = 0.047(m^3/s)$,进口需设 150 mm 管径清水泵 1 台,型号 QSB250-5-5.5,带甩沙装置。由于进行系列年试验所需时间较长,为保证试验安全正常运转,另备同型号水泵一台,并一次安装到位。为了精确控制进口流量,需要在两条进水管道上各安装一台型号为 DN150 的电磁流量计,用一台三菱 F540-11 变频器(包括变频器机柜)控制。为了保证搅拌池用水,还需安装一台 QS100-4.5-2.2 水泵,用管径 100 mm 的管道通向两个搅拌池,并设 2 个 100 mm 蝶阀。

进口浑水系统:为了试验能够连续运转,需布设模型沙搅拌池两个。根据模型用沙量要求,选定模型沙搅拌池直径 4 m、池深 3 m,池底高程 -3.550 m,搅拌池底部用 0.5 m 厚碎石混凝土铺底,并设集水坑,搅拌池池壁采用砖砌结构,并用水泥砂浆进行两遍粉面,防止漏水。每个搅拌池还需分别配备功率为 5.5 kW 减速机、搅拌器、1 t 手动吊装葫芦、两台 NL76-9 泥浆泵和一台 DN75 电磁流量计,并配一台三菱 F540-7.5 变频器(包括变频器机柜)控制浑水流量。水泵与模型之间用管道连接,同时在模型进口处设进水前池、自制清浑水混合器和稳流设施,在进口浑水系统中安装自动含沙量测量仪(管道测沙仪),配合计算机自动控制加沙管道流量,以达到进口含沙量的精确控制。

由于泥浆泵损坏率较高,根据以往连续放水试验经验,需备6台泥浆泵。为了回水渠加水和检修,还要设连接回水渠的一条直径150 mm清水进水管道(设水表及蝶阀)和两条直径250 mm的废水排空管道(设蝶阀)。

为保险起见,在模型进口泵房需设控制柜一个,与控制室的控制系统并联,使两个地方都能控制进口泵房的进水加沙系统,同时在泵房设监控摄像头,保证在控制室能随时了解进水加沙的情况。黄河口模型进口水沙系统布置见图10-3。

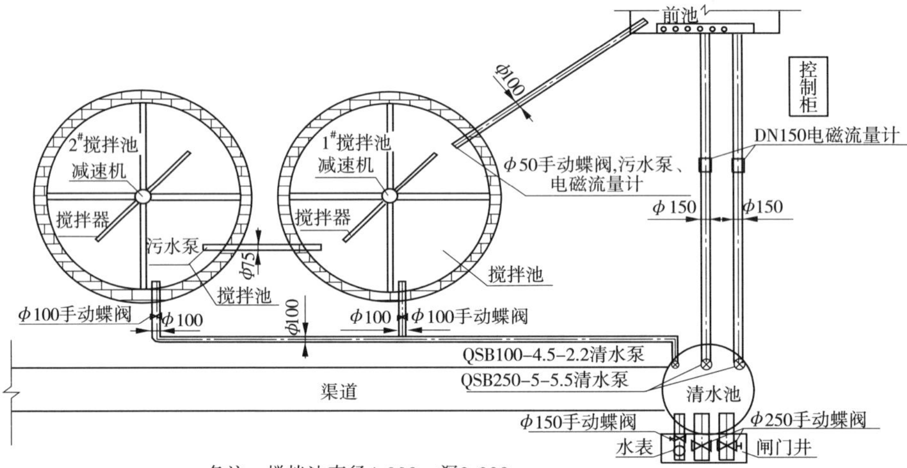


备注:搅拌池直径4 000,深3 000。

**图10-3　黄河口模型进口水沙系统布置**　(单位:mm)

根据进口水沙系统各用电设备计算用电总功率 $=5.5\times4+3.5\times4=36$(kW)。

自制清浑水混合器由减速电机、回旋桨叶和支撑轴承构成,主要作用是将清水和浑水充分混合,见图10-4。

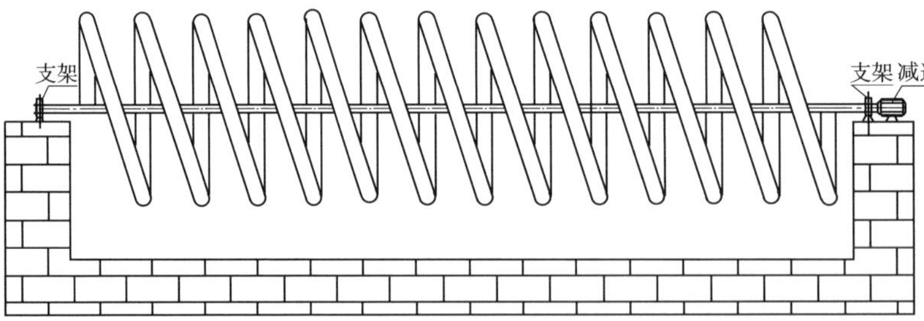


**图10-4　模型进口前池清浑水混合器**

## 六、海域生潮系统布设

### (一)黄河口潮流流速及潮差

黄河口实体模型包括黄河口河道和黄河口海域两部分,其中海域部分涉及对开边界

（简称“海”边界）赋值（水位、流量等）问题 。但是由于：①黄河口水文泥沙野外观测资料较少，在模型开边界基本没有水文观测站；②水流时空分布不均匀，见图10-5～图10-7，由于黄河口海域各处的水流（水深、流速大小和流向）受入海水沙、地形等因素的影响，而这些因素又是动态变化的，因此可能使得海域各处的水流也随之而变，增加了黄河口边界控制的复杂性；③糙率时空分布不均匀，糙率是影响水流的重要因素之一，而用于确定糙率的实测资料很少。因此，拟采用丹麦水力学研究所（DHI）开发的河口平面二维软件（Mike 21）及环渤海水文观测站的实测值，来计算渤海指定位置（模型开边界处和其他位置）的水位、流量等值。河口平面二维软件（Mike 21）能够模拟河口海域在径流、潮汐、风浪等因素作用下的水流运动、泥沙输移、冲淤和多种水环境因子的变化，并考虑了风、浪、潮汐、河流动力、地转力、河床阻力等多种因素的影响，水动力计算精度较高。在泥沙计算方面，给出了沙质和淤泥质河口海岸泥沙运动模块。利用该模型，先进行整个渤海水域的计算，在此基础上，进行细化计算，求出模型范围（包括海边界）的水流条件和糙率。以计算结果为基础，进而确定以下量值，为模型制作及海域生潮系统布设提供依据，同时可为模型试验提供边界条件。

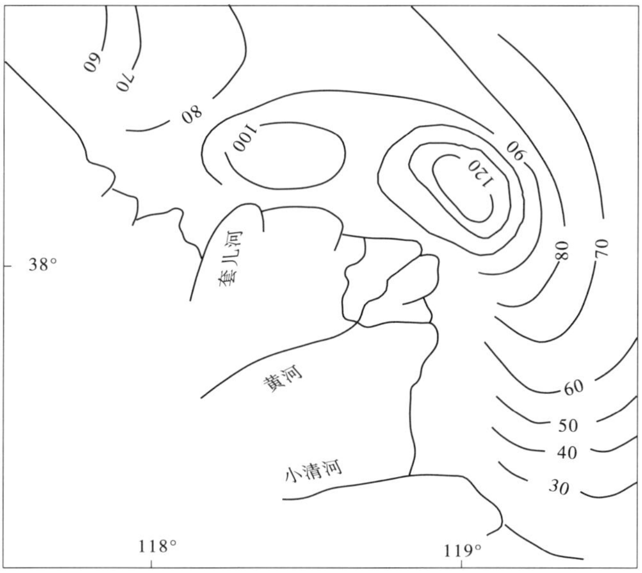


**图10-5　1976年黄河三角洲实测表层最大流速分布（清水沟流路以前）**　（单位：cm/s）

（1）模型需水量是设计模型蓄水池大小的基础，也是决定潮汐对河口河道影响的基础，因此需要进行数值计算，求出各种极值水流条件，确定模型河道纳潮量、模型需水量的极值；

（2）边界各处的流速、流量过程及其极值，确定水泵数量及其布设位置；

（3）各个水泵的水位、流速控制过程线；

（4）模型范围内的糙率，包括河道糙率、海域糙率。

近期，采用Mike 21对黄河口潮差及海域流速进行了初步计算，其结果与实际符合较好，见图10-8及图10-9。本次初步设计以初步计算结果为依据，下阶段将在专题研究基础之上进行设计。

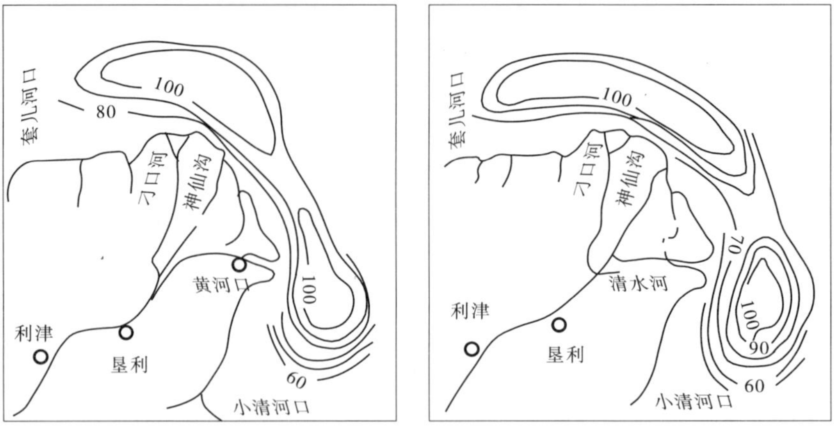


(a)洪水期　　(b)枯水期

**图 10-6　1976 年以后黄河口实测表层最大流速分布**

**图 10-7　渤海 M2 分潮潮差和同潮时分布图**

## (二)黄河口模型生潮设施

海域生潮设施是黄河口模型的重要组成部分,主要包括生潮装置和生潮控制系统。生潮装置包括生潮水泵、变频器(包括变频器机柜)、管道和法兰等;生潮控制系统包括控制软件、工控机、配件和电缆等,生潮控制系统布置在大厅内的中控室内。

1. 生潮水泵数量计算

已知原型 12 h 最大潮差为 3 m、水流运动时间比尺 $\lambda_{t_1}=61.9$、模型海区宽度 100 m、长度 320 m、水泵(QS500-3.5-7.5)单泵出水量为 0.138 9 $m^3/s$(500 t/h),则:

模型潮差时间 $t_1=12\times3\ 600/61.9=698(s)$;

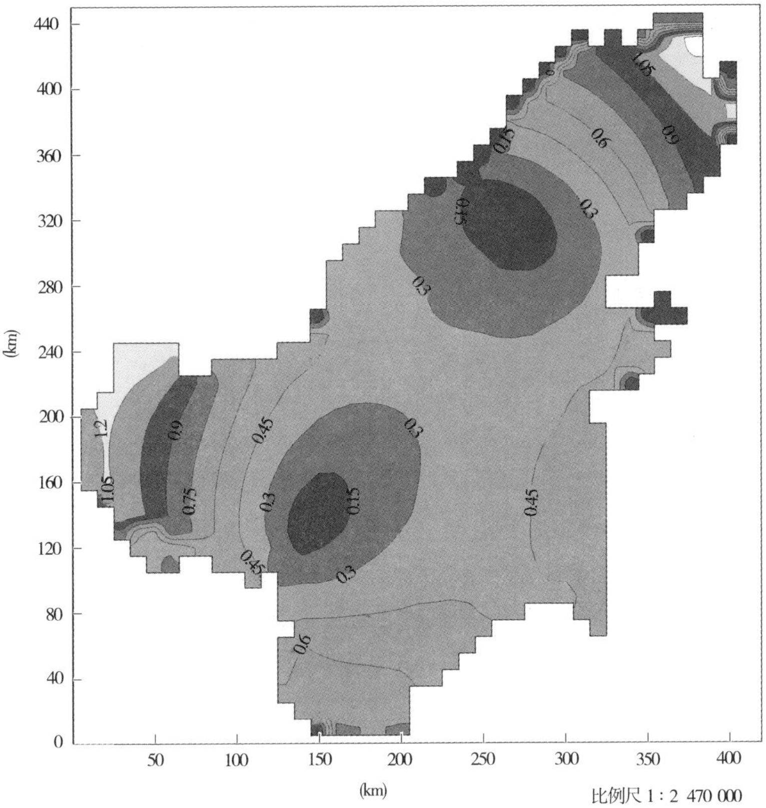


图 10-8 渤海海域 M2 分潮半潮差 （单位:m）

模型水位升高 $h_1=3/60=0.05$(m)；

模型潮差水量 $=100\times320\times0.05=1\ 600$($m^3$)；

一个潮差内模型平均需水量 $=1\ 600/698=2.29$($m^3/s$)；

按平均单位需水量计算水泵个数 $=2.29/0.138\ 9=16$(台)。

根据经验，如果考虑水位上升的最大速度，所需水泵是平均状态时计算水泵个数的 2.5 倍，所以模型生潮水泵数量 $=16\times2.5=40$(台)。

2. 生流水泵数量计算

由于黄河口有较强的潮流往复式流，对输沙影响较大，必须对其进行模拟。根据资料，潮流往复式流离岸宽度可达 20 km，水深 18 m，最大表面流速可达 1.8~2.0 m/s。

假定该部分水体平均流速为 1.2 m/s；

该部分水体面积 $=0.5\times20\ 000\times18=180\ 000$($m^2$)；

该部分水体模型流量 $=1.2\times180\ 000/(480\times60\times60^{0.5})=0.968$($m^3/s$)；

则两侧共需生流水泵 $=(0.968/0.138\ 9)\times2=14$(台)。

3. 其他设施及水泵布置

根据以上计算，初步布置 40 台 QS500-3.5-7.5 生潮水泵和 14 台 QS500-3.5-7.5 生流水泵，同时配备 27 台三菱 F540-18.5 变频器（包括变频器机柜），变频器安装在靠回水渠的大厅边墙上。其中 40 台水泵均匀布置在海区外沿，间隔约 9 m；另在模型海区两侧各

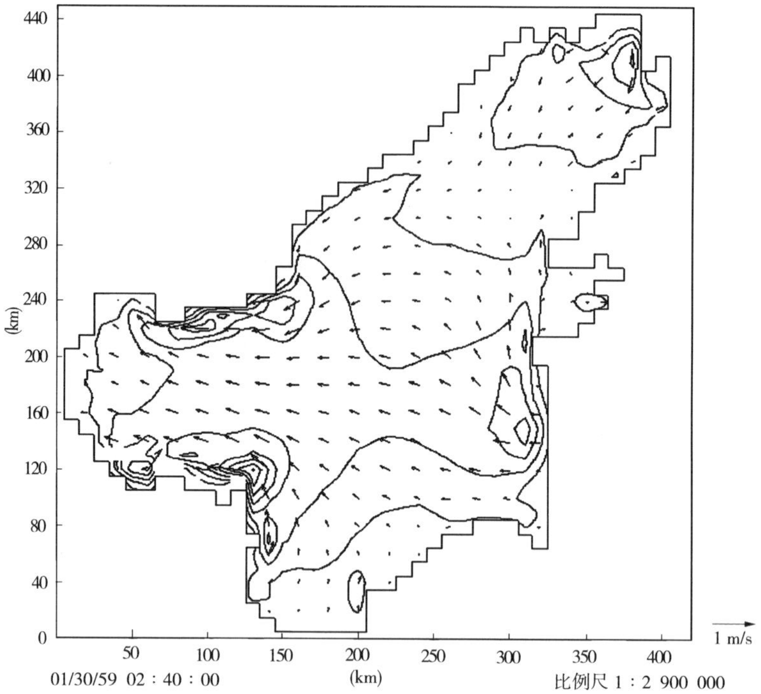


**图 10-9　渤海海域流速分布**

均匀布置 7 台。

为了模拟退潮现象，在每两台水泵之间设置一根和水泵出水管管径相同的泄水管道，海区外沿共 40 根，海区两侧各布置 10 根，并在回水渠一侧的管道头部安装法兰和弯头。

为使生潮水流平稳，在水泵出口处设置稳流槽和整流罩，在正式试验开展以前还要结合数模计算的潮流流动方向和流速大小，经反复率定试验后加装导流墙。同时为了减小地下水库及回水渠的容量，节省投资，紧临水泵出口稳流槽边砌筑 0.3 m 高的整流墙。生潮、生流水泵和泄水管平面布置见图 10-1。

另外还需直径 250 mm 管道长度 $=2.4\times124\times1.2=357$(m)；

直径 250 mm 法兰 $=5\times124+2\times62=744$(个)；

直径 250 mm 90°弯头 $=124$(个)。

## 七、模型测桥和测量仪器设计

### (一)模型测桥

由于黄河口模型规模大、测量任务繁重，所需的测量仪器设备较多，为了方便仪器设备安装检修、动床地形制作和试验观测，需要在模型内架设测桥，根据试验进度，近期试验主要在黄河河道、清水沟流路及生潮部位布置测量断面和测点。

测桥以 2.5 mm 厚花纹钢板、外径 50 mm 钢管和 28 × 3 mm 扁钢焊接而成，桥面宽度 0.6 m，两侧带 0.6 m 高的护栏，布置在测量断面。

初步计算需要总长 $=15\times30+20\times10+25\times2+60\times3=880$(m)；

总质量 $=880\times(0.0216\times0.6+0.00293\times5+0.00066\times12\times0.6)\times1.2=34.2$(t)。

测桥的布设根据试验要求而定，近期主要布设在河道大断面位置，以后再根据具体研究的内容调整测桥数量和位置，测桥布置见图10-1。

由于受投资限制，根据“经济实用、保证重点”的原则，首先保证必要的经费购置相对成熟的设备、仪器及控制系统，确保海洋动力模拟及模型进口水沙系统的控制，满足黄河口模型试验要求；其次要保证流速及水下地形的量测与自动采集。至于其他内容（包括一些技术不甚成熟的项目），尚需要在不影响重点内容的前提下，逐步实现或完善。

**（二）表面流场观测系统布置**

初步确定安装一套表面流场观测系统，摄像头位置布置在：利津断面、义和庄险工、西河口断面、清8断面、黄河口、东营港、永丰河口、广利河码头、刁口河口、海区5 m等深线（10个）、15 m等深线（10个）、20 m等深线（5个）等共34处。

**（三）水位计布置**

水位计的安装位置：利津断面、王家庄险工、义和庄险工、朱家屋子断面、渔洼断面、西河口断面、清2断面、清4断面、清7断面、清8断面、清10断面、黄河口（2处）、东营港、永丰河口、广利河码头、刁口河口、刁口码头、沾利河口、海区5 m等深线（5个）、15 m等深线（6个）、20 m等深线（10个）等共40处。

**（四）流速仪布置**

流速仪安装位置：利津断面、王家庄险工、义和庄险工、渔洼断面、西河口断面、清4断面、清8断面、黄河口、海区5 m等深线（5个）、15 m等深线（5个）、20 m等深线（5个）等共23处，与30台升降仪配合使用。

**（五）水下断面地形仪布置**

水下断面地形仪位置：利津断面、义和庄险工、西河口断面、清8断面、黄河口、对应河口方向海区5 m等深线、10 m等深线、15 m等深线共8处。

**（六）黄河口模型测控仪器汇总**

黄河口模型测控仪器设施见表10-1。

**表10-1　黄河口模型测控仪器设施**

| 项目 | 内容 | 单位 | 数量 |
|---|---|---|---|
| 测量仪器 | 表面流场观测系统 | 套 | 1 |
| | 水位计 | 个 | 40 |
| | 升降仪 | 台 | 30 |
| | 流速仪 | 套 | 23 |
| | 水下断面地形仪 | 个 | 8 |
| 模型沙加工设备 | 高压微粉磨 | 套 | 2 |
| 常规仪器 | 水准仪 | 台 | 2 |
| | 经纬仪 | 台 | 1 |
| | 光电颗分仪 GDK-3 | 台 | 1 |
| | 电子天平 | 台 | 2 |
| | 数码相机 | 台 | 1 |
| | 松下掌上摄像机 | 台 | 1 |
| 辅助材料 | 电源电缆、插座模块、通信电缆及比重瓶等 | 批 | 1 |

# 第十一章　生潮装置与常用测控仪器设施设计

对于黄河口模型实体模型试验而言，试验成果的质量在很大程度上取决于测量技术和试验的控制水平。因此，高精度、现代化的测量仪器和控制设备是确保研究成果质量的基础。先进的测量技术、测量仪器和试验设备是科研工作新发现和新突破的技术保证。没有先进测量技术、合格的测量仪器和规范的测量程序就不可能得到高质量的研究成果。测量就是人类对客观事物取得数据概念的前提，是借助专门的方法和设备对不同现象和不同规律在质和量两方面提高认识的过程，是对过程进行控制（在对各种参数认识的基础上，按一定的目的和要求加以约束的过程）的基础。

由于受投资限制，根据“经济实用、保证重点”的原则，河口实体模型试验的测控项目必须确保海洋动力模拟及模型进口水沙系统的控制，保证流速、含沙量及水下地形的测量与自动采集。建设内容主要包括生潮装置，进口浑水控制系统，流量、水位、流速、含沙量、颗分、水下地形、流场测量系统等（见表 11-1）。至于其他内容（包括一些技术不甚成熟的项目），尚需要在不影响重点内容的前提下，逐步实现或完善。

**表 11-1　生潮装置与常用测控仪器设施组成**

| 序号 | 项目 | 内容 |
|---|---|---|
| 1 | 生潮装置及控制系统 | 生潮装置 |
| 2 | 水文泥沙参数量测系统 | 流场测量系统<br>水位测量系统<br>流速测量系统<br>水下断面地形测量系统 |
| 3 | 中控系统 | 中央控制系统 |
| 4 | 视频监控系统 | 大厅视频监控系统 |
| 5 | 其他 | 其他仪器与辅助材料 |

## 第一节　生潮装置及控制系统

黄河口模型试验必须用到潮汐模拟系统，主要由生潮装置、控制系统、数据采集仪器等部分构成，各组成部分之间相互联系形成统一整体。现有的生潮设备大都根据控制系统发出的指令生成模型边界控制水位或流量，数据采集仪器进行模型实时测量，这些实测值往往开始并不符合所要求的值，这时控制系统对采集设备传输回来的数据进行对比和修正，产生新的指令再次发送给生潮驱动设备控制生潮机构相应动作以形成新的更接近要求的模型边界水位或流量，形成一个闭环控制系统，整个控制过程连续自动进行。

## 一、生潮设备

河口模型生潮方式有压力潮水箱式、可变溢流尾门式、分流阀式和双向泵式，各种生潮方式采用的设备也有所不同。

潮水箱一般由混凝土制成并密封，箱上部设两阀门分别供进气和出气使用，下部仅留一狭长孔隙和箱外水流过渡段连通。通过控制出气阀出气量，可使箱内水体由于自由表面的压力变化而从下部孔隙自由进出，从而在过渡段形成水位升降和流量往复的连续过程。

潮水箱设备简单，造价低，水位变化平稳，滞后现象比较小，控制出气阀的伺服电机功率小。潮水箱一般适合宽度范围不大、潮位基本一致的潮边界或潮汐水槽，设备灵活性和适应性有一定限制，同时箱体容易引起潮波反射造成一定误差，因此要求过渡段有一定长度才能使潮汐水流与原型相似。该生潮方式使用较早，如杭州湾北岸深槽冲淤变化试验、长江口潮汐模型试验等都有应用。

可变溢流尾门式是常用的一种生潮方式，它在模型尾部平水段的一端设尾门调节的薄壁溢流堰，平水段的另一端接模型，尾门垂直升降、横拉或转动调节。该方式一直广泛使用，造价低，空间省，重复性好，可避免较大的波反射，对潮边界较宽广的情况可设多门分别控制，增加了灵活性。缺点是尾门伺服电机要求功率较大，机械装置多，需二级减速，存在一定滞后现象，调试时间较长，多适合变化缓慢的潮流过程。

分流阀式生潮设备包括地下蓄水池、抽水水泵、分流阀和潮汐管路系统。该方式可进行模型边界流量控制，适应性强，调试操作方便，其生成水流平稳，精度高，重复性好，也可应用于浑水试验。但其阀体及转子尺寸大，如浙江省河口海岸研究所研制的浑水分流阀直径近1 m，且加工精度要求高，难度大，需专门定制，因而成本较高。同时，水泵运转能量损耗较大，由于各种杂质和粗粒体会影响阀体正常工作和使用期限，故系统对水质也要求高，而且需另加遮盖和冲洗设施。在开环控制条件下如果阀的工作曲线受外界影响而改变，还需重新调试率定后才能应用。该生潮方式国内文献记载应用并不太多。

常用的双向泵式是采用多个水泵，通过变频器控制水的进出，实现双向水流运动，通过控制泵的启闭个数近似模拟潮汐连续变化的过程。这种利用分散供水方式代替集中供水方式，使得模型潮汐水流均匀、水面平静，有利于提高潮汐控制精度。由于水泵采用变频控制或部分启闭，明显降低模型运转电耗，节省电力，对于大型河口模型具有经济意义。如泵采用浑水泵，理论上也可进行浑水生潮。这种方式固定机械设备少，土建工程量小，全部电控制，跟随性好，可控程度高，目前使用越来越多。

通常海域方向生潮可采用上述各种方式，且多为清水，而上游河流感潮段潮汐模拟多采用后两种，或者在径流不大的条件下增设扭曲水道，也有结合上游河网做成整体模型的情况，使模型上边界合乎感潮要求。

## 二、控制系统

现有控制系统分两大类,即开环控制系统和闭环控制系统。开环控制系统按数学模型先率定好工作曲线,计算机对给定潮汐过程(水位过程或流量过程)按工作曲线计算生潮设备的数字控制量(尾门开度、阀门开度、水泵转速等),经 D/A 转换由伺服电机驱动生潮机械设备运转,产生相应的潮过程,模型控制边界的水位值或流量值可即时实测,传回计算机后可以进行人工对比、调制和修正。这种方式对数学模型中的传递函数和控制量的计算要求较高,前期率定工作较多,要求整个系统重复性好,适合影响因素较少、过程变化缓慢的潮汐边界条件。其系统结构简单,试验工作效率高,费时少,精度可以保证。由于开环系统对外界抗干扰能力不足,所以在大型或重要模型试验中应用不多。

闭环控制系统则是目前应用更多的一种类型。计算机将初步给定的潮型曲线按已建立的数学模型离散并数字化形成控制量,经 D/A、V/I 转换电路转换成标准电流信号,送入伺服放大器进行功率放大,驱动电动执行器动作,调节尾门或阀门开度或水泵转速,同时模型控制边界的水位或流量被采集,其数据变化量转换成标准电流信号,经 V/I、D/A 转换成数字信号送入计算机,滤波消除干扰后与对应时刻给定值进行比较,符合要求则进入下一时刻的控制,否则再经控制程序运算后输出该时刻新的控制量直至达到要求,形成自动调节跟踪对象的闭环控制过程。计算机除指挥整个系统的数据采集、处理以及回路控制外,还控制显示器、存储设备和打印设备。由于目前计算机发展的水平已达到足够的运算速度和精度,所以模型潮汐过程的动态反应可以得到可靠的实时控制,而且控制过程中的潮汐给定值及给定曲线,实时跟踪值及实时跟踪曲线、时钟等图文,可以分别以不同的颜色和形式显屏,清晰明了,同时允许在运行中动态修改各种控制参数,修改、调制给定曲线,极大方便了模型调试和验证工作,工效显著提高。

生潮相关设备见表 11-2。

**表 11-2　生潮相关设备**

| 序号 | 名称 | 单位 | 数量 | 备注 |
|---|---|---|---|---|
| 1 | 水泵 | 台 | 56 | 包括管道、法兰 |
| 2 | 变频器 | 台 | 28 | 包括变频器机柜 |
| 3 | 电缆 | 批 | 1 | |

# 第二节　水文泥沙参数测量系统

黄河口模型常用测控仪器设施建设主要围绕黄河口模型试验厅黄河口模型的试验需求进行建设,建设内容与相关要求见表 11-3。

## 一、表面流场测量系统

模型试验中表面流场测试分析是实体模型试验中的重要项目之一,对分析试验过程、掌握河流变化规律、提出正确有效的河流治理方案具有重要意义。国内外科技工作者已利用 PIV 和 PTV 原理开发出了大型河工模型表面流场测量的粒子示踪测速系统。

黄科院在长期的实体模型试验过程中，对于含沙量高、流速慢、水流浅、模型沙为具有一定黏性的粉煤灰的黄河实体模型试验的表面流场测试工作进行了研究尝试，通过采用数字化粒子图像测速技术和图像处理技术实现了对表面流场的自动测试分析，从根本上解决了目前测量方法中难以对高含沙河流非恒定过程的整个流场进行自动测量的难题。

**表 11-3　水文泥沙参数测量系统组成**

| 序号 | 名称 | 测量技术要求 |
|---|---|---|
| 1 | 表面流场测量系统 | 重点河段流场测量 |
| 2 | 水位测量系统 | 量程 1 ~ 30 cm，测量误差（与测针相比）≤ ±1 mm |
| 3 | 流速测量系统 | 流速范围 0 ~ 150 cm/s，测量误差≤ ±5% |
| 4 | 水下断面地形测量系统 | 水深范围 2 ~ 30 cm，误差（与测针相比）≤ ±1 mm |

## 二、系统主要建设内容

### （一）示踪粒子

示踪粒子是粒子图像测速中的重要因素之一。示踪粒子的粒径要小，跟随性要好，才能反映复杂流动的细微结构。但是，对于大型河工、港工等物模试验，由于模型尺寸大，要求采集图像的视野大。因此，粒子尺寸要大一些以保证粒子散射光具有足够的强度，以区别背景噪声。

### （二）光源系统

粒子图像测速系统一般采用脉冲片光源进行流动显示或用扫描光屏将连续光源变为脉冲光源，通常以激光作光源。对于大型物模试验，由于流速不高，表面流速的测量，利用自然光照度已能满足要求，无需专门的光源。测量时，特别注意照射区域表面照度的均匀性，避免引起较强的背景噪声。

### （三）图像采集系统

研究合适的图像采集系统，包括 CCD 摄像头、可编程图像采集卡、高性能图像处理微机。

### （四）监视系统

通过一台十六画面分割器可以在一台彩色显示器上观测十六路图像，再利用一台十二路切换器可以观测任意一幅画面，并送入工业录像机进行长时间保存。

### （五）功能强大的软件系统

采用 Visual C ++ ，Matlab，Lab View 虚拟仪器组态软件等工具，开发功能强大的图像处理、边界自适应处理软件。可以自动识别边界，分割分区，拼接流矢图，修正、插补流场，绘制流谱图、断面流速图等，流速场测量系统组成见表 11-4。

## 三、水位测量系统

根据模型试验需求，模型共需布设水位计 40 台（单价 0.5 万元），进行水位实时自动测量与记录。相关技术要求为：水位量程 1 ~ 30 cm，量测误差（与手动测针相比）不超过 ±1 mm。

表 11-4　流速场测量系统组成

| 序号 | 仪器、设备、软件、材料 | 规格型号 | 单位 | 数量 | 备注 |
|---|---|---|---|---|---|
| 1 | 计算机 | IPC | 台 | 1 | P4/ 3G,1G 内存 100 Gb 硬盘 21`显示器 |
| 2 | CCD 摄像头 | DIS-888C | 台 | 34 | 彩色,照度低 0.0001 LUX,分辨率高 |
| 3 | 镜头 | SE 0484 | 台 | 34 | |
| 4 | 防尘罩 | | 套 | 34 | 带支架 |
| 5 | 监视器 | PIH-14 | 台 | 4 | 14″黑白 |
| | | SMC-210P | 台 | 2 | 21″彩色 |
| 6 | 二十四路视频切换器 | PIH-20024 | 台 | 2 | |
| 7 | 一对五全方位云台镜头控制器 | PIH-308 | 台 | 4 | |
| 8 | 长延时工业录像机 | 松下 AG2-TL300 | 台 | 2 | |
| 9 | 画面分割器 | MV-99 | 台 | 1 | |
| 10 | 图像采集卡 | Matrox-II | 块 | 2 | 12 通道 |
| 11 | 工业控制计算机 | | 台 | 1 | P4 |
| 12 | 电缆 | | m | 15 000 | 视频、控制云台和镜头、电源,连接摄像头的信号电缆和电源线 |
| 13 | 接头 | Q9 | 只 | 200 | 连接摄像头的接头 |
| 14 | 系统控制台 | | 套 | 1 | |
| 15 | 示踪粒子 | | 批 | 1 | 比重接近水 |
| 16 | 粒子施放器及专用传感器 | | 套 | 4 | 连续或间隔施放粒子 |
| 17 | 高精度电源模块 | | 块 | 4 | |
| 18 | 信号转接卡 | | 块 | 4 | 信号转换 |
| 19 | 信号调理板卡 | | 块 | 4 | |
| 20 | 表面流场分析软件包 | | 套 | 1 | 包括图像获取模块,图像处理模快,粒子识别模块,流矢图生成模块,成果打印、输出模块 |

黄科院科研人员在引进国内高精度水位计的基础上，研制成功了一系列光栅水位计（常规、卧式、大量程），其中 SW-2 型光栅水位计完全满足河口模型水位测量要求。SW-2 型光栅水位在“河道模型”、“三门峡库区模型”和“小浪底库区模型”的建设应用过程中，通过对比试验，测量精度明显提高，并且实现了数据采集和传输的自动化。水位测量系统组成及经费估算见表 11-5。

**表 11-5　水位测量系统组成及经费估算**

| 序号 | 仪器、设备、软件、材料 | 规格型号 | 单位 | 数量 | 备注 |
|---|---|---|---|---|---|
| 1 | 水位计 | SW-2 | 台 | 40 | 与流速量测系统共用工控机 |
| 2 | 控制软件 | | 套 | 1 | |

## 四、流速测量系统

根据模型试验需求，模型沿程共需布设 23 套流速仪进行流速的实时自动测量与记录。相关技术要求为：流速量程 0 ~ 150 cm/s，测量误差不超过 ±5%。

一直以来，原型上的流速测量仪器技术比较成熟，国内外河工模型通常采用旋浆式、电磁式、超声多普勒等流速仪，由于河口模型的特殊性（宽浅水流、低流速），传统的水流流速测试仪器、设备存在不同的缺陷，旋浆流速仪多适用于清水流量的流速测量，可用在海区部分，共 20 套。在河道中因含沙量较高，对旋浆流速仪影响较大；超声波流速仪则由于在高含沙水流中的衰减问题而无法应用；电磁法流速仪虽然不受流体含沙的影响，但模型厅中众多的电磁设备对流速测量影响严重。

黄科院研制开发的 HRL-001 型浑水热示踪流速仪可用在较高含沙量的河道部分，满足技术要求（其原理是通过加热流动水团在固定距离内的运动时间换算出流速。量程 0 ~ 150 cm/s，精度≤ ±2%），但因造价高且属试制产品，此次先布置 3 套。

流速仪动力要求：220 V 交流电。数据传输要求：485 接口接入 485 工业控制总线。流速测量系统组成详见表 11-6。

**表 11-6　流速测量系统组成**

| 序号 | 仪器、设备、软件、 | 规格型号 | 单位 | 数量 | 备注 |
|---|---|---|---|---|---|
| 1 | 旋浆流速仪 | | 套 | 20 | |
| 2 | 浑水热示踪流速仪 | HRL-001 | 台 | 3 | |
| 3 | 控制软件 | | 套 | 1 | |
| 4 | 合计 | | | | |

## 五、水下断面测量系统

根据模型试验需求，模型沿程需在重点断面布设 8 个水下断面地形仪，进行试验过程中水下地形的实时自动测量与记录。相关技术要求为：水深范围 2 ~ 30 cm，误差（与测针相比）不超过 ±1 mm。

黄科院依据“拐点法”原理研制出的新一代水下地形探测仪已投入使用。该设备通过测量浑水中电导率的变化，就可知道水中所含模型沙量的变化。检测水体的电导是通过探头来感知的。当探头触及河床时，电导会发生变化，单片机通过检测电路、A/D 电路和接口电路获取这一信息，此时它的位置（垂直坐标）状况可由标尺读出，把这些数据记录下来，再测下一测点的位置坐标，直至测量结束。通过计算机可定时进行水下地形自动测量，并对测量数据进行存储记录，随时显示图形及有关特征值。

水下地形探测仪动力要求：220 V 交流电。数据传输要求：485 接口接入、485 工业控制总线。水下断面地形测量系统组成详见表 11-7。

**表 11-7　水下断面地形测量系统组成**

| 序号 | 仪器、设备、软件、材料 | 规格型号 | 单位 | 数量 |
|---|---|---|---|---|
| 1 | 断面地形仪 | | 台 | 8 |
| 2 | 配套测桥 | 10 m | 套 | 8 |
| 3 | 控制软件 | | 套 | 1 |

## 第三节　中央控制系统

河口模型将建设中央控制室，用以监控各测量仪器、控制设备，保证河口模型能够独立、正常、自动地运行，并完成数据采集、数据存储、回放、数据调用响应等任务。

河口实体模型试验基地各模型厅内将建设工业控制网络与中控室，用以连接和监控各量测设备、控制设备。模型厅中各采集、控制点设备与上位计算机的连接采用串行总线、光纤网组成的混合网络，目前市场上各种协议转换设备比较成熟，系统中可以利用这些设备将测控仪器接入网络。

为保证河口实体模型试验基地测控自动化系统现场通信网络的可靠性、实用性和先进性，网络建设将在前期工作中采用 485 总线加光纤的方案。后期工作的网络建设方案将视试验结果和使用效果决定。

485 工业控制总线适合在连接设备较多但数据量不大的情况下使用，如沿程水位计的连接。由于采用总线型连接，可以在满足传输要求的前提下大大减少现场布线数量，降低布线难度，并减少对模型的影响。

光纤网络适合在连接设备距离较远、数据量较大的情况下使用，如进口水沙控制、生潮装置系统控制等。光纤成本较 485 总线高，而且其网络拓扑为星形连接，连接设备较多时线缆数量很大，因此不适合在连接设备多的情况下使用。

另外，中央控制室配备交换机、服务器等硬件及配套软件，保证模型厅能够独立运行，并完成数据采集、数据存储、回放、数据调用响应等任务。

中央控制室所需仪器、设备、软件、材料等详见表 11-8。

表 11-8　中央控制室设备材料组成

| 序号 | 仪器、设备、软件、材料 | 规格型号 | 单位 | 数量 | 备注 |
| --- | --- | --- | --- | --- | --- |
| 1 | 操作软件 | | 套 | 1 | |
| 2 | 服务器 | Proliant ML 570G2 | 台 | 1 | |
| 3 | 工控机 | 台湾研华 | 台 | 1 | P4 |
| 4 | 中心交换机 | 3-COM-17206-24 | 台 | 1 | |
| 5 | 电源电缆 | | m | 3 000 | 220 V 交流电 |
| 6 | 通信电缆 | | m | 6 000 | 485 工控总线 |
| 7 | 超五类模块 | MPS100E-262 | 个 | 10 | 接头、辅料等 |
| 8 | 机柜 | 华美 0.35 m 普通型 | 个 | 3 | |
| 9 | 耗材 | | 批 | 1 | |
| 10 | 光缆 | 4 心多模 62.5 金属室外光缆 | m | 3 000 | |
| 11 | 光跳线 | 多模 62.5-ST 3 m | 对 | 6 | |
| 12 | 尾纤 | 多模 62.5-ST 1.5 m | 条 | 12 | |
| 13 | 光纤分线盒 | 24 口 | 个 | 3 | |
| | | 8 口 | 个 | 3 | |
| 14 | 光纤耦合器 | ST 多模 | 个 | 24 | |
| 15 | 光纤收发器 | 多模 2 km SC | 对 | 3 | |

# 第四节　视频监控系统

在中央控制室建设一套视频监控系统，用以监控各测量仪器、设备的运行状况及模型试验过程中的试验状况，保证黄河口模型能够独立、正常、自动运行。

根据模型厅和模型布设的实际情况，考虑到以后扩容的可能，系统设计为 16 路视频监控系统，通过视频监控系统可以在一台彩色显示器上观测 16 路图像，并可进行长时间录像保存。但在初期考虑到投资及其他因素，初步布设 11 个视频监控点，系统组成见表 11-9。

表 11-9　视频监控系统组成

| 项目 | 型号 | 单位 | 数量 | 备注 |
| --- | --- | --- | --- | --- |
| 彩色一体化摄像机(25 倍) | DK-650 | 台 | 11 | 美国 DEREK |
| 室外全球云台 | MA612H | 台 | 11 | 美国 VMC |
| 室外全球云台支架 | MA278 | 只 | 11 | 美国 VMC |
| 编解码器 | HA-600 | 块 | 11 | 华安视通 |
| 16 路硬盘录像机 | | 套 | 1 | 含视频输入卡、大容量硬盘等 |
| 显视器 | 17 寸纯平 | 台 | 1 | |
| 分控软件 | | 套 | 1 | |
| 辅助材料 | | 批 | | 视频线、电源线、控制线等 |

## 第五节　其他仪器

为保证黄河口模型实体模型试验的顺利开展，还需要配备一些相关的辅助设备和材料。

高压微粉磨，用于模型沙的磨细加工；水准仪、经纬仪，用于模型地形的制作；光电颗分仪，用于模型沙级配的测量；电子天平，用于称量分析；升降仪，用于流速仪垂线流速测量配套使用，其他仪器见表 11-10。

表 11-10　其他常用测控仪器

| 序号 | 项目内容 | 单位 | 数量 |
|---|---|---|---|
| 1 | 高压微粉磨 | 套 | 2 |
| 2 | 水准仪 | 台 | 2 |
| 3 | 经纬仪 | 台 | 1 |
| 4 | 光电颗分仪 GDK-3 | 台 | 1 |
| 5 | 电子天平 | 台 | 2 |
| 6 | 数码相机 | 台 | 1 |
| 7 | 松下掌上摄像机 | 台 | 1 |
| 8 | 升降仪 | 台 | 30 |
| 9 | 电缆、插座模块及比重瓶等 | 批 | 1 |

# 第十二章　黄河口模型制作关键技术专题研究

## 第一节　关键技术研究与模型设计的关系

与世界上其他的大江大河入海口相比，黄河入海口具有河道来沙量大、海域潮差小、河口沿岸流强等特点。黄河口实体模型设计的成功与否，直接关系到今后黄河口能否正常可靠的运转。因此，针对模型设计开展的关键技术研究就显得特点重点。根据有关专家多次讨论，最终确定四个亟待解决的关键技术进行研究，即模型沙比选及基本特性研究、黄河口模型相似律研究、生潮技术研究和进口含沙量自动控制技术。

## 第二节　专题研究内容

### 一、模型沙选择及基本特性研究

#### (一)研究的必要性

开展黄河口模型沙比选及基本特性研究是黄河口模型试验成功与否的关键技术课题。模型沙的选择应保证河床的输沙条件相似，要求满足泥沙起动流速、沉降和糙率等方面相似、河床变形时间比尺与水流运动时间比尺接近而避免引起时间变态。黄河口泥沙细，粒径变幅很大，随着河道浑水与海水差容重的不同会出现异重流，且其运动规律不仅受径流影响，还受潮汐强弱及含盐度的影响，因此要求模型沙的力学特性及物理化学特性均应同时满足要求。

河口区的泥沙沉降速度受含盐量的影响，不能仅依靠计算的手段确定，还需要通过物理化学特性分析，并在相同环境中进行大量试验。在满足模型相似条件的前提下，同时考虑经济、易选配加工、可操作性强等多种因素而定。

#### (二)研究内容

本专题重点研究黄河口模型沙的基本特性及选配方法。考虑到黄河口模型需要的模型沙粒径变幅很大，尤其是模拟细颗粒泥沙的絮凝沉降特性受含盐度的影响，并需要复演径流、潮流及波浪共同作用下的泥沙冲淤变化和泥沙异重流等诸多现象，因此需研究不同模型沙的物理化学特性，在此基础上，通过概化试验，检验模型沙运动的相似性。此外，尚需研究模型沙的加工方法及分选技术。

1. 模型沙物理化学特性分析

本阶段开展黄河口模型沙特性研究，其种类包括天然沙、电木粉、郑州热电厂粉煤灰、精煤、拟焦沙等几种可能作为黄河口模型沙的材料，通过试验研究其容重、干容重、颗粒级配、沉降特性、水下休止角、起动流速等。

2. 概化模型试验

在模型沙物理化学特性分析的基础上，通过模型设计，校核模型沙的糙率是否符合要求、沉降速度与起动或扬动是否满足相似条件，选择一、二种与要求相近的模型沙。制作与河口模型比尺相近的概化模型，利用初选的模型沙进行概化试验，观测其冲淤过程与形态、水流的挟沙力、挟沙水流的流态等方面的相似性。

3. 模型沙比选

通过上述研究，比选出能较好满足黄河口泥沙运动相似条件的模型沙。比选的条件由以下几个方面考虑：

(1)性能稳定。尤其是随着试验历时的增加，冲刷特性不能发生大的变化。

(2)容重适中。容重过小的模型沙水下地形易受破坏且造成严重的时间变态。

(3)加工和选配方便。

(4)造价不高。黄河口模型用沙量巨大，价格高昂的模型沙经济上难以承受。

同时满足泥沙的冲刷与淤积及水流流态相似。

**(三)技术路线**

先进行模型沙物理化学特性试验分析，在此基础上进行概化模型试验，最后通过综合比选确定模型沙。

**(四)预期成果**

通过研究，提出模型沙选择及基本特性研究报告，推荐综合最优的模型沙。

为完善初步设计，现已进行了拟焦沙等材料的起动流速试验和初步概化模型试验。

## 二、黄河口模型相似律研究

**(一)研究的必要性**

黄河口的演化环境极为复杂，如径流与海洋的水动力多属弱相耦合但泥沙通量却相当高；径流输移的泥沙细而具有浑水异重流与盐水楔并存现象；沿岸流特征十分突出；海岸发育受径流来沙量影响大且延伸、蚀退迅速；三角洲开阔而流路滩岸抗冲性却很弱等。这些特殊的自然地理环境条件，使得黄河口冲淤演变较其他江河的河口具有特殊的规律性。

构建黄河口模型是一项复杂的系统工程，保证模型试验成功的前提是找出模型相似律。由于现有的河口潮汐模型绝大多数是清水或少沙模型，对于水少沙多且强烈堆积的弱潮陆相河口模型，尚无成功的经验。黄河口模型除应满足水流运动相似、泥沙沉降相似和挟沙能力相似条件外，尚须满足泥沙起动和扬动相似，以及河床冲淤变形时间相似，再加上黄河口演变的影响因素众多，必须研究黄河口模型相似理论。

**(二)研究内容**

1. 基础理论研究及模型相似率

通过理论分析、基础试验、原型资料分析，对现有描述黄河口水沙运动、海洋动力、河床变形等方面的数学方程进行理论研究，同时探求描述特殊条件下泥沙运动的计算公式，作为补充方程。

在基础理论研究基础上，根据相似原理开展比尺分析，推求相关相似准则，特别是黄河口异重流、三角洲发育蚀退及河口海区潮汐等特殊现象的模拟理论与方法，提出黄河口模型相似律。

2.概化模型试验

通过河口概化模型，检验模型设计的合理性。在满足模型试验精度的前提下，优化模型比尺，完善模型设计。

**（三）技术路线**

（1）在理论研究及资料分析的基础上，探求描述特殊条件下泥沙运动的计算公式，进而推求相关相似准则，提出完整的黄河口模型相似律。

（2）结合模型沙选择及基本特性研究成果，完成模型设计。

（3）通过概化模型试验进一步优化设计。

**（四）预期成果**

提出黄河口模型设计报告。提出一整套模型相似律，完成的黄河口模型设计，必须具有如下优点：

（1）能够满足海域水流泥沙运动相似条件。

（2）在动床条件下满足摩阻特性的相似条件。

（3）能够模拟淤积延伸和流路变化。

（4）满足水流及海洋动力挟沙的相似性。

（5）不能存在严重的时间变态缺陷。

## 三、生潮技术研究

**（一）研究的必要性**

生潮控制系统是黄河口模型建设的重要组成部分，是能否按潮位过程控制尾水高程以及相应的涨落潮流量的关键。黄河口潮汐类型复杂，绝大部分海区属于不正规半日潮，潮差小于2 m，属于弱潮，海洋动力相对较弱，径流潮汐强弱交替变化大，同时潮流往复式流特征明显。因此，对黄河口模型试验仪器设备要求高，如何针对这些特点提高其测控精度，是需要亟待解决的问题。

**（二）研究内容**

黄河口模型生潮装置及控制系统拟采用多台水泵变频调速闭环水位控制方案，实现潮形、潮位的自动模拟与控制。这种生潮技术已在珠江、钱塘江等河口大模型成功采用，但黄河口有沙多、潮差小而潮流往复式流强的特点，采用相同的生潮设备和控制技术能否满足试验要求还是未知数。因此，有必要制作小尺度的黄河口概化模型，采用拟在黄河口大模型上采用的水泵及控制技术进行前期研究。

主要研究内容如下：

（1）利用数学模型模拟河口海域在径流、潮汐、风浪等因素作用下的水流运动及多种水环境因子的变化，确定模拟范围内水泵的布置形式及运行曲线。

（2）检验拟采用的水泵在不同含沙量时运行状况、水泵出力衰减率、退潮时水泵的泄量，确定河口模型水泵的选型及设置退水管的数量。

(3)检验现有的控制系统(包括软件)的适应性,提出改进措施。

**(三)技术路线**

(1)采用 Mike 21 模型进行数模计算。

(2)设计制作黄河口概化模型,采购安装拟采用的水泵及控制系统(包括软件)。

(3)按概化的水沙过程放水观测,分析试验结果并提出改进措施。

**(四)预期成果**

(1)提出模拟范围内水泵的布置形式及运行曲线。

(2)提出黄河口实体模型生潮系统水泵类型、安装方式和具体操作的技术报告。

## 四、进口含沙量自动控制技术

**(一)研究的必要性**

模型进口位于黄河利津断面,应按河道径流过程控制模型进口水沙过程。为控制模型进口含沙量,往往采用清浑水两套独立的循环系统,分别控制进入模型的清浑水流量。

现在使用的进口含沙量控制技术和相关设备存在自动化程度低等诸多缺陷,但目前国内外尚无成熟技术和相应产品。针对实际存在的问题,需要进行研究开发,旨在研制精度高、自动化程度好,能够完全满足河口模型试验需求的设备。

**(二)研究内容**

进口含沙量自动控制技术(浑水流量控制技术)研究的重点是利用工业控制技术和浑水配比方案开展以下研究内容:控制策略和控制系统的研究,清浑水流量、含沙量的测量、控制技术综合利用,浑水管路的防沉淀、防堵塞研究等。最终实现进口浑水流量的自动控制,并保证系统的精度与可靠性。

**(三)技术路线**

1. 浑水含沙量检测

采用振动式或超声原理的管道含沙量测试仪(如果需要,进行必要的改进),用于浑水管路含沙量的检测。

2. 清浑水流量检测与控制

清浑水流量检测采用电磁流量计,用电动蝶阀调节控制流量。

3. 模型进口的清水与含沙水的检测与控制

进入模型的清水和浑水流量分别由电磁流量计检测,检测数据反馈给控制微机,微机对控制水泵电机的变频器进行动态调整,保证输送到模型的水流符合给定水沙条件。

4. 管道冲洗

利用电磁阀进行控制,保证系统的可靠性,由操作员通过工控机操作界面控制。

5. 测控软件编制

为实现自动控制功能,采用工控机和组态软件,研制模型进口浑水浓度自动控制系统。

**(四)预期成果**

本专题最终完成高含沙水流动床模型浑水进口控制系统的研究工作,提交成果为适应黄河口模型试验需求的自动化浑水进口控制软件及相关的操作说明、帮助文档和报告等。系统实现根据试验要求的流量、含沙量过程,对进口流量、含沙量实施自动控制(允许人工干预)；根据试验需要的流量、含沙量过程，对进口流量、含沙量实施自动控制；对进入模型的实际清水流量及含沙量过程记录存储，并能动态仿真地显示试验过程；实现与要求值的对比结果和远程通信等功能。

# 第十三章　黄河口模型建设施工组织设计

## 第一节　施工条件

黄河口模型建设项目包括试验厅内模型建设和试验厅外模型配套设施及辅助设施建设,其施工均在黄河口模型试验基地。该基地位于东营市东城区,广利河南岸,基地西、南分别是东二路和南二路,东侧紧邻东营市胜利大街主干道。东距胜利大街 220 m,南距南二路 100 m。该基地交通便利,黄河口模型建设项目的施工具有良好的交通条件。

试验基地原来是东营市苗圃基地,已具备简单的水、电、通信等基础设施。2005 年上半年,进一步完善了道路、水、电、通信等基础设施,为施工建设创造了便利条件。

基地紧靠广利河,排水条件好,雨季不影响施工。基地内拆迁安置工作已基本完成。建筑材料可在东营市附近采购,比较方便。基地面积 1 000 亩,具有广阔的施工场地,施工场地布置不受局限。总之,黄河口模型建设项目具有良好的施工条件。

## 第二节　施工总体布置

黄河口模型建设项目主要集中在黄河口模型试验基地的东部,约占整个基地面积的 1/3。

施工总体布置见图 13-1。

施工总体布置分 5 个区。其中,1 ~ 4 区是施工区,5 区是整个基地施工建设管理机构和民工生活区。

1 区为模型主体工程施工区。试验模型建设在试验厅内,属于室内施工。

2 区为模型配套设施施工区。黄河口模型配套设施建设包括模型沙处理场以及必要的设备修理设施。模型沙处理场地主要由原料沙堆放间、模型沙加工间和成品沙堆放间三部分组成。这三部分集中布置在一起,位置在试验大厅西部。

3 区为模型辅助设施施工建设区。黄河口模型辅助设施建设内容包括科研业务用房、室外辅助设施等。其中,模型室外辅助设施建设内容主要包括配套道路、场地绿化、道路及局部庭院照明、场地低压配电、模型给排水等,分布在 1 ~ 3 区。

4 区为模型实验室外开挖区,其挖出的土用于试验大厅内整体模型建设时模型部分填方用土。开挖后可自然形成室外人工湖,用于观赏和调节局部气候。

4 个施工区相互独立,均有单独的进出料道路、施工材料堆放场地和施工操作场地。施工区相互独立,施工管理相互独立,避免了相互干扰,对施工进度和质量提供了保障。

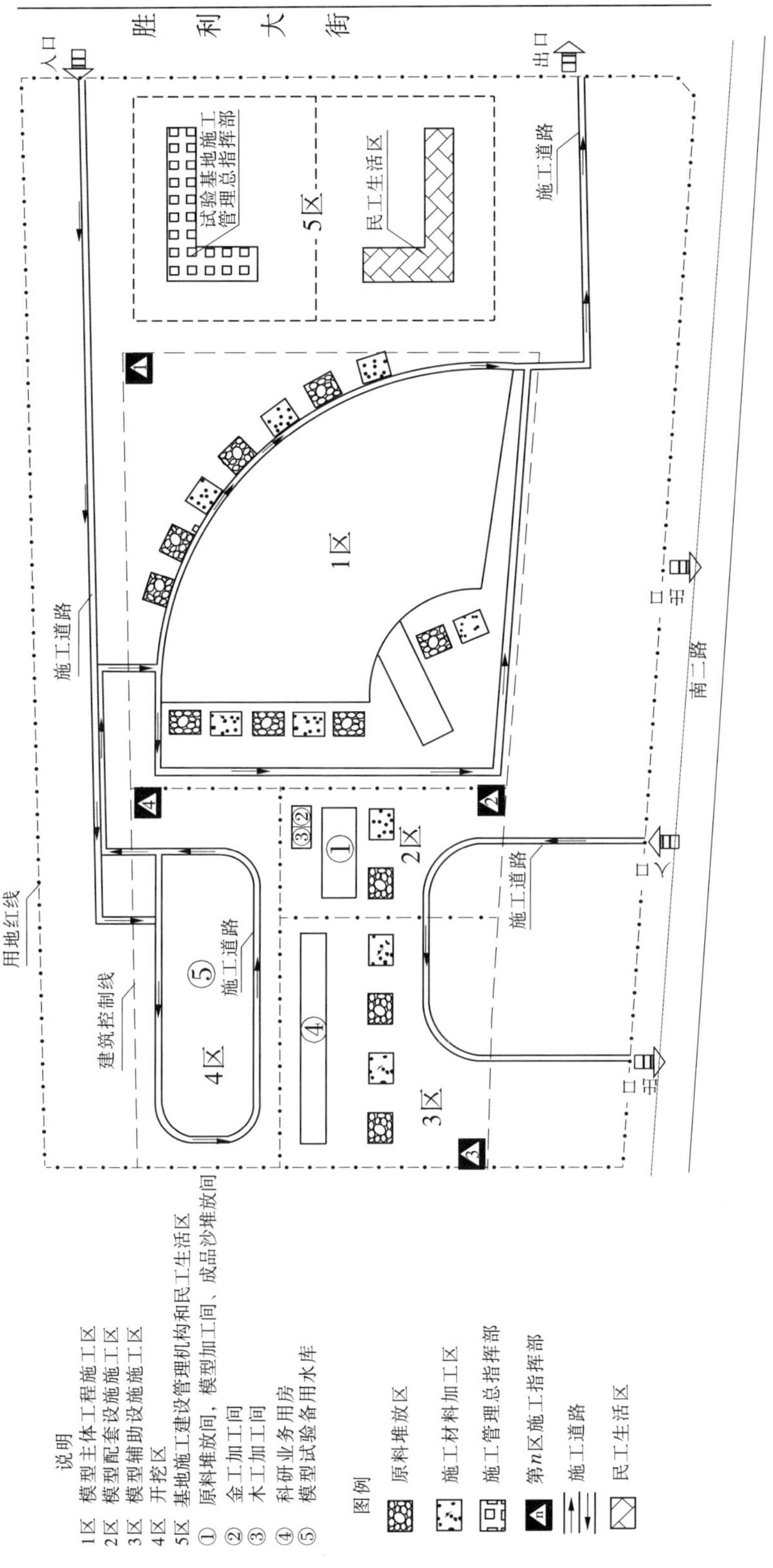
胜利大街
入口
出口
试验基地施工管理总指挥部
5区
民工生活区
施工道路
1区
出口
南二路
入口
2区
①
③②
施工道路
⑤
施工道路
4区
④
3区
出口
用地红线
建筑控制线
施工道路
说明
1区 模型主体工程施工区
2区 模型配套设施施工区
3区 模型辅助设施施工区
4区 开挖区
5区 基地施工建设管理机构和民工生活区
① 原料堆放间，模型加工间、成品沙堆放间
② 金工加工间
③ 木工加工间
④ 科研业务用房
⑤ 模型试验备用水库
图例
原料堆放区
施工材料加工区
施工管理总指挥部
第n区施工指挥部
施工道路
民工生活区

图13-1　施工总体布置

4 个施工区水电由基地管理部门统一管理,并在 4 个施工区设立水电分支系统。基地管理部门负责 4 个施工区的水电管理和保障。

## 第三节　模型主体工程施工

模型主体建设施工区位于 1 区。试验模型建设在试验厅内,属于室内施工。施工设施及材料尽可能安排在试验厅内,便于模型主体工程的施工管理和施工协调。

进出料道路的进口和出口布置在试验大厅的东部,与胜利大街衔接。试验大厅内运料车从东大门进、西大门出。整个运料道路大厅内外形成一个逆时针的环行布置。

施工材料和施工机械沿大厅内周边布设,水电可利用大厅内的水电设施以满足需求。大厅内的模型整体施工采取由中心向周围扩散或由南向北的形势进行。

模型主体建设主要包括河道部分、滨海海域部分、黄河进口供水加沙系统、海域生潮系统、地下水库及回水渠、测桥、数据采集中央控制系统等。

模型主体建设施工是一项专业技术性非常强的工程,它不同于一般的民用建筑施工和常规性工业建筑施工。黄科院在技术和经验上有其独特的专长,具有丰富的建设施工经验,因而施工组织和实施由黄科院负责、黄河河口研究院配合的形式进行。组织一支技术性强的施工队伍,同时联合国内有关专家和技术人员现场指导,严格质量要求,精确调试,以达到相关的技术要求。

## 第四节　模型配套工程施工

模型配套工程施工建设主要集中在 2 区。黄河口模型配套设施建设包括黄河口模型试验控制室、模型沙处理场、室外配套设施。其中,模型沙处理场由原料沙堆放间、模型沙加工间、成品沙堆放间组成;室外辅助设施建设内容主要包括配套道路、场地绿化、道路及局部庭院照明、场地低压配电、模型给排水和大门等。除模型试验控制室布置在试验厅内,需要在 1 区施工外,其余部分主要集中布置在一起,位置在试验大厅西部的 2 区。室外配套设施分布在 1 ~3 区。

模型试验控制室是模型主体工程的重要组成部分,其施工组织和实施应和模型主体工程的施工放在一起考虑。

原料沙堆放间、模型沙加工间、成品沙堆放间,属于一般性建筑物,其施工组织和实施由黄科院总负责,委托河口院具体实施的形式进行。可按相关的规范组织施工单位和工程监理部门落实施工实施。

模型室外配套设施的施工组织和建设实施由黄科院总负责,委托黄河河口研究院按具体实施的形式进行。可按相关的规范组织施工单位和工程监理部门落实施工实施。

进出料道路的进口和出口布置在 2 区和 3 区的南部,与南二路衔接。运料车东进西出。整个运料道路形成一个逆时针的环行布置。2 区和 3 区共用一条运出料道路。

施工材料和施工机械按就近布设的原则布设。2 区施工材料的堆放和施工应严格在划定的区域范围内。

## 第五节　模型辅助工程施工

模型辅助工程施工建设主要集中在3区。黄河口模型辅助设施建设内容包括科研业务用房等。

科研业务用房为三层建筑，结构安全等级为二级，规划设计合理使用年限为50年，建筑抗震设防类别为丙类。上部结构采用多孔黏土砖承重结构，楼板采用预制空心板，基础采用墙下砖条形基础。其施工组织和实施由黄科院总负责，委托黄河河口研究院按具体实施的形式进行。可按相关的规范组织施工单位和工程监理部门落实施工实施。

进出料道路的进口和出口布置在2区和3区的南部，与南二路衔接。运料车东进西出。整个运料道路形成一个逆时针的环行布置。2区和3区共用一条运出料道路。

施工材料和施工机械按就近布设的原则布设。3区施工材料的堆放和施工应严格在划定的区域范围内。

需要说明的是，4区是开挖区，其挖出的土用于试验大厅内整体模型建设时模型部分填方用土。该区功能比较单一，不存在材料堆放，只需挖土机械和运土车辆的出入。出料道路设计为单一的进出环形路线，只在部分区域与1区的道路重合。车辆进入1区后应按1区的道路设计路线行走。

4区的施工组织和实施应和模型主体工程的施工并在一起考虑。科研业务用房的基础是桩基础，可采用局部轻型井点降水；控制室是砖基础，模型沙堆放间采用柱下独立基础，均采用轻型井点降水。

## 第六节　施工进度安排

河口模型建设项目工程施工总工期20个月。其中：

施工准备期1个月。主要有以下准备工作：临时生活区建设，水电设施安装，场地施工道路修建，各分施工区管理指挥部建设等。

总工程施工期18个月。总工程施工包括模型主体工程施工、模型配套工程施工、模型辅助工程施工、室外模型试验备用水库工程施工四大项工程体系建设。上述四大项工程体系建设同步进行，互不干扰。总工程施工期18个月，包含施工招标、土建施工、内部装修、清理场地、设备安装调试等。

竣工验收期1个月。主要有以下工作：资料整理，初步验收及整改，最终验收。

## 第七节　施工管理

由黄科院总体负责，联合黄河河口研究院等相关部门成立河口模型建设项目施工管理总指挥部，负责相关项目的施工建设及管理。按有关的规定、规范和合同要求，对进度、质量、环保等严格管理，制定相关的考核办法和奖惩制度，确保模型主体工程、配套工程和辅助工程的顺利实施。

模型主体工程、配套工程和辅助工程的施工单位，成立相应的项目施工建设指挥部，明确相应的责任和目标。各项目施工建设指挥部与基地施工管理总指挥部签订相应的项目目标责任书，明确不同时期的任务。

制定相应的定期检查和会商制度，及早发现问题和解决问题，建立完整的档案记录，包括检查项目内容、问题情况、整改意见、落实情况等。

## 第八节　施工期对周围环境的影响及管理

施工期没有大量的工业污水和废水排放，施工场区也没有大量的开挖，虽然会产生一些生活废水、噪声和扬尘，但施工区附近没有居民区，与附近的别墅区也相距较远，施工尽量安排在正常的上班时间，中午和晚上一般不安排施工。因此，只要制定相应的管理措施，对周围环境的影响很小。

建立相应的措施，民工生活污水不直接排入河道，在施工生活区建立生活污水处理系统，对生活污水进行处理后达标排放。对施工区的废水和生活垃圾统一管理和处置。

料场和施工道路要定期洒水，防止扬尘。运料车辆加强管理和防护，实行限速行驶，避免漏撒。

工程完工后，要及时植树植草，尽快恢复绿地，保护周边环境。

# 第二编　黄河口模型试验厅工程施工

## 第十四章　黄河口模型试验厅编制说明与编制依据

### 一、编制说明

黄河口物理模型建设——模型试验厅项目是由山东黄河河务局黄河河口管理局投资建设的，为水利科学试验建筑，建成后主要用于黄河水利模型试验。钢结构工程是本工程的主要施工内容，为本施工组织设计编制范围。根据本施工组织设计组织、指导现场施工。

### 二、编制依据

《钢结构设计规范》（GB 50017—2003）
《建筑结构荷载规范》（GB 50009—2001）
《建筑抗震设计规范》（GB 50011—2001）
《碳素结构钢》（GB/T 700—2006）
《低合金高强度结构钢》（GB/T 1591—2008）
《优质碳素结构钢》（GB 699—1999）
《合金结构钢技术条件》（GB 3077—88）
《金属材料室温拉伸试验方法》（GB 228—2002）
《钢结构工程施工质量验收规范》（GB 50205—2001）
《冷弯薄壁型钢结构技术规范》（GB 50018—2002）
《钢网架螺栓球节点用高强度螺栓》（GB/T 16939—1997）
《建筑工程施工质量验收统一标准》（GB 50300—2001）
《建筑防腐蚀工程施工及验收规范》（GB 50212—2002）
《钢焊缝手工超声波探伤方法和探伤结果分级》（GB 11345—89）
《涂装前钢材表面锈蚀等级和除锈等级》（GB 8923—88）
《建设工程施工现场供用电安全规范》（GB 50194—93）

《建筑工程项目管理规范》(GB/T 50326—2006)
《工程测量规范》(GBJ 50026—93)
《网壳结构技术规程》(JGJ 61—2003)
《网架结构设计与施工规范》(JGJ 7—91)
《建筑钢结构焊接技术规程》(JGJ 81—2002)
《建筑工程文件归档整理规范》(GB/T 50328—2001)
《预应力钢结构技术规程》(CECS 212:2006)
《山东省建筑工程施工技术资料编制示例》(2006 年出版)
《钢结构工程施工工艺标准》(ZJQ 00—SG—005—2003)
《钢网架焊接球节点》(JG 11—1999)
《钢网架螺栓球节点》(JG 10—1999)
《网架结构工程质量检验评定标准》(JGJ 78—91)
《建筑施工安全检查标准》(JGJ 59—99)
《建筑施工高处作业安全技术规程》(JGJ 80—91)
《建筑机械使用安全技术规程》(JGJ 33—2001)
《施工现场临时用电安全技术规程》(JGJ 46—2005)
《黄河口模型试验厅施工图》(结施 01—91)
《黄河口模型试验厅工程承包合同》
《施工现场环境控制规程》(中建总公司编著)
中国建筑第六工程局工程质量管理办法(试行)
中国建筑第六工程局项目安全管理办法(试行)
项目施工策划大纲

# 第十五章　黄河口模型试验厅工程概况

## 第一节　工程简介

工程名称：黄河口物理模型建设——黄河口模型试验厅项目。

工程地点：山东省东营市胜利大街。

建设单位：山东黄河河务局黄河河口管理局。

设计单位：黄河勘测规划设计有限公司，龙安泛华建筑工程顾问有限公司。

施工单位：中国建筑第六工程局。

结构类型：预应力张弦网架、焊接球节点网架及部分螺栓球节点网架。

建筑规模：总建筑面积 45 333 $m^2$。

工程内容：黄河口模型试验厅工程由海域 A 厅、海域 B 厅及河道厅三部分组成。海域厅结构总平面投影呈 1/4 环式扇形（部分圆环），外圆弧半径 232 m，内圆弧半径 84 m，跨度 148 m，圆心角为 98°，结构断面为多向拱顶形状，靠近河道厅一侧较高。结构平面示意图如图 15-1 所示。

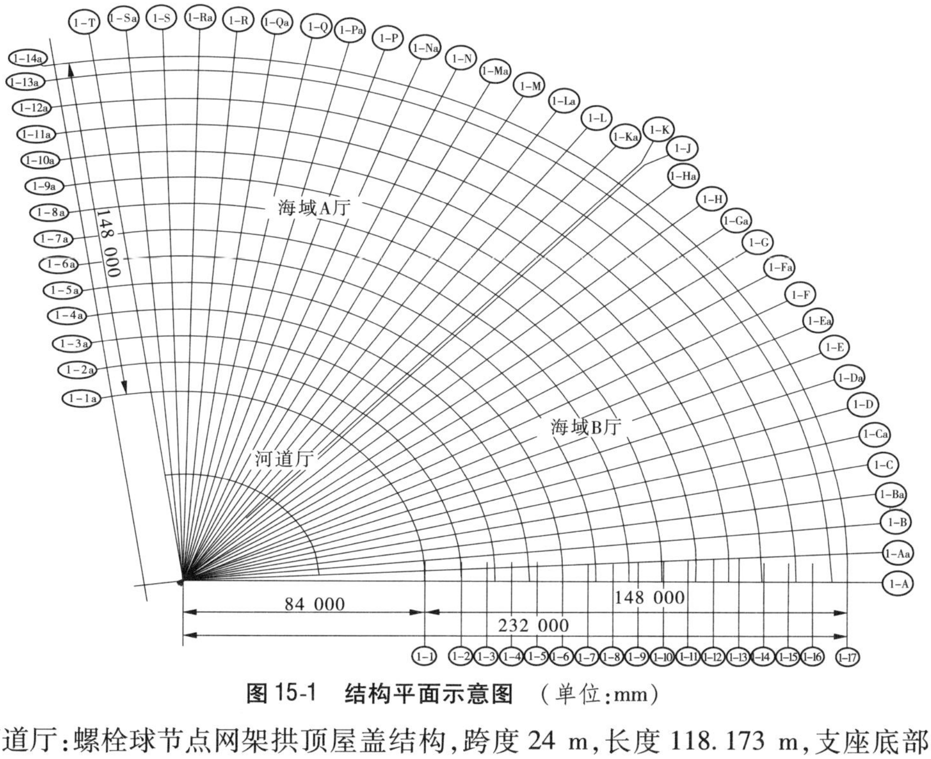


**图 15-1　结构平面示意图**　（单位：mm）

河道厅：螺栓球节点网架拱顶屋盖结构，跨度 24 m，长度 118. 173 m，支座底部标高

7.6 m,网架主体工程量约为 60 t。河道厅剖面示意图如图 15-2 所示。

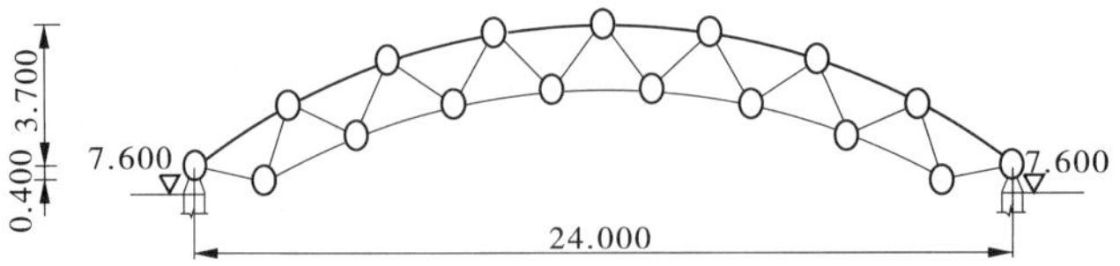


图 15-2　河道厅剖面示意图　（单位:m）

海域 A 厅:屋盖采用焊接球节点网架,整体三层、局部五层结构;内、外弧及山墙围护结构采用螺栓球节点网架;该区主体网架结构工程量约为 1 200 t。海域 A 厅剖面示意图如图 15-3 所示。

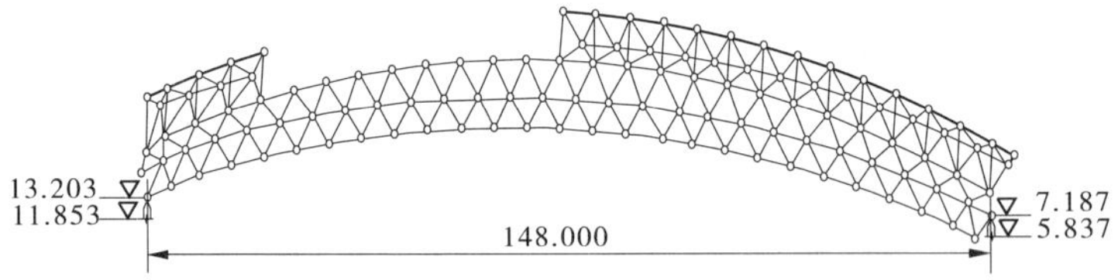


图 15-3　海域 A 厅剖面示意图　（单位:m）

海域 B 厅:屋盖采用焊接球节点张弦网架,由九榀径向主桁架及环向次桁架组成,其中一榀安装在 1—A 轴钢筋混凝土柱上,其余八榀为张弦结构,桁架两端分别安装在万向弹性铰支座上,张拉钢索采用 $\phi7$ mm×337 mm 挤包双保护层扭铰型钢索,天窗为螺栓球节点网架;该区主体网架结构工程量约为 1 600 t。张弦网架径向剖面示意图如图 15-4 所示。

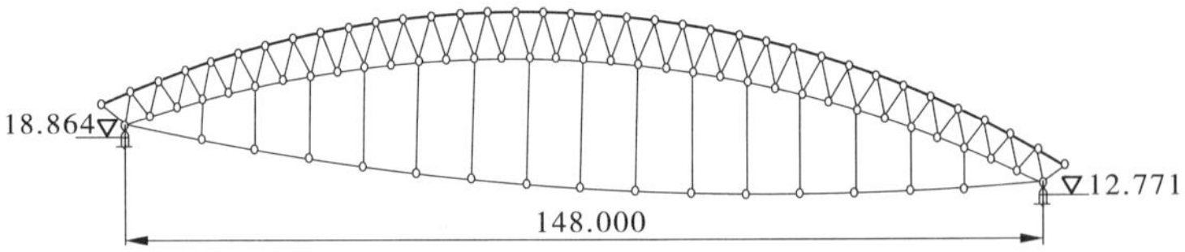


图 15-4　张弦网架径向剖面示意图　（单位:m）

# 第二节　设计概况及施工要求

## 一、设计概况

(1)建筑层数为一层,建筑最高处 32.50 m;一类建筑,网架及张弦桁架结构,抗震设防强度为 7 度,耐火等级为二级;海域厅屋面结构安全等级为一级,其余结构安全等级为二级;建筑物耐久年限 50 年。

(2)设计荷载取值(标准值)。

恒载:屋面 0.20 kN/m$^2$;屋面下弦悬挂荷载:河道厅 0.20 kN/m$^2$;海域厅 0.10 kN/m$^2$。

活荷载:屋面 0.30 kN/m$^2$。

温度荷载:±25°。

风荷载:基本风压 0.45 kN/m$^2$;地面粗糙度:B 类;风振系数:1.6。

## 二、施工顺序要求

### (一)海域A厅网架施工过程

第一步,所有支座均处于双向滑动状态,进行网架拼装,此时网架处于自由滑动状态,结构仅受构件自重作用。

第二步,拼装完成后,将支座固定,不允许其滑动,仅允许其转动。然后安装屋面檩条及屋面板、下弦吊挂。此时结构承受杆件自重和附加恒载的同时作用。

第三步,进入实用状态。此时结构可承受活荷载、风荷载、温度荷载、地震荷载等荷载作用。

### (二)海域B厅张弦网架张拉施工过程

第一步,所有支座均处于双向滑动状态。张弦梁主桁架和次桁架安装成形,然后施加预应力双向张拉成形,此过程中结构仅受构件自重作用。

第二步,将低端支座焊死,不允许其滑动,仅允许其转动。将1—A轴柱(除角柱外)支座环向固定,径向滑动,1—A轴角柱双向滑动,然后安装天窗架、屋面檩条、下弦吊挂及屋面板等恒载,天窗架支座应在天窗恒载全部上完后焊死。

第三步,进入正常使用状态。此时结构可承受活荷载、风荷载、温度荷载、地震荷载等荷载作用。

### (三)张弦网架张拉荷载

从1—A轴一侧开始,将各根索依次编号,直至1—J轴的8号索。各索的初始张拉力分别为:3 150 kN、2 800 kN、2 600 kN、2 550 kN、2 550 kN、2 500 kN、2 500 kN、2 450 kN。

### (四)张弦网架张拉变形

张拉过程中,低端支座滑动量平均约为70 mm(跨内)。

主桁架在张拉脱架时的向上挠度约为:25 mm(1～2号索)、40 mm(3～4号索)、50 mm(5～8号索)。

### (五)万向弹簧支座的弹簧刚度设计值

万向弹簧支座的弹簧刚度设计值要求为5 000 kN/m。

## 三、材料

钢管:有32种规格,最大直径为480 mm。

钢球:海域B厅有42种规格,海域A厅有35种规格,最大直径1 200 mm(不含支座节点直径为1 360 mm的钢球),总数量为4 496个。

(1)海域B厅屋盖张弦网架Φ480与Φ299钢管采用Q345b无缝钢管,其余钢管采用Q235b高频焊管或无缝钢管。

(2)海域B厅屋盖主桁架(径向)节点焊接空心球材料采用Q345b级钢,其余采用Q235b级钢。

(3)所有材料应有化学成分及机械性能检测报告,进场后必须进行复验并提供报告,方可使用。

(4)海域B厅屋盖张弦网架Φ480钢管内需灌注C30混凝土,以增加屋盖的自重。灌注在地面进行,灌注完成后再与球节点焊接。

## 第三节　工程特点、难点及施工对策

### 一、工程特点、难点

(1)结构跨度大:本工程屋面结构为钢结构,由海域厅A、B两部分组成,形成一个钢构空间整体受力体系,整个屋面造型独特。其中海域B厅张弦网架跨度148 m,如此跨度的空间张弦网架结构在国内实属首例。由于跨度大、质量大、结构尺寸细长,决定了该区构件在组装和拼装过程中钢度小、稳定性差,吊装阶段要对吊点反力、挠度、杆件内力等进行验算,必要时须采取加固措施。因此,保证吊装过程中构件几何不变形,是本工程的重点。

(2)质量要求高:按施工单位要求,结构安装争取"国家科技进步奖",整体工程要确保"泰山杯",并争创"鲁班奖"。

(3)预应力施工困难:本工程海域B厅屋盖结构需全部预应力拉索后才形成整体稳定空间结构;锚固端位于桁架下弦端部,在初始应力状态下难以确定张拉控制应力,张拉后又有桁架的变形引起拉索预应力损失的不确定因素;施工时需在空中穿索、张拉,检测、调试复杂。预应力施工为本工程难点中的重点。

(4)焊接质量及工艺要求高:焊接球焊缝及焊接球节点网架所有杆件焊缝均为一级焊缝;同时应选择合理的焊接工艺顺序并采取有效措施,减小焊接变形及焊接应力。

(5)测量精度要求高:结构跨度大,构件截面多变,存在着杆件变形不确定因素,因此必须保证测量精度,以确保各杆件能准确就位。

(6)施工现场地况恶劣:地处海滩淤泥沉降地段,土质松软,不利于施工。

### 二、工程施工对策

(1)结构跨度对策:选择合理的安装方案,优化施工工序;准备好现场分段散拼场地。

(2)质量要求对策:组织素质较高的施工及管理人员,建立、健全质量管理制度,对工程质量进行全过程控制。严格执行国家现行相关质量、安全规范。

(3)预应力张拉施工对策:精心编制预应力张拉专项施工方案,配备高科技的检测设备,由国内具备先进经验的专业施工队伍负责本工程的张拉、检测及调试。

(4)焊接质量控制对策:针对本工程的焊接形式,进行焊接工艺评定,编制焊接作业指导书。对进场焊工进行二次验证。对焊接过程进行全程跟踪和连续监控,确保焊接质量。

(5)测量精度控制对策:编制测量专项方案,采用全站仪对节点进行定位。对每一定位点进行二次测量。

(6)地质状况对策:有针对性地硬化地基基础,合理设置降水、排水网络,特别是支撑脚手架等承重结构的地基处理,拟定在临时脚手架搭设处及现场道路铺设石子以达到施工现场要求,保证施工环境的安全有效。

# 第十六章　施工部署

## 第一节　指导思想

根据工程的规模和特点，为保证进度和质量，向业主提交一份满意的答卷，在中国建筑工程第六工程局有限公司（简称中建六局）承包本工程施工中，为发挥中建六局总体集团优势，开拓建筑市场，结合本工程特点，建造出国内一流的优质工程，其指导思想为：

（1）要充分发挥中建六局的总承包能力和施工技术与管理水平的优势，应用先进的施工科技成果，严格按照 GB/T 19001—2000 和 ISO9001：2000 标准进行全面的施工和管理，再次创出一流的质量、一流的工期、一流的管理水平和一流的社会效益，为业主建造出优质低价的建筑产品，进一步提高企业占领市场的能力。

（2）组织精干高效的项目经理部，选派过硬的施工队伍进驻现场，全面组织、指挥、协调工程施工，对工程质量、安全、进度全面负责，对业主负责。

（3）发挥中建六局知识密集的优势，动员科技人员和广大职工，解放思想，积极推广应用先进的施工新工艺、新材料、新技术，提出合理化建议。

## 第二节　施工管理目标

（1）质量目标：一次交验质量合格率 100%，分项工程质量合格率 100%，获得“泰山杯”，争创“鲁班奖”；杜绝质量通病和功能隐患，实现业主满意工程和放心工程。

（2）工期目标：保证业主要求的工期，2006 年 11 月 16 日开工，2007 年 8 月 30 日竣工。

（3）职业健康安全目标：无伤亡，无可记录事件，文明施工达标率 100%，安全教育率 100%，营造健康、安全、文明的施工环境。

（4）文明施工和环境保护目标：严格按照山东省有关建筑施工的各项管理规定执行，加强施工组织和现场安全文明施工管理，克服不利条件，使本工程成为中建六局“CI 形象示范工程”和山东地区“文明工地”。

（5）培训和教育目标：实现百分百的安全培训教育，不仅包括管理层的培训教育，而且包括施工作业层的培训教育，使全体员工树立牢固的质量意识，安全意识，环境保护和文明施工意识，成品保护意识，为业主服务意识以及相互合作、相互协调意识，强化施工管理和工程技术水平。

（6）成本管理目标：合理安排资源，提高工作效率，以低成本、高质量完成本工程的施工任务，达到低耗高效，为业主节省投资。

（7）资料管理目标：确保工程技术资料从项目开始至结束与工程建设同步，并做到完整、准确，满足业主的需要，满足档案馆的归档要求。

（8）服务目标：本着认真、主动、负责的态度，为业主提供最优质、最细致、最方便的服务。

（9）团结合作目标：积极、主动、高效地为业主服务，急业主之所急，想业主之所想，处理好与业主、监理、设计以及相关政府部门的关系，使工程各方形成一个团结、协作、高效、和谐与健康的有机整体，形成合力，共同促进项目综合目标的实现。

## 第三节　现场组织机构及职责

### 一、组织机构

组织机构见图 16-1。

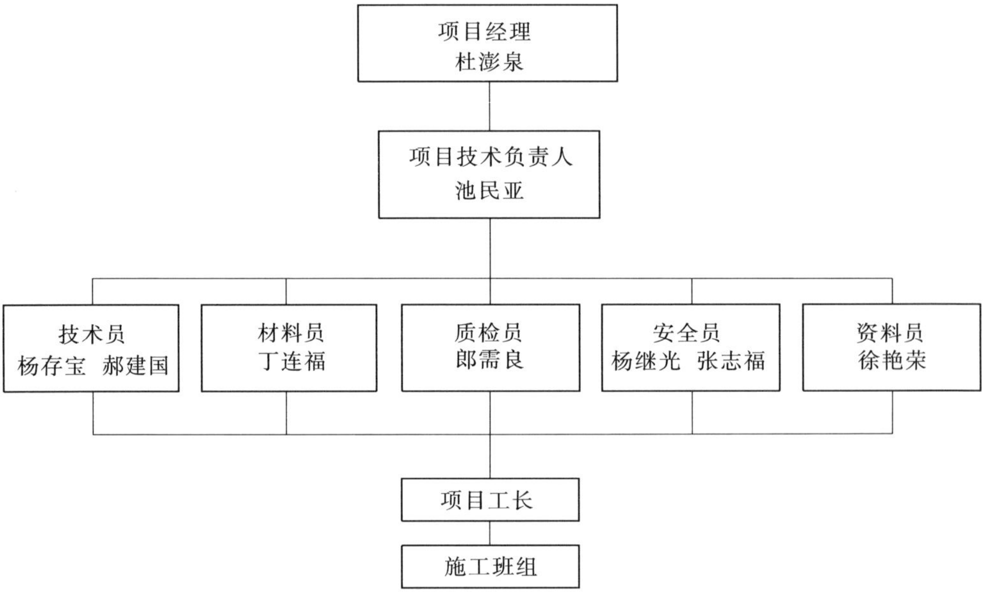


图 16-1　组织机构

### 二、岗位职责

**（一）项目经理的职责**

（1）遵守有关法律、法规，执行技术标准、规范和规程。

（2）遵守企业各项管理制度，维护企业合法权益，保守企业秘密。

（3）项目经理是企业授权管理工程项目的第一责任人，承担企业授权范围内的经理部对内及对外的各项管理与协调职责。

（4）履行企业与业主签订的工程承包合同中所规定的各项义务。

（5）负责经理部项目管理体系与项目管理职责的分配与责任制的落实。

（6）负责项目施工生产与业务管理的全面工作，督促经理部各分管领导共同完成。

(7)协调好各方面的关系,组织好项目生产调度会、项目经济活动会等关键性会议。

(8)对外包工程的进度、质量、安全、成本和场容等进行监督管理、考核验收,对此全面负责。

(9)接受企业的监督和考核,严格财经制度,加强财务、预算管理,推行项目内部目标责任制。

**(二)项目主任工程师(技术负责人)岗位职责**

(1)负责组织图纸会审,编制施工组织设计和项目质量保证计划并认真组织落实。做好技术交底,对特殊过程或关键工序亲自组织技术交底并组织人员连续监控与验证。

(2)检查督促施工人员按照设计图纸、技术标准、施工组织设计、项目质量保证计划、作业指导书等有关技术措施进行施工。

(3)负责办理工程设计修改和设计变更核定手续,并处理施工中出现的技术问题,参加工程的竣工验收并作好记录;具体组织质量例会,对不合格品及时采取措施纠正;组织工程技术档案资料的收集、审理、整理、保管工作,在工程竣工时汇总。

(4)完成新技术、新工艺、新材料在本项目中的推广应用,及时总结上报。

**(三)各专业工长岗位职责**

(1)参加工程项目的图纸会审,并参与施工组织设计和施工方案的制订,熟悉图纸和设计要求。

(2)组织指挥各专业班组按施工进度计划、图纸要求和设计要求进行施工,对每一分项分部工程完工组织班组组长进行自检,对不符合施工规范和验收标准的进行返工,直到合格为止,下道工序的施工必须在上道工序验收合格后才能进行。

(3)施工前必须会同安全员搞好安全教育技术交底工作,对违规作业、野蛮作业坚决制止,抓好安全生产、文明施工。

(4)组织设备操作人员、维修人员,管理好各种设备,使设备处于良好状态,做好周转材料的充分利用。

(5)对有腐蚀的化学物品要采取特殊的保管措施,以降低污染源。

**(四)技术员岗位职责**

(1)参加项目工程的图纸会审,参与经理部组织的针对本项目编制的施工组织设计和项目质量保证计划,并认真组织落实。

(2)负责办理本项目的工程设计修改和技术变更核定手续,并处理施工中出现的一般技术问题。

(3)参加本项目工程的竣工验收并作好记录;具体组织质量例会,对不合格品及时采取措施纠正;按时执行经理部、公司制定的纠正和预防措施。

(4)负责工程技术档案的收集、审核、整理、保管工作,在工程竣工时汇总上报经理部。

**(五)质检员岗位职责**

(1)坚决制止违章指挥和违章作业,遇施工质量问题要果断处理,并报主任工程师。隐瞒不报或未发现施工过程中的质量问题,发生质量事故本人负失职责任。

(2)参加每周一次的文明施工综合检查和不定期质量检查,以及质量联查,做好检查中的具体实测实量,作好检查记录,保证检查记录有检查部位、整改措施、整改人和整改时间,做好资料消项,反馈到位。

(3)严格贯彻执行工程施工及验收规范、工程质量检验评定标准、质量管理制度,按质量管理工作计划进行总结评比,达到严格检查标准,严格管理,使工程质量得到稳步提高。

(4)参加QC小组整理、发表成果资料工作,推广先进经验,总结好方法,以利于扩大成果、提高水平。

(5)根据质量管理目标,制订项目创"鲁班奖"质量工作计划和检查措施,组织质检人员学习和贯彻执行质量管理目标、规程、标准和上级质量管理制度。督促质检人员严格按规范、标准和施工图进行检查,及时核定分部分项工程质量等级。

(6)安排检查部位,贯彻实施"三检制",不发生漏检,严把工序质量关,认真按质量管理规定和检验程序对工程进行检查,不合格不准进行下道工序施工,用工序质量来保证分项工程质量。

(7)参加分部分项工程的质量等级核定,对负责检查的分部分项工程质量等级负责。做到验收前自检不合格不请甲方检验、签字。

(8)参加隐蔽工程的核查验收,做到不合格的不在隐藏资料记录后补填。作好各工号的会签、检查、记录,发生问题及时解决,并如实报告。发现违章指挥、违章操作,必须立即制止并予以纠正。

(9)实施工程质量预控,对工程可能出现的质量通病,及时提醒工长或项目经理,以便采取纠正和预防措施。

(10)出现事故和质量不合格的工程,要查清原因,掌握第一手资料,并及时通报工长,向项目经理和技术负责人汇报,督促有关部门和人员及时提出问题纠正和预防措施。

(11)负责填写各类质量验评表和月度质量报表,做好全面质量管理原始资料的记录、收集、整理、归档,做到资料真实、完整,该归档的妥善保存,及时送交有关部门。资料中无非法定计量单位,真实填写每日质量工作日报。

(12)对用于工程上的原材料、半成品等,协助物资部门按有关技术标准进行监督检查;对需要试验的物资,督促材料人员按时取样送样,把好原材料质量关。

(13)经常深入项目、班组指导检查有关人员的工艺执行情况、原始记录及检验凭证的填写情况,并及时处理检验工作中的问题,参加质量分析会和不合格工作的处理。

(14)做好质量保证资料的汇集、整理工作;核定施工员转交的原始记录;及时将已完成的所有资料报技术负责人审核,并对上报资料的准确性及完整性负责。在技术负责人的指导下负责资料的整理工作。

(15)参加竣工、交工验收工作,并做好质量信息的反馈工作。

**(六)安全员岗位职责**

(1)负责督促施工员分别按分部分项工程、分工种进行书面安全技术交底,并检查执行情况,作好记录。

(2)经常巡视施工现场,对各种防护设施进行随时随地的检查,发现违章指挥和冒险作业者,除教育外,还应按有关安全奖罚条例进行处罚。遇有重大事故隐患或险情时有权责令暂停施工,并立即汇报项目经理或经理部工程科,及时处理。隐患排除后,方允许施工。

(3)检查督促施工现场从事特殊工种的人员是否做到持证上岗。如发现无证操作者,有权责令停机、制止操作,并进行必要的处罚,限期改正。

(4)协助安全工程师进行安全生产教育,做好“三级教育”(入厂教育、现场教育、岗位教育)及特殊工种的专门教育。展开多种形式的安全宣传教育,使全体职工牢固树立“预防为主,安全第一”的思想,共同遵章守法,把安全事故频率降到最低点。

(5)检查督促合理使用劳保用品,严格把好防护用品、安全设施质量验收关,对不符合质量要求的严禁使用。

(6)发生工伤事故后,除保护好事故现场外,迅速将事故简况报告项目经理,协助领导严格按照“四不放过”(事故没有分析清不放过、本人和群众没有受到教育不放过、没有定出防范措施不放过、对主要负责人及责任领导没有处理意见不放过)的原则进行追查处理。

(7)认真积累安全活动记录,上报有关安全报表和安全资料,定期进行安全统计分析。

**(七)材料员岗位职责**

(1)协助项目经理做好新开工工程现场平面布置、修通道路、平整夯实物资堆放场地,建好必要的料具库,确保开工前按计划需要的材料顺利进场,负责原材料进场后及时取样,并送检。

(2)根据施工进度计划(年、季、日)编制材料需用量计划,构件采购、加工计划,周转料具需用量计划等,并负责协助主管经理办理有关手续(签订合同),直至物资进入现场。

(3)对于进场的物资(包括业主提供的物资),认真执行《物资采购及管理》程序和《项目管理程序》的有关规定,把好物资进场关。

(4)随时掌握工程进度所需的各种材料,如有变化或由于建设单位的设计变更、材料代用等,及时调整供应计划,并报告项目经理并向建设单位申请索赔事宜。

(5)搞好现场材料管理的文明施工,负责检查监督回收散失材料、工具、残次料,组织开展修旧利废工作,对不能利用的包装品、废旧物资及时清理。

(6)负责建立项目工程材料预算、变更签证、节约计划的完成、消耗、竣工决算对比等工程资料档案,收集汇总各类单据、卡账报表,并整理归档,确保资料齐全。

## 第四节　施工部署

### 一、工段划分

由于本工程施工难点多、施工工期紧、施工量大、结构复杂、技术要求高以及周转材料投入量大,因此在组织施工时,将该工程根据其难点、特点划分为海域A厅、海域B厅、河道厅三个区段同时组织施工,并分别详细制订具体方案。

### 二、方案概述

(1)海域A厅、河道厅采用脚手架滚动搭拆的方法进行高空散装施工。

(2)海域 B 厅采用主桁架地面分段散拼,利用脚手架作为临时支撑,高空分段整拼的方法施工,分组进行结构吊装、施焊就位后,再进行钢索的张拉及拆撑。

## 三、组织与协调

对施工所涉及的各单位及相关人员都要做好沟通协调工作,项目经理对业主做好商务及工程服务工作,技术负责人主要针对设计做好图纸中的各项变更及施工中技术难点的解决工作,质检员要积极配合监理搞好各分项工程验收及施工中的质量控制工作,项目部还要有专人负责外部的协调工作。

# 第十七章　施工准备

## 第一节　组织准备

### 一、组建项目经理部

工程是否能顺利实施和工程质量好坏取决于工程施工的组织和管理。项目经理部作为工程局对工程管理的全权代表,具有完全的决策权和管理权。为此,我们将在整个钢结构公司范围内抽调最优秀的管理人员组成项目部,对本工程实施全面管理。

### 二、劳动力资源配置

根据工程特点,用于本工程钢结构网架的技术工种主要包括铆工、焊工、起重工、电工、油漆工、架子工等。其中,电工、焊工、起重工、架子工等特殊工种必须持证上岗。劳动力的进场应根据不同的施工阶段对技术工种的需求进行适当的调配。劳动力计划见表17-1。

**表17-1　劳动力计划**　（单位:人）

| 工种 | 第一月 | 第二月 | 第三月 | 第四月 | 第五月 | 第六月 | 第七月 |
|---|---|---|---|---|---|---|---|
| 铆工 | 60 | 80 | 80 | 100 | 100 | 100 | 80 |
| 电焊工 | 30 | 50 | 50 | 50 | 50 | 45 | 32 |
| 汽焊工 | 8 | 12 | 16 | 16 | 12 | 12 | 8 |
| 电工 | 4 | 8 | 8 | 8 | 8 | 8 | 4 |
| 油漆工 | 24 | 32 | 32 | 32 | 32 | 24 | 16 |
| 起重工 | 2 | 6 | 12 | 12 | 12 | 12 | 8 |
| 架子工 | 12 | 24 | 24 | 16 | 16 | 16 | 12 |
| 安装工 | 0 | 0 | 0 | 0 | 16 | 28 | 24 |
| 杂工 | 8 | 8 | 8 | 8 | 8 | 8 | 8 |
| 管理人员 | 8 | 8 | 8 | 8 | 8 | 8 | 8 |
| 合计 | 156 | 228 | 238 | 250 | 262 | 261 | 200 |

注:本计划表以每班八小时工作制为基础编制。

## 第二节　技术准备

(1)开工前应组织有关人员对工程所处位置的地形地貌进行勘察,对气象、水文地质情况,场地的水源、电源、排水流向进行了解,要认真仔细周详地布置施工总平面图。

(2)熟悉合同文件是保证合同条款的实施、保证工程质量、协调合同双方关系、工程顺利完成的关键。因此,组成项目部后,即对全体项目部人员进行合同交底。

(3)在施工前应配备一套在本工程中使用到的施工验收标准、规范,组织项目技术人员认真学习施工及验收规范,保证施工的安全和优质。

(4)图纸会审。组织技术人员认真熟悉施工图纸,作好图纸自审记录,并同有关部门进行图纸会审。

(5)认真编制施工组织设计及项目质量计划,按照中建六局颁布的质量方针和质量目标做到精心组织、精心施工,创造一流的产品,并与业主协调好关系。做到保质守约,用户满意。

(6)组织技术交底。从项目部到各专业施工班组,要以书面形式作好记录,施工班组必须在接受技术交底并领会设计意图后才能施工。

(7)根据施工图纸、施工方案计算各分项工程实物量及原材料需用量,提供资源需用量、工程所需设备以及施工机械。

## 第三节　现场准备

(1)检查控制点、水准点,确定标高。

(2)现场按照施工要求布置施工机具和水、电线路,设临时办公室及门卫、部分生活设施,并与业主协同办理各项临建、消防等有关手续。

## 第四节　物资准备

### 一、材料准备

根据施工预算的工料分析以及施工图纸,编制详细的材料需用计划,由项目部根据用料计划备料,按中建六局制订的《物资采购及管理》程序文件中的要求,做好各种材料的申请、订货、采购、运输、检验、标识、储存及保管等工作。

根据程序文件中的要求,对所需采购的各类物资必须选择好物资合格供方,报工程管理部材料科备案,并接受其检查和监督。

所有用于本工程的钢材、焊接材料、油漆及五金电料等材料,均应具备原始材料质量证明书或检验报告。

## 二、计量、试验、检测准备

根据工程特点及中建六局制订的《检验、测量和试验设备管理》程序，由上级主管部门负责提供型号适用及准确度经过校准合格的检验、测量和试验设备，以满足工程需要。本工程所需的施工检验、测量和试验设备见表17-2。

表17-2 本工程所需的施工检验、测量和试验设备

| 序号 | 名称 | 规格型号 | 数量 | 测量范围 | 精度等级 |
|---|---|---|---|---|---|
| 1 | 全站仪 | | 1 | | |
| 2 | 超声波探伤仪 | | 1 | | |
| 3 | 水准仪 | TC3 | 2 | | |
| 4 | 经纬仪 | T60Ⅲ-Ⅰ型 | 3 | | |
| 5 | 涂层测厚仪 | QUC2000 | 1 | 0～2 000 μm | 1.0 μm |
| 6 | 万用表 | | 2 | | |
| 7 | 兆欧表 | | 2 | | |
| 8 | 焊缝检测尺 | | 4 | | 2.5级 |
| 9 | 盘尺 | 50 m | 4 | 0～50 m | 1 mm |

## 三、施工机具准备

为发挥整体调配、资源互补优势，周密部署，积极做好各种垂直与水平运输机械和大型吊装机械及各种周转材料、工具的调配工作，对所有施工机具都必须在开工之前进行检查和试运转，同时按程序文件中的规定进行标识。在施工过程中，项目经理部机械管理员应随设备状态的变化及时标识。

拟投入本工程的主要施工机具设备见表17-3。

表17-3 拟投入本工程的主要施工机具设备

| 序号 | 机具或设备名称 | 型号规格 | 数量 | 产地 | 制造年份 | 用于施工部位 | 备注 |
|---|---|---|---|---|---|---|---|
| 1 | 履带吊 | 150 t | 1 | 北京 | 2004 | 吊装 | 租赁 |
| 2 | 履带吊 | 80 t | 2 | 北京 | 2002 | 上料 | 自有 |
| 3 | 汽轮吊 | 25 t | 1 | 上海 | 2002 | 预制 | 自有 |
| 4 | 汽轮吊 | 16 t | 2 | 徐州 | 2001 | 预制 | 自有 |
| 5 | 半挂车 | 10 m | 2 | 湖北 | 2003 | 运输 | 自有 |
| 6 | 管道切割机 | CG1-30 | 2 | 天津 | 2004 | 下料 | 自有 |
| 7 | 车床 | ZW25 | 2 | 天津 | 2003 | 下料 | 自有 |

续表 17-3

| 序号 | 机具或设备名称 | 型号规格 | 数量 | 产地 | 制造年份 | 用于施工部位 | 备注 |
| --- | --- | --- | --- | --- | --- | --- | --- |
| 8 | 剪板机 | Qy-20 × 4000 | 1 | 上海 | 2001 | 下料 | 自有 |
| 9 | 无齿锯 | $\phi$500 | 2 | 北京 | 2000 | 下料 | 自有 |
| 10 | 数控钻床 | SWZ1000 | 1 | 上海 | 2004 | 制孔 | 自有 |
| 11 | 端面铣床 | DX1215 | 1 | 无锡 | 2002 | 端面铣 | 自有 |
| 12 | 交流电焊机 | BX1-500A | 54 | 北京 | 2001 | 焊接 | 自有 |
| 13 | 角向磨光机 | $\phi$100 | 40 | 天津 | 2003 | 打磨 | 自有 |
| 14 | 高温烘箱 | 0 ~ 500 ℃ | 1 | 北京 | 2004 | 烘干 | 自有 |
| 15 | 保温箱 | 150 ℃ | 2 | 北京 | 2004 | 保温 | 自有 |
| 16 | 倒链 | 3 ~ 5 t | 16 | 天津 | 2001 | 矫正 | 自有 |
| 17 | 千斤顶 | 32 t | 36 | 天津 | 2003 | 矫正 | 自有 |
| 18 | 卷扬机 | 3 t | 4 | 唐山 | 2002 | 滑移 | 自有 |
| 19 | 扭矩扳手 | | 4 | 天津 | 2006 | 紧固 | 自有 |
| 20 | 通过式喷丸机 | Q698 | 1 | 河北 | 2006 | 除锈 | 自有 |

### 四、主要周转材料的供应

主要周转材料的供应见表 17-4。

表 17-4　主要周转材料的供应

| 序号 | 名称 | 规格 | 单位 | 数量 |
| --- | --- | --- | --- | --- |
| 1 | 5 cm 厚跳板 | 200 mm × 4 000 mm | $m^2$ | 5 000 |
| 2 | 普通脚手钢管 | 48 mm × 3. 5 mm | t | 1 200 |
| 3 | 普通脚手扣件 | — | 万只 | 25 |
| 4 | 木方 | 300 mm × 200 mm | $m^3$ | 50 |
| 5 | 大眼水平兜网 | 100 mm | $m^2$ | 2 000 |

## 第五节　入场前的各项教育工作

(1)进入现场的所有人员,在入场前必须按 GB/T 19001—2000 和 ISO9001:2000 标准中的有关要求进行技术、质量、安全、计划、机械设备、现场文明施工等一系列管理制度的教育,并养成良好的施工作风。同时认真贯彻实施 GB/T 24001—1996、ISO14001:1996

环境管理体系规范和GB/T 28001—2001职业健康安全管理体系,以求更好地不断增强满足顾客、职工及其他各方面需求的能力。

(2)对各专业队伍,进入重点施工部位前,必须进行有针对性的三级安全教育,并有教育记录,签安全责任状,作好书面交底。

(3)组建安全保卫系统,完善进出门制度,设置安全生产挂牌制度,创造一个安全可靠的施工环境。

(4)教育职工遵守山东省的各项规章管理制度,牢固树立法制观念。

# 第十八章　施工进度计划

根据工程内容和数量,编制钢结构制作安装的施工进度计划。本工程的施工进度计划将根据业主的工期要求进行编制。具体详见表 18-1 施工进度计划表。

**表18-1　施工进度计划表**

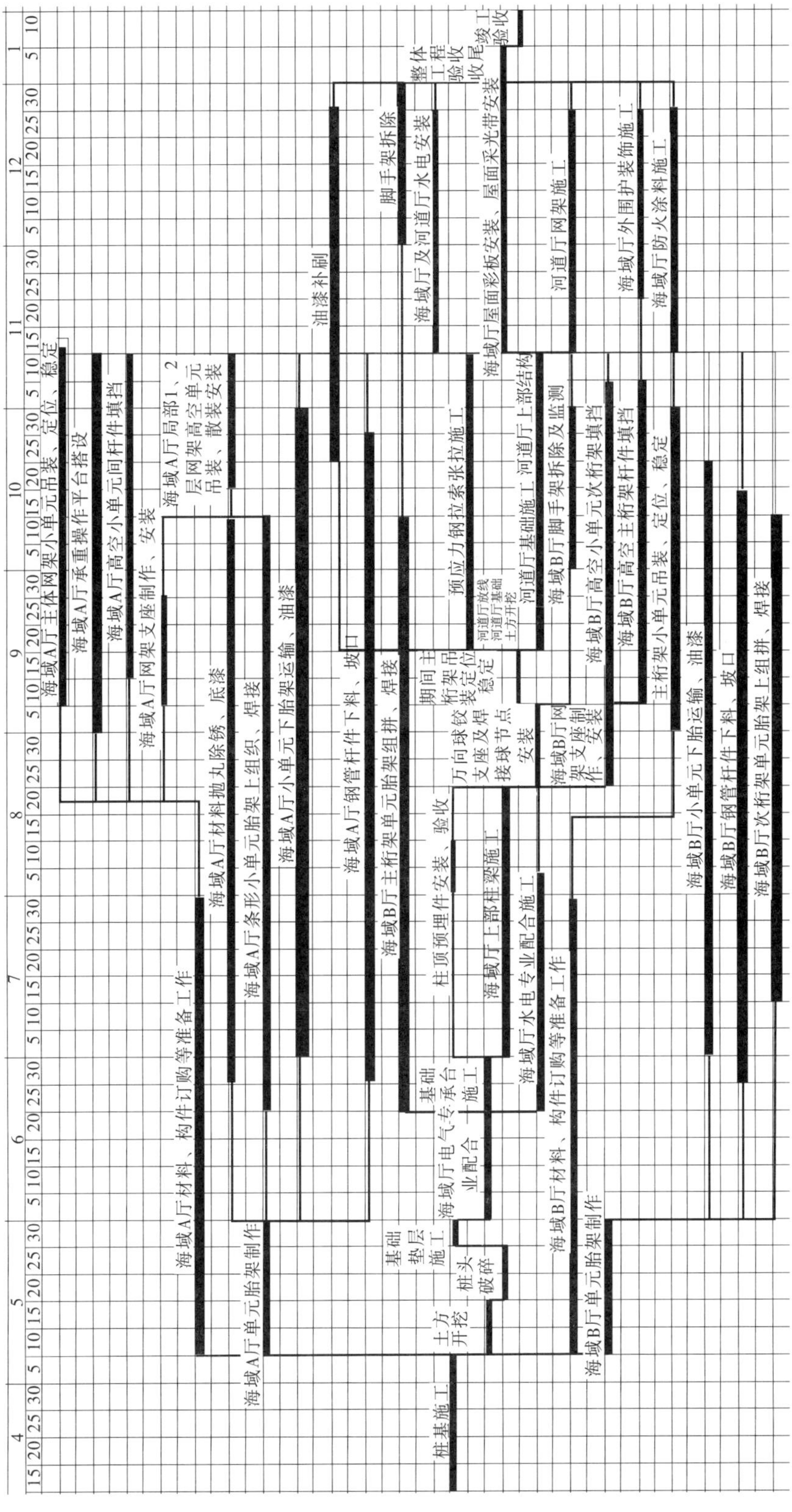

# 第十九章　施工总平面布置

## 第一节　布置原则

本工程施工总平面布置主要根据业主提供的工程总平面图和现场的实际情况，并结合中建六局的施工部署和本工程特点，按照经济适用、合理方便的原则，在保证场内交通运输畅通和满足施工队材料要求的前提下，最大限度地减少场内二次运输。在平面交通上，尽量避免各生产区段、班组的互相干扰，符合施工现场卫生及安全技术要求和防火规范，满足施工生产和文明施工的需要。

## 第二节　施工现场平面布置图

根据现场实际情况，将场区划分为制作加工场地、组拼安装场地、办公区和生活区四大部分。主要临时设施的数量及占地面积等参见总体布置。以上设施布置按我单位 CI 形象和文明施工标准执行（见图 19-1）。

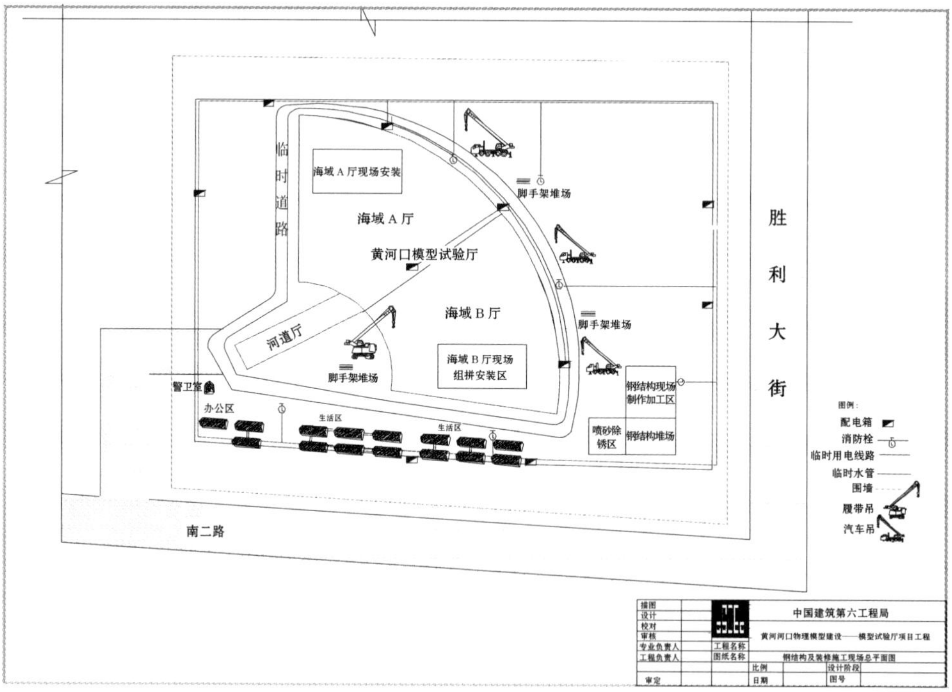


图 19-1　施工现场总平面布置图

# 第二十章　主要分部分项工程施工方法

## 第一节　测量工程

工程开工前，对场区坐标控制点、水准点进行全面复查，复查结果报总包商、业主及监理工程师批准认可，方可开工。

本工程海域A、B两厅焊接球节点共计4 396个，空间位置相对复杂。所有节点的定位，是本工程测量工作的重点。它不仅工作量很大，而且是关系到整个工程质量及进度的关键环节。

### 一、测量放线特点

(1)因本工程海域厅屋盖结构均为多向拱顶结构，同时其1—A、1—T轴基础埋件标高也随屋盖结构呈曲线过渡，埋件最低点标高5. 837 m，最高点标高25. 617 m，落差太大，给测量工作造成很大困难。

(2)屋盖环式扇形曲率半径较大，其圆心在建筑物外部，受建筑及场地影响，不利于圆心放线。

(3)结构安装精度较高，测量放线结果将直接影响结构安装精度。

### 二、测量方案

由于本工程结构型式为不规则空间结构体，所有节点坐标都有差异，因此确定采用全站仪三维测量确定节点位置，配合水准仪测量标高的测量方法，进行本工程测量。

根据上述特点和现场基础分部情况，为了确保所有埋件的测量工作均可顺利实施及其结果的精确度，在各相邻的柱顶进行随时观测，既可以保证施工质量也给测量工作带来方便，在支仪器的柱顶搭设临时脚手架防护。

#### (一)施工测量控制网的测设

根据合同工程内容，本工程主要是屋面网架结构的制作安装工程，而网架基础柱、埋件均由总包单位按统一的图纸施工，因此基础测量工作主要是混凝土柱网轴线复测及埋件高程测量。

高程控制测量依据总包提供的水准点，用$S_3$($DS_3$)水准仪按三等水准的要求进行往返测，在各柱基身或柱间临时支撑适当位置上均引测高程，同时作高程控制点。

用经纬仪、全站仪测量所有埋件的坐标位置，保证所有预埋件的坐标位置在设计值5～10 mm内，并作好记录，以便在安装网架支座时适当调整。

#### (二)高程测量

标高控制利用水准仪、塔尺、钢尺(均经鉴定合格)传递至各柱基身上，如图20-1所示。

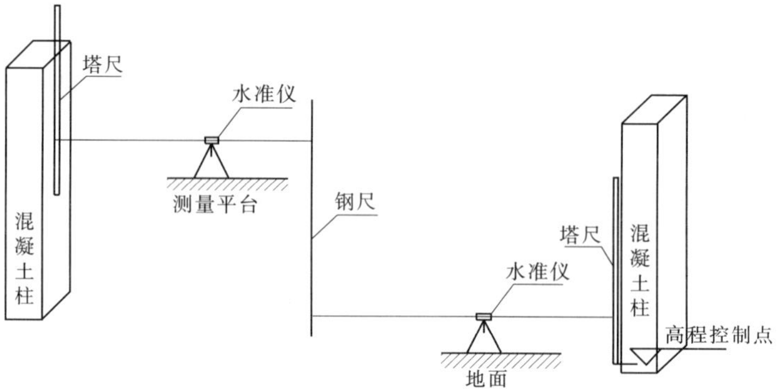


图 20-1　高程测量示意图

### (三)测量放线

1. 海域 A 厅

在柱头埋件、临时支撑和操作平台上放线。

在 1—T 轴相邻两柱轴线中间位置搭设脚手架,并在该处球节点位置上设置稳固临时支撑点;按拟订的安装方案,1—T 轴网架是安装工作的起始点,因此该轴的坐标控制至关重要,将直接影响后续安装精度及质量。同时,在临时支撑点及柱顶埋件上放线。

2. 海域 B 厅

用经纬仪、全站仪测量所有预埋件的坐标位置,保证所有预埋件的坐标位置误差在 5 ~ 10 mm 内,并作好记录,以便在安装网架支座时适当调整。为了准确测量,必须先确定测量点。

在轴线延长线上架设全站仪,将轴线引测到柱顶。将交点确定为测量基准点,进行半永久性标识,并有防破坏措施。

在安装现场内,引测几个水准点,设半永久控制桩,用混凝土灌实,用脚手架围护。

在每个高空拼装平台上,搭设测量控制平台,要求其能满足仪器架设平稳的要求及单元就位时其位置不会改变。在控制平台上引测一临时基准点。

在临时基准点架设仪器,后视柱顶基准点,利用全站仪的测量原理及节点设计坐标,确定网架下弦各节点安装位置。

用水准仪及钢盘尺,根据现场基准水准点测量各节点标高。

1)单元制作的测量

(1)按单元对节点坐标进行转化(以 B 区一单元为例),如图 20-2 所示。

将设计坐标转化为以 0 点为原点、坐标轴平行于设计坐标轴的相对坐标。

$$x_n = x_{n设计} - x_0$$

$$y_n = y_{n设计} - y_0$$

$$z_n = z_{n设计} - z_0$$

($x_n$、$y_n$、$z_n$ 为 $n$ 点转化后的坐标,$x_{n设计}$、$y_{n设计}$、$z_{n设计}$ 为 $n$ 点设计坐标,$x_0$、$y_0$、$z_0$ 为 0 点设计坐标。)

(2)以 0 点为轴心将 $x$ 轴沿水平方向逆时针转 $\alpha$ 角,使 $x$ 轴与 0 ~ 8 连接水平投影线重合,建立新的坐标系,坐标为 $x'_n$、$y'_n$、$z'_n$。

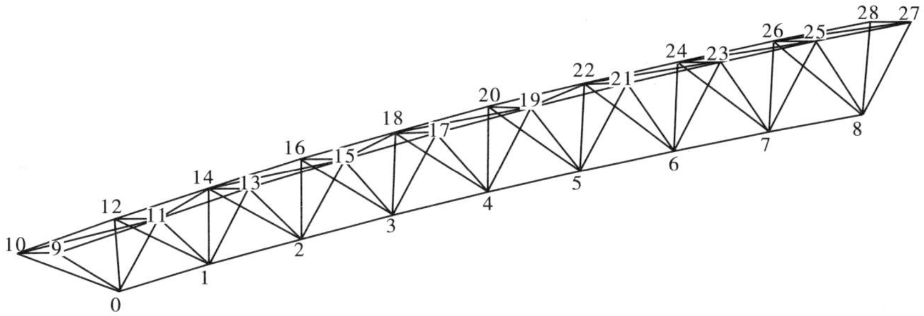


图 20-2　坐标转化示意图

$$\alpha = \arctan \frac{y_8}{x_8}$$

$$x'_n = \cos\left(\arctan \frac{y_n}{x_n} - \alpha\right)\sqrt{x_n^2 + y_n^2}$$

$$y'_n = \sin\left(\arctan \frac{y_n}{x_n} - \alpha\right)\sqrt{x_n^2 + y_n^2}$$

$$z'_n = z_n$$

(3)以 0 点为轴心将 $x$ 轴沿竖直方向逆时针转 $\beta$ 角，使 $x$ 轴与 0 ~ 8 连线重合，建立新的三维坐标系，坐标为 $x''_n$、$y''_n$、$z''_n$。

$$\beta = \arctan \frac{z_8}{\sqrt{x_8^2 + y_8^2}}$$

$$x''_n = \cos\left(\arctan \frac{z'_n}{x'_n} - \beta\right)\sqrt{x'^2_n + z'^2_n}$$

$$y''_n = y'_n$$

$$z''_n = \sin\left(\arctan \frac{z'_n}{x'_n} - \beta\right)\sqrt{x'^2_n + z'^2_n}$$

(4)$x''_n$、$y''_n$、$z''_n$ 即为单元制作测量所需的坐标，编制单元坐标表(见表 20-1)。

表 20-1　单元坐标表

| 点号 | $x''_n$ | $y''_n$ | $z''_n$ | 点号 | $x''_n$ | $y''_n$ | $z''_n$ |
|---|---|---|---|---|---|---|---|
| 1 | | | | 5 | | | |
| 2 | | | | 6 | | | |
| 3 | | | | 7 | | | |
| 4 | | | | 8 | | | |

(5)单元节点定位：

以 0 点为基准点，架设全站仪，以 0 ~ 8 点连线为基准线。根据坐标，计算 $n$ 点与0 ~ 8 点连线水平夹角 $\alpha = \frac{y''_n}{x''_n}$，$n$ 点投影与 0 点距离 $|0 - n| = \sqrt{x''^2_n + y''^2_n}$。

全站仪是同时具备测角和测距功能的先进仪器，运用极坐标法确定 $n$ 点位置。

2）高空拼装的测量

（1）在轴线延长线上架设全站仪，将轴线引测到柱顶。将交点确定为测量基准点，进行半永久性标识，并有防破坏措施。

在安装现场内，引测若干水准点，设半永久控制桩，用混凝土灌实，用脚手架围护。

（2）在每个高空拼装架上，搭设测量控制平台，要求其能满足仪器架设平稳的要求，且单元就位时其位置不会改变。在控制平台上引测一临时基准点。

（3）在临时基准点架设仪器，后视柱顶基准点，利用全站仪的测量原理及节点设计坐标，确定节点安装位置。

**（四）基础沉降测量**

由土建施工单位负责沉降观测。

# 第二节　网架施工方案

## 一、网架制作

**（一）网架结构制作安装工艺流程**

网架结构制作安装工艺流程如图 20-3 所示。

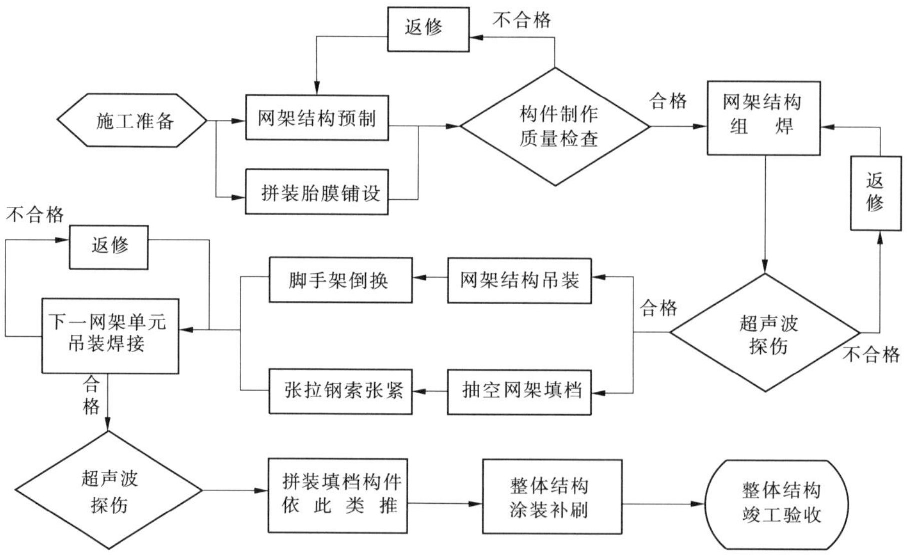


**图 20-3　网架结构制作安装工艺流程**

**（二）网架结构制作**

1. 放样

放样前，放样人员必须熟悉施工图和工艺要求，核对构件及构件相互累计的几何尺寸连接是否有不当之处。当发现施工图有遗漏或错误，以及其他原因需要更改施工图时，必须取得设计单位签具的设计变更文件,不得擅自修改。

放样使用的钢尺,必须经计量单位检验合格,方可使用。丈量尺寸,应分段叠加,不得分段测量后相加累计全长。

放样应在平整的放样台上进行。凡放大样的构件 ,应以1∶1的比例放出实样;当构件零件较大,难以制作样杆、样板时,可绘制下料图。

样杆、样板的测量必须平直;如有弯曲,必须在使用前予以矫正。

样杆、样板制作时,应按施工图和构件加工要求,作出各种加工符号、基准线、眼孔中心等印记,并按工艺要求预放各种加工余量,然后号上冲印等印记,用磁漆(或其他材料)在样杆、样板上写出工程、构件及零件编号,零件规格孔径、数量及标注有关符号。

放样工作完成后,应对所放大样和样杆、样板(或下料图)进行自检,无误后报专职检验人员检验。

样杆、样板应按零件号及规格分类存放,妥善保存。

2. 号料

号料前,号料人员应熟悉样杆、样板(或下料图)所注的各种符号及标记等要求,核对材料牌号及规格、炉批号。当供料或有关部门未作出材料配割(排料)计划时,号料人员应作出材料切割计划,合理排料,节约钢材。

号料时,复核材料的规格,检查材质外观,凡发现材料规格不符合要求或材质外观不符合要求者,需及时报质管、技术部门处理;遇有材料弯曲或不平值超差影响号料质量者,须经矫正后号料。

凡型材端部有倾斜或板材边缘弯曲等缺陷,号料时应去除缺陷部分或先行矫正。

相同规格较多、形状规则的零件可用定位靠模下料。使用定位靠模下料时,必须随时检查定位靠模和下料件的准确性。

按照放线尺寸画线,画线时应考虑切割预留量和焊接收缩预留量,预留量的大小根据计算和实际测量确定。

3. 切割加工

直径大于 140 mm 的钢管下料采用火焰切割机进行,其他直径和厚度较小的焊接钢管杆件可采用无齿锯下料,切割处的氧化铁、飞溅等均应用角向磨光机打磨干净、光滑。

本工程主要是钢管杆件的下料,需在地面便于作业人员操作的合理高度用型钢制作稳固的下料平台,平台由支架部分和操作平台构成。平台示意图如图 20-4 所示。

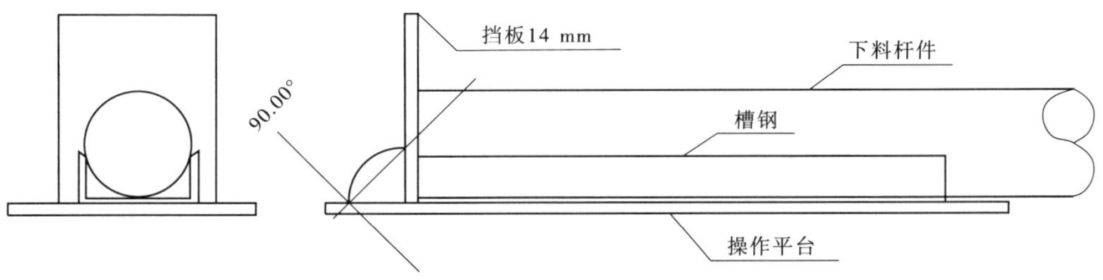


**图 20-4　平台示意图**

平台中的槽钢根据管材直径适时更换,必要时需在单侧加楔挤紧。

构件下料后,严格按照标准规定检查构件的长度、不直度、端面垂直度等,应保证其尺寸偏差在标准规定允许偏差范围内,并填写检查记录。

钢管杆件加工的允许偏差应符合表 20-2 的规定。

表 20-2　钢网架钢管杆件加工允许偏差

| 项目 | 允许偏差(mm) | 检验方法 |
|---|---|---|
| (加工)长度 | ±1.0 | 用钢尺和百分表检查 |
| 端面对管轴的垂直度 | 0.005$r$ | 用百分表和 V 形块检查 |
| 管口曲线 | 1.0 | 用套模和游标卡尺检查 |

注:$r$ 为钢管杆件半径。

依据图纸、材料表及焊接收缩量验证表(见表 20-3),将构件编号并编制下料清单,如表 20-4 所示。

表 20-3　焊接收缩量验证表

| 序号 | 杆件规格(mm×mm) | 坡口角度(°) | 衬管厚度(mm) | 间隙(mm) | 焊接遍数(遍) | 收缩量(mm) |
|---|---|---|---|---|---|---|
| 1 | 140×4.5 | 60 | 4 | 3.5 | 2 | 2 |
| 2 | 219×10 | 60 | 4 | 3.5 | 3 | 3 |
| 3 | 299×20 | 60 | 4 | 4 | 5 | 4 |
| 4 | 480×25 | 60 | 4 | 4 | 6 | 4 |

表 20-4　下料清单

| 下料次序 | 规格 | 编号 | 数量 | 单位 | 下料长度 | 备注 |
|---|---|---|---|---|---|---|
| | | | | | | |

将所有构件进行编号,编号方法示意图如图 20-5 所示。

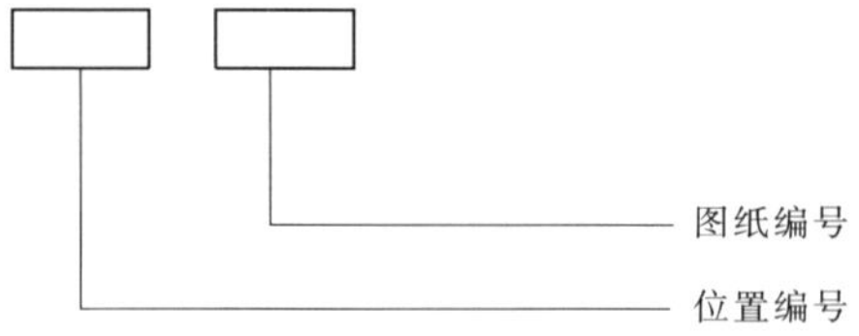


图 20-5　编号方法示意图

4. 矫正和成型

钢材初步矫正时,只对影响号料质量的钢材进行矫正,其余在各工序加工完毕后再矫正或成型。

钢材的机械矫正,一般应在常温下用机械设备进行,矫正后的钢材,在表面上不应有凹陷、凹痕及其他损伤。

碳素结构钢和低合金高强度结构钢,允许加热矫正,其加热温度严禁超过正火温度

(900 ℃)。用火焰矫正时,对钢材的牌号为 Q345 的焊件,不准浇水冷却,一定要在自然状态下冷却。

5. 坡口加工及焊接收缩量测试

坡口加工采用半自动切割的方式在切割下料过程中完成。

将球节点与钢管杆件组对在一起,经现场 QC 活动,按照制定的焊接工艺参数焊接,测量其焊接收缩量,分析焊接缺陷后确定球与杆断面的预留间隙及保证焊透的钝边,将测得的数据整理汇总,供下料、组对时参考比照。

分层焊缝焊接示意如图 20-6 所示。

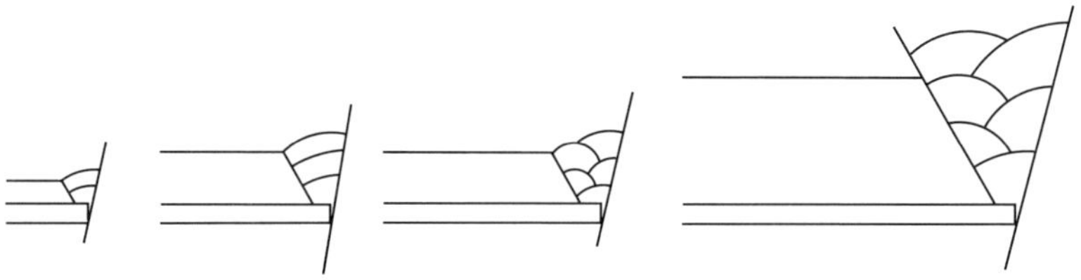

图 20-6　分层焊缝焊接示意

6. 组对

本工程网架结构中主要是焊接球与钢管杆件的相贯组对,也就是管材中心线与球心的同心组对,其组对的质量直接影响到焊接及整个工程的质量。

地面组对应设置专用胎具进行,且工作表面必须平整,要根据节点球的大小、杆件的长度和直径合理设置,如图 20-7 所示(以哑铃型组对过程为例)。

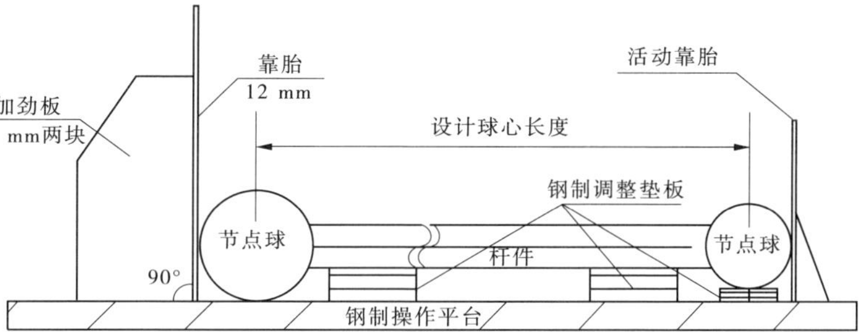


图 20-7　哑铃型组对过程

高空组对过程:鉴于许多杆件与球节点的组对是在高空进行的,通常仅靠目测确定是否同心。对于本工程施工,需用专用的、类似手动工具的简易靠胎来完成,以保证球节点与杆件中心线的贯通。胎具示意图如图 20-8 所示。

**(三)球节点加工制作**

1. 焊接球加工

按《管理体系文件》中"物资采购及管理"程序要求,经考察河南神州重型封头有限公司及山西汾阳建筑金属结构有限公司的资质和实力、生产能力、检测能力、供货能力、样品外观及性能质量文件,以及其营业执照、企业信誉证书和生产许可证,确定该两公司为中建六局合格的物资供应商,工程中所有焊接球均由两公司加工供应。所供应产品必须满足:

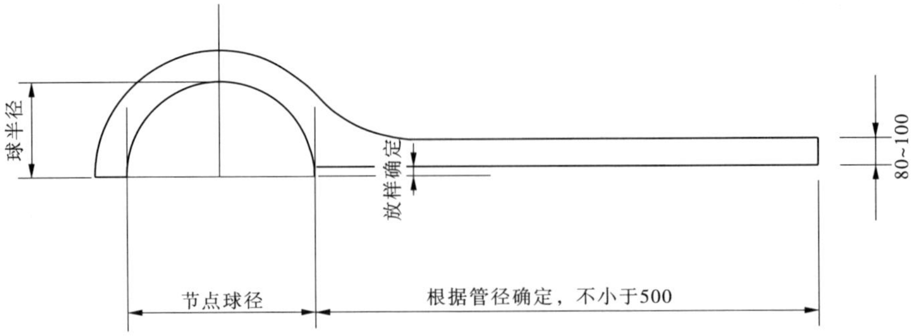


**图 20-8　胎具示意图**　（单位:mm）

(1)工厂加工的焊接球出厂应具有产品出厂合格证、钢材产品质量证明书及其对接焊口超声波检验报告,并符合设计要求。

(2)表面无明显波纹及局部凹凸不平不大于 1.5 mm。

(3)半球表面不应有裂纹和褶皱,对接焊坡口应打磨平整。

(4)焊接球加工应符合《钢结构工程质量验收规范》(GB 50205—2001)的要求,其允许偏差应符合表 20-5 的规定。

**表 20-5　焊接球加工的允许偏差**

| 项目 | 允许偏差(mm) | 检验方法 |
|---|---|---|
| 直径 | ±0.005$d$<br>±2.5 | 用卡尺和游标卡尺检查 |
| 圆度 | 2.5 | 用卡尺和游标卡尺检查 |
| 壁厚减薄量 | 0.13 $t$,且不应大于 1.5 | 用卡尺和测厚仪检查 |

**注:**表中 $d$ 为直径,$t$ 为壁厚。

2. 螺栓球、封板、锥头及套筒等加工

按《管理体系文件》中“物资采购及管理”程序要求等,螺栓球网架由济宁市远东网架有限责任公司加工供应。所供应产品必须满足:

(1)螺栓球节点制造选用的所有原材料,其品种、规格、性能等均应符合现行国家产品标准和设计图纸的要求。

(2)螺栓球不得有过烧、裂纹及褶皱。

(3)螺栓球螺纹尺寸应符合现行国家标准《普通螺纹基本尺寸》(GB 196)中粗牙螺纹的规定,螺纹公差必须符合现行国家标准《普通螺纹公差与配合》(GB 197)中 6H 级精度的规定。

(4)螺栓球加工的允许偏差应符合表 20-6 的规定。

表 20-6　螺栓球加工的允许偏差

<table>
<tr><th colspan="2">项　目</th><th>允许偏差(mm)</th><th>检验方法</th></tr>
<tr><td rowspan="2">圆度</td><td>$d \leq 120$ mm</td><td>1.5</td><td rowspan="2">用卡尺和游标卡尺检查</td></tr>
<tr><td>$d > 120$ mm</td><td>2.5</td></tr>
<tr><td rowspan="2">同一轴线上两铣平面平行度</td><td>$d \leq 120$ mm</td><td>0.2</td><td rowspan="2">用百分表和 V 形块检查</td></tr>
<tr><td>$d > 120$ mm</td><td>0.3</td></tr>
<tr><td colspan="2">铣平面距球中心距离</td><td>±0.2</td><td>用游标卡尺检查</td></tr>
<tr><td colspan="2">相邻两螺栓孔中心线夹角</td><td>±30′</td><td>用分度表检查</td></tr>
<tr><td colspan="2">两铣平面与螺栓孔轴线垂直度</td><td>$0.005r$</td><td></td></tr>
<tr><td rowspan="2">球毛坯直径</td><td>$d \leq 120$ mm</td><td>+2.0<br>-1.0</td><td rowspan="2">用卡尺和游标卡尺检查</td></tr>
<tr><td>$d > 120$ mm</td><td>+3.0<br>-1.5</td></tr>
</table>

(5)锥头、封板和套筒外观不得有裂纹、过烧和氧化皮。

3. 制作检验

本工程制作检验项目执行 GB 50205—2001 中的相关规定(见表 20-7)。

表 20-7　制作检验项目表

| 序号 | 检验项目 | 检验标准 | 检验方法 |
|---|---|---|---|
| 1 | 钢材质量证明书 | 相应材料标准 | 检查资料 |
| 2 | 焊接材料质量证明书 | 相应焊接材料标准 | 检查资料 |
| 3 | 钢球、封板及锥头等产品质量合格证 | 相应产品标准 | 检查资料 |
| 4 | 油漆合格证 | 相应产品标准 | 检查资料 |
| 5 | 焊工资格 | 国家焊工考试规程 | 焊工合格证 |
| 6 | 节点检查验收 | GB 50205—2001 | 尺寸测量及超声波抽查 |
| 7 | 构件制作尺寸检查 | GB 50205—2001 | 尺寸测量及目视检查 |

4. 制作安全措施

(1)网架结构制作前应编制施工方案或施工工艺卡,制订保证安全的技术措施,并向操作人员进行安全教育和安全技术交底。

(2)操作各种加工机械及电动工具的人员,应经专门培训,考试合格后方准上岗,操作时应遵守各种机械及电动工具的操作规程。

(3)网架结构制作场地用电应由专人负责安装、维护和管理用电设备及电线路。架设的低压线路不得用裸导线,电线敷设要防砸、防碰撞、防挤压,以防触电。

(4)起重机在电线下进行作业时,应保持规定的安全距离。电焊机的电源程序线的长度不宜超过 5 m,并应架高。

(5)电焊线和电线要远离起重钢丝绳 2 m 以上;电焊线在地面上与钢丝绳和钢构件相接触时,应有绝缘隔离措施。

(6)各种用电加工机械设备,必须有良好的接地和接零,接地线应用截面面积不小于 25 $mm^2$ 的多股软裸铜线和专用线夹,不得用缠绕的方法进行接地和接零。

(7)同一供电网不得有的接地,有的接零,对手动电动工具必须装设漏电保护器。

(8)在施工过程中,铆工、电焊工应戴绝缘手套和穿绝缘胶鞋,以防操作时漏电伤人。

(9)现场电焊、气焊要有专人看火管理,焊接场周围 5 m 以内严禁堆放易燃品,用火场所要备有消防器材、器具和消火栓。

(10)现场用空压机罐、乙炔瓶、氧气瓶等,应在安全可靠的地点存放,使用要建立制度,按安全规程操作,并加强检查。

(11)电焊机、氧气瓶、乙炔发生器等在夏季使用时,应采取措施,避免烈日暴晒,与火源应保持 10 m 以上的距离。此外,还应防止与机械油接触,以免发生爆炸。

**(四)材料、构件存放和运输**

构件应按照编号有规则地堆放,各种杆件严禁随意堆放,现场应设专人管理,防止混乱。

半成品堆放应离地面 200 mm 以上,下垫道木等物,不得沾染杂物。

构件应根据钢结构的安装顺序,分单元成套供应。

运输钢构件时,应根据钢构件的长度、质量选用车辆;钢构件在运输车辆上的支点、两端伸出的长度及绑扎方法均应保证钢构件不产生变形。

钢构件存放场地应平整坚实、无积水,钢构件应按照种类、型号、安装顺序分区存放;钢构件底层垫枕应有足够的支撑面,并应防止支点下沉。相同型号的钢构件叠放时,各层钢构件的支点应在同一垂直线上,应防止钢构件被压坏或产生变形。

构件堆放应整齐稳固,上下层间应垫放垫木或纸皮,防止损伤油漆或构件变形。露天存放的构件必须加盖油布等,防止锈蚀和被污染。

## 二、网架结构焊接

本工程的焊接作业基本上都是现场焊接,网架结构中为 Q235B 材质最大钢管 $\phi$480 mm × 20 mm、最大球节点 $\phi$1 200 mm × 40 mm 的焊接;20[#]钢 $\phi$325 mm × 20 mm 无缝钢管的焊接;Q345B 材质最大钢管 $\phi$480 mm × 25 mm、最大球节点 $\phi$900 mm × 25 mm 的焊接;Q345B 材质网架支座结构中球节点 $\phi$1 360 mm × 35 mm、钢管 $\phi$508 mm × 40 mm 的焊接。

根据本工程的结构及焊接节点位置特点,现场焊接施工采用手工电弧焊的焊接方法。

凡从事本工程钢结构制作和安装施工的焊工,必须持有国家相关部门颁发的焊工合格证和安全操作证,而且合格证中的母材规格、焊缝类型和焊接位置等均应与实际施焊情况相同。

**(一)一般工艺要求**

1. 焊前准备

清除待焊处表面的水、氧化皮、铁锈、油污等杂物。

施焊前，焊工应检查焊接部位的组装和表面清理的质量，当不符合要求时，应修磨补焊合格后方能施焊。

2. 焊接作业环境

在下列情况下，如不采取适当的防护措施，必须停止焊接作业：

(1)风力大于或等于6级。

(2)相对湿度大于90%。

(3)环境温度低于0 ℃。

(4)下雨、下雪。

3. 定位焊施焊要求

定位焊必须由持相应合格证的焊工施焊，所采用的焊接材料及焊接工艺参数应与正式焊接相同，定位焊焊缝与最终焊缝有相同的质量要求。

定位焊焊缝厚度不宜超过设计焊缝厚度的2/3，且不得大于8 mm；定位焊焊缝长度宜大于40 mm，间距宜为500～600 mm，并应填满弧坑。

定位焊焊缝应均匀布置在焊道内，当定位焊焊缝上有气孔或裂纹时，必须清除后重焊。

4. 多层焊施焊要求

多层焊应连续施焊，每一层焊道焊接完成后应及时清理焊渣及表面飞溅物，并进行目视自检，清除焊接质量缺陷后方可焊接下一层。

用锤击法消除中间焊层应力时，应使用圆头手锤或小型振动工具进行，不应对根部焊缝、盖面焊缝或焊缝坡口边缘的母材进行锤击。

用锤击焊缝的方法调节焊接接头中残余应力时，在金属表面层内产生局部双向塑性延展，补偿焊接区的不协调应变(受拉应力区)，达到释放焊接残余应力的目的。与其他消除残余应力的方法相比，锤击法可节省能源、降低成本、提高效率，是在施工过程中即可实现的工艺措施，并可在焊接区表面形成一定深度的压应力区，有效地提高结构的疲劳寿命。厚板分层焊接，除打底层和盖面层外逐层锤击后，板件内部的残余应力应得到较好的调节。

焊接完成后，焊工应清理焊缝表面的熔渣及飞溅，检查焊缝外观质量。

**(二)焊接设备**

焊接设备主要选用交流BX1-500A焊机，同时配有逆变ZX7-400B和交流NB-500焊机。

**(三)焊接材料**

手工焊时所有Q235b钢材采用E4303焊条(技术条件应符合《碳钢焊条》GB/T 5117—1995和《低合金焊条》GB/T 5118—1995)，所有Q345b钢材采用E5016焊条(技术标准应符合GB/T 5118—1995和GB/T 5117)。

当采用自动焊和半自动焊接时，采用的焊丝和焊剂应与主体金属的强度相匹配。焊丝采用标准为《低合金钢药心焊丝》(GB/T 17493)、《二氧化碳气体保护焊用钢焊丝》(GB 8110)、《熔化焊用钢丝》(GB/T 14957)。

**(四)焊接方法**

本工程的焊接主要为焊接球节点与杆件的焊接、杆件对接焊接和其他结构的焊接。焊接球节点与杆件的焊接根据设计要求所有钢管采用内衬套管的方法,钢管打60°坡口,焊缝形式及坡口间隙如图20-9所示。

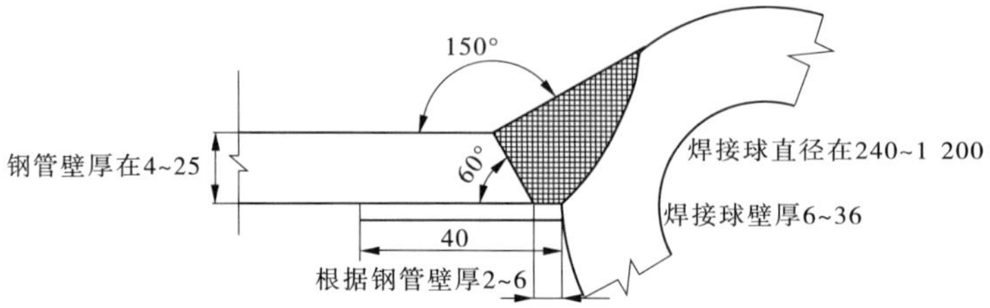


**图20-9　焊缝形式及坡口间隙**　(单位:mm)

为确保焊接质量,对E5016的锰钢焊条必须进行烘烤、保温,以保证焊接材料的使用性能。烤箱烘干温度应在350~380 ℃,保温时间应为1.5~2 h,烘干后应缓冷放置于110~120 ℃的保温箱中存放、待用;对焊接材料的领用要有专人管理,有相应的焊接材料烘焙记录,焊条进入保温桶内温度要保持在70 ℃以上,所有使用的焊条温度不得低于30 ℃,回收的焊接材料可以再次回炉烘烤,最多只能重复烘烤两次,使用后的焊条头要放入保温桶内,下班后集中处理。

固定口焊接(钢管与球节点焊接)是钢网架的主要焊缝方式。起弧应在钢管底部中心线左侧20~30 mm处,引弧应在焊道内,防止烧伤母材。引弧后向后边运条焊接,运条方法采用斜锯齿形手法,防止铁水流失和咬肉。当采用斜锯齿形手法时,应防止熔渣倒流。当焊条焊至1/4圆处,需逐步改变运条手法,可改为月牙形运条手法,当接近上部时,应采用反向的斜锯齿形运条,防止咬肉。焊缝收弧应在焊缝超过中心线20~30 mm处熄弧,不必完全填满弧坑;接着焊接钢管另外半部,从焊缝中心线右侧20~30 mm处引弧焊接,向左运条,采用锯齿形运条法,逐步向左向上焊接,直到近1/4圆处改为月牙形运条。当焊到上部时,再采用反向锯齿形运条,使焊缝成型美观、饱满。当逐步焊到上半部时,此时是爬坡焊,当到钢管上部时已成平焊,这时焊条还应继续焊过中心线20~30 mm,覆盖上一道焊缝,直到填满弧坑为止。当采用多道焊,或焊道坡口尚未填满时,应清理焊道焊渣后,按上述顺序继续焊接,直至达到焊缝规定的尺寸为止。本工程其他焊缝图如图20-10~图20-14所示。

(1)对接口焊接(管接管焊接),壁厚不大于6 mm时可用I形坡口加垫板单面全焊透焊缝连接。

(2)壁厚大于6 mm时可用V形坡口加垫板单面全焊透焊缝连接。

(3)支座球节点焊缝如图20-12所示。

(4)10~30 mm钢板T形结构焊缝如图20-13所示。

(5)支座球板及管板节点焊缝如图20-14所示。

**(五)焊接工艺参数**

对于不同材质、厚度的钢管,其焊接道次及参数按焊接工艺评定报告中的焊接工艺参

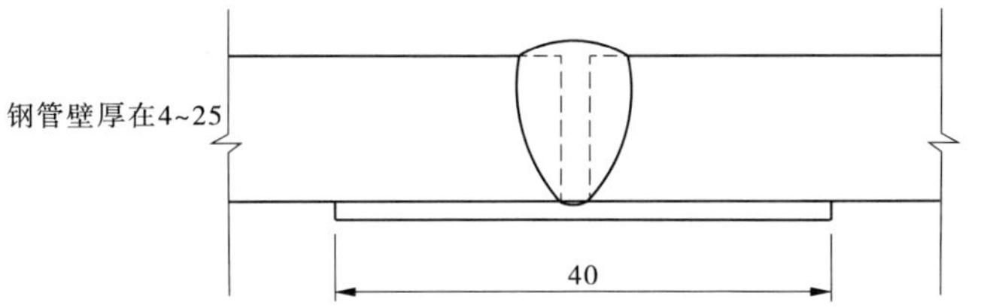


图 20-10　壁厚不大于 6 mm 钢管对接口焊缝　（单位:mm）

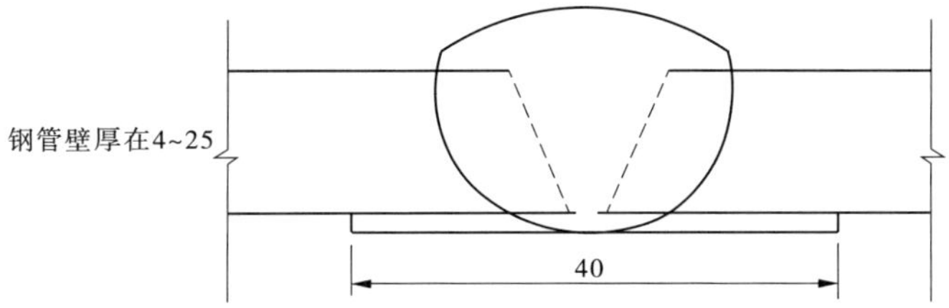


图 20-11　壁厚大于 6 mm 钢管对接口焊缝　（单位:mm）

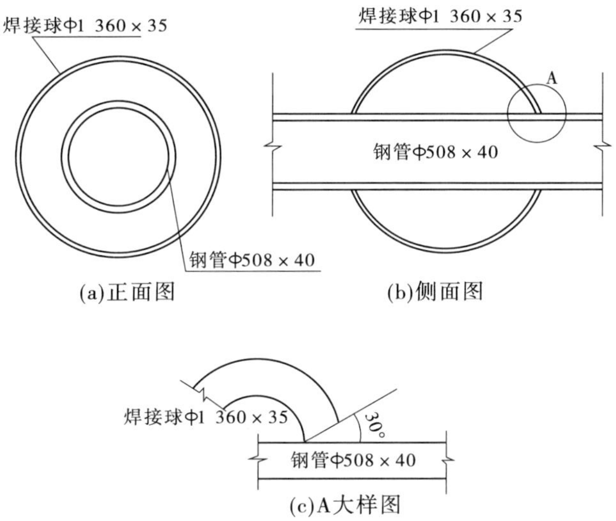


图 20-12　支座球节点焊缝

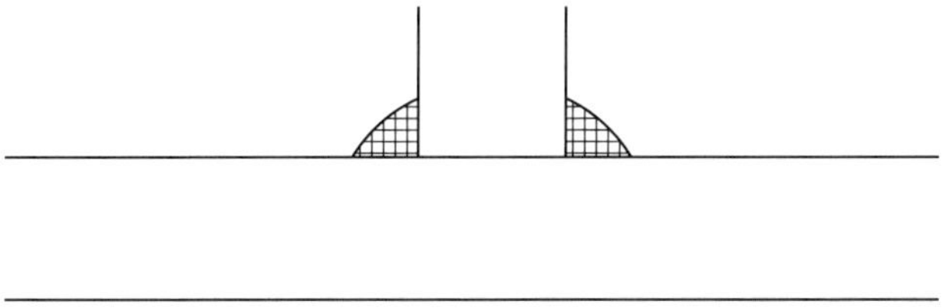

图 20-13　10～30 mm 钢板 T 形结构焊缝

数执行。

(1)Q235B 材质钢管焊接工艺参数参照表 20-8 执行,其他壁厚钢管参考试焊。

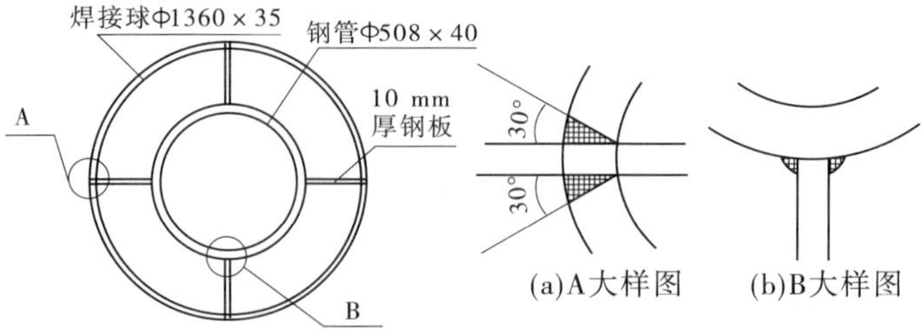


**图 20-14　支座球板及管板节点焊缝**

**表 20-8　Q235B 材质钢管焊接工艺参数**

| 接头及坡口尺寸图（单位:mm） | 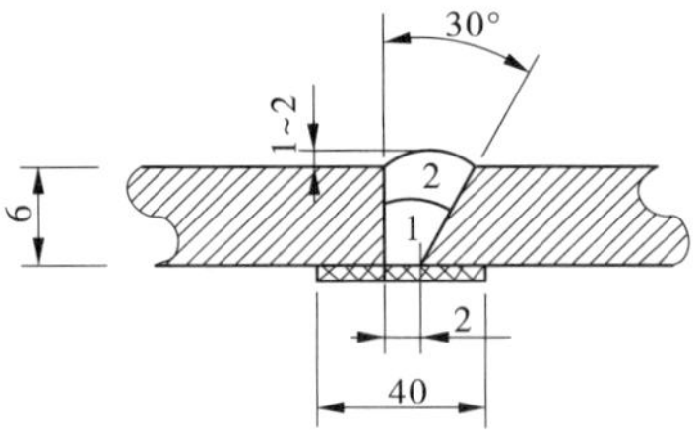  | | | 焊接顺序图（单位:mm） | 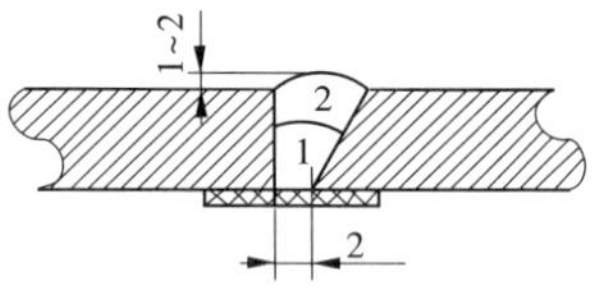  | | |
|---|---|---|---|---|---|---|---|
| 焊接工艺参数 | 道次 | 焊接方法 | 焊条 | | 电流(A) | 电压(V) | 焊接速度(cm/min) |
| | | | 牌号 | φ(mm) | | | |
| | 1 | SMAW | THJ422 | 3.2 | 80 ~ 90 | 18 ~ 20 | 4 ~ 6 |
| | 2 | SMAW | THJ422 | 4.0 | 120 ~ 130 | 21 ~ 23 | 6 ~ 8 |

（2）20#材质钢管焊接工艺参数参照表 20-9 执行，其他壁厚钢管参考试焊。

**表 20-9　20#材质钢管焊接工艺参数**

| 接头及坡口尺寸图（单位:mm） | 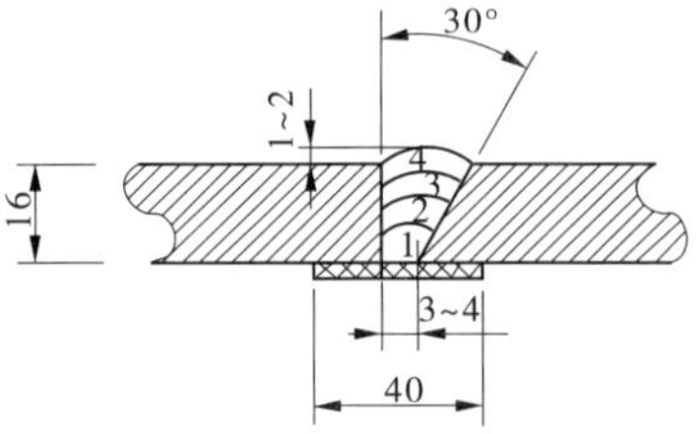  | | | 焊接顺序图（单位:mm） | 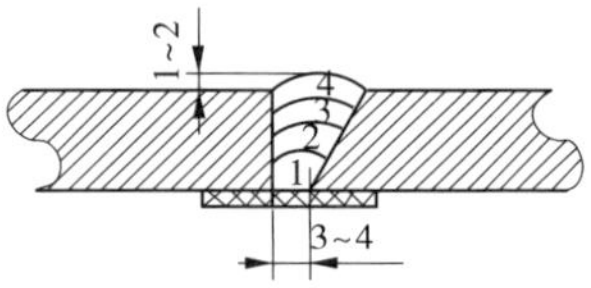  | | |
|---|---|---|---|---|---|---|---|
| 焊接工艺参数 | 道次 | 焊接方法 | 焊条或焊丝 | | 电流(A) | 电压(V) | 焊接速度(cm/min) |
| | | | 牌号 | φ(mm) | | | |
| | 1 | SMAW | THJ422 | 3.2 | 90 ~ 110 | 20 ~ 22 | 8 ~ 10 |
| | 2 | SMAW | THJ422 | 3.2 | 110 ~ 130 | 22 ~ 24 | 10 ~ 14 |
| | 3 | SMAW | THJ422 | 4.0 | 120 ~ 140 | 23 ~ 25 | 10 ~ 15 |
| | 4 | SMAW | THJ422 | 4.0 | 140 ~ 160 | 24 ~ 27 | 10 ~ 16 |

（3）Q345B 材质钢管焊接工艺参数参照表 20-10 执行，其他壁厚钢管参考试焊。

表 20-10　Q345B 材质钢管焊接工艺参数

<table>
<tr><td>接头及坡口尺寸图（单位：mm）</td><td colspan="4">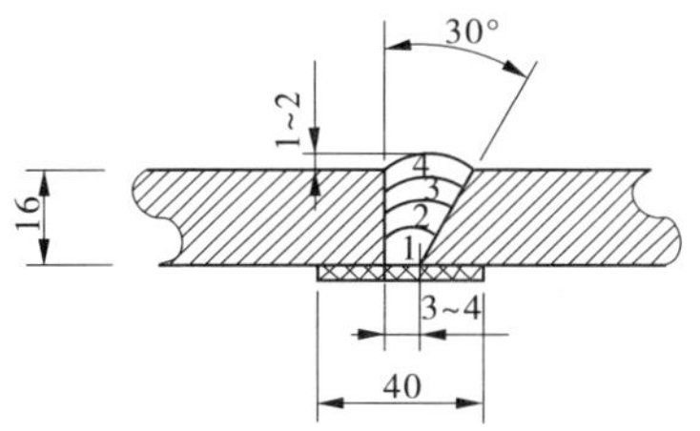
</td><td>焊接顺序图（单位：mm）</td><td colspan="2">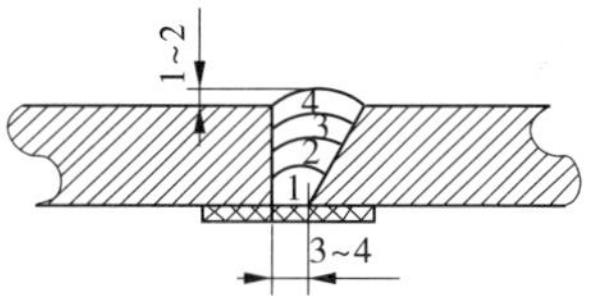
</td></tr>
<tr><td rowspan="6">焊接工艺参数</td><td rowspan="2">道次</td><td rowspan="2">焊接方法</td><td colspan="2">焊条或焊丝</td><td rowspan="2">电流（A）</td><td rowspan="2">电压（V）</td><td rowspan="2">焊接速度（cm/min）</td></tr>
<tr><td>牌号</td><td>$\phi$（mm）</td></tr>
<tr><td>1</td><td>SMAW</td><td>THJ506</td><td>3.2</td><td>70～75</td><td>20～21</td><td>5.0</td></tr>
<tr><td>2</td><td>SMAW</td><td>THJ506</td><td>3.2</td><td>80～90</td><td>21～22</td><td>20</td></tr>
<tr><td>3</td><td>SMAW</td><td>THJ506</td><td>4.0</td><td>95～105</td><td>22～24</td><td>30</td></tr>
<tr><td>4</td><td>SMAW</td><td>THJ506</td><td>4.0</td><td>95～110</td><td>22～24</td><td>30</td></tr>
</table>

**（六）焊接顺序**

1. 单元焊接

整个单元从中心向两侧对称扩散，由多名焊工同时施焊，整个单元焊接一遍后，再返回中心开始第二遍焊接，以此类推，这样可以避免应力集中，减小变形。要求上下弦同时施焊。焊接过程中为了随时控制焊接变形，可以在胎架上进行实物测量，发现变形随时控制。焊接基本顺序可按图 20-15 进行，该图为 4 名焊工对一个单元的焊接顺序。

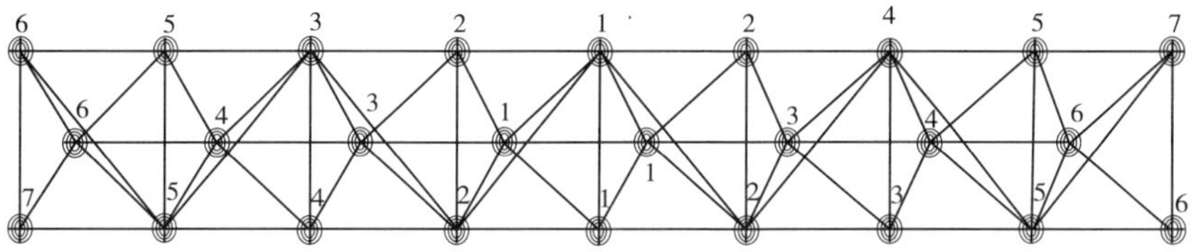

图 20-15　焊接基本顺序

2. 节点焊接

由下至上两侧对称施焊。可按图 20-16 中的 A、B、C、D 区划分先后，先进行 D 区仰焊缝，然后是 B、C 区对称焊的立缝，最后是 A 区的平角焊缝。第一遍焊接完成后，继续由下至上两侧对称焊接。

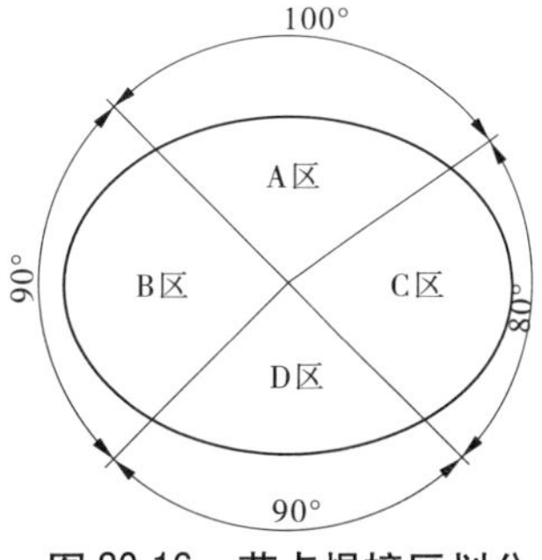


图 20-16　节点焊接区划分

**（七）$CO_2$ 气体保护焊工艺**

1. 工艺特点

$CO_2$ 气体保护焊焊接方法的特点是：

（1）焊接流量大、速度快。

（2）没有药皮，焊接质量和缺陷比较直观，容易修复。

其缺点是室外焊接时受风力影响较大，风力过大时应采取防风措施。为加强 $CO_2$ 气体保护焊的抗风能力，我们将采用自保护焊丝焊接工艺。

2. 焊接工艺参数

本工程在实际施工过程中，当因施工需要必须采用气体保护焊时，必须进行相应的"焊接工艺评定"，确定焊接工艺参数后才能付诸实施。

### (八)焊接检验标准

焊接检验标准见表 20-11。

**表 20-11　焊接检验标准**

| 序号 | 检验项目 | 检验方法 | 合格标准 |
|---|---|---|---|
| 1 | 焊接材料 | 查看质量证明书 | 资料齐全 |
| 2 | 组对质量 | 外观目视检查及尺寸测量 | GB 50205—2001 |
| 3 | 焊缝表面质量 | 目视检查 | GB 50205—2001 及设计图纸要求 |
| 4 | 焊缝内部质量 | 超声波探伤检验 | GB 50205—2001 及设计图纸要求 |
| 5 | 焊缝外形尺寸 | 焊缝检测尺测量 | 焊缝尺寸符合标准及图纸规定 |

### (九)焊接缺陷及焊缝返修

1. 焊缝的质量等级及缺陷分级

焊缝的质量等级及缺陷分级如表 20-12 所示。

**表 20-12　焊缝质量等级及缺陷分级**　　(单位:mm)

<table>
<tr><td colspan="2">焊缝质量等级</td><td>一级</td><td>二级</td></tr>
<tr><td rowspan="3">内部缺陷超声波</td><td>评定等级</td><td>Ⅱ</td><td>Ⅲ</td></tr>
<tr><td>检验等级</td><td>B 级</td><td>B 级</td></tr>
<tr><td>探伤比例</td><td>100%</td><td>20%</td></tr>
<tr><td rowspan="6">外观缺陷</td><td>未焊满(指不满足设计要求)</td><td>不允许</td><td>$<0.2+0.02t$，且不大于 1.0，每 100.0 焊缝缺陷总长不大于 25.0</td></tr>
<tr><td>根部收缩</td><td>不允许</td><td>$0.2+0.02t$，且不大于 1.0，长度不限</td></tr>
<tr><td>咬边</td><td>不允许</td><td>$<0.05t$ 且不大于 0.5；连续长度不大于 100.0，且焊缝两侧咬边总长不大于 10% 焊缝全长</td></tr>
<tr><td>裂纹、弧坑、电弧擦伤、焊瘤、表面夹渣、气孔</td><td colspan="2">不允许</td></tr>
<tr><td>飞溅</td><td colspan="2">清除干净</td></tr>
<tr><td>接头不良</td><td>不允许</td><td>缺口深度不大于 $0.05t$ 且不大于 0.5，每米焊缝不得超过一处</td></tr>
</table>

**注**:表中 $t$ 表示母材最小厚度。

2. 焊缝返修

当焊缝表面缺陷超过相应的质量验收标准时，对气孔、夹渣、焊瘤等缺陷应用打磨、铲凿等方法去除，必要时应进行焊补；对焊缝尺寸不足、咬边、弧坑等缺陷应进行焊补。

经过无损检测确定焊缝内部存在超标缺陷时，对该焊缝应进行返修，且返修部位应连续焊成。

进行焊补时应在坡口内引弧，熄弧时应填满弧坑，多层焊的焊层之间接头应错开。

焊缝同一部位返修不宜超过两次，对两次返修仍不合格的部位应制订返修方案，经项目技术负责人审批并报监理工程师认可后方可执行。

返修焊接应填报返修施工记录及返修前后的无损检测报告，作为工程验收及存档资料。

**（十）焊接施工措施**

（1）所有焊材均要有质量保证书并符合规范要求，入库后分类管理，并保证通风干燥，需烘干的焊条使用前严格按照使用说明进行烘焙，$CO_2$ 气体纯度和含水量符合规范要求。

（2）焊接设备接地良好，并经常检修，使其处于良好的工作状态。

（3）焊工操作平台搭设牢固，并做好防护。

（4）焊工工具配备齐全，施工时妥善放置。

（5）对焊缝坡口尺寸进行检查、记录。

（6）空气相对湿度大于85%时，应对焊接施工点进行吸湿、干燥处理后进行焊接。

（7）焊接接点处的铁锈油漆、水分及其影响焊接质量的杂物，应在施焊前清除。

（8）焊接中应严格按工艺规范要求进行施焊，随时注意焊接电流、电压及焊接速度；如有问题立即上报，整改后才可继续焊接。

## 三、网架安装方案概述

**（一）施工方案选择的原则**

（1）安全可靠：确保主体结构质量满足设计要求。

（2）科学合理：以规范为准则，设计为依据，运用现代化管理手段，优选科技含量大的施工工艺。

（3）切实可行：结合工程实际，力求工艺简单，施工快捷，人机并用，优化施工程序。

（4）经济适用：在保证质量安全的前提下，进行多方案对比，经分析和筛选，确定最佳施工方法，降低工程造价。

**（二）方案概述**

黄河口模型试验厅工程海域厅分为A、B两区，为焊接球节点钢网架结构屋盖，其中A区为整体三层、局部五层的焊接球网架结构型式；B区主体为倒三角焊接球网架组成桁架，下弦以钢拉索张拉；主桁架之间采用抽空焊接球网架相连接的结构型式。

根据本工程结构特点和现场实际情况，安装方案定为：A区采用高空小单元整拼和散拼相结合的施工方法，B区采用主次桁架分段地面散拼、高空整拼及填档散拼相结合的施工方法，A、B区天窗及墙体螺栓球网架和河道厅螺栓球网架采用工厂加工、现场散拼的安装方案。

## 四、海域 A 厅施工方案

### (一)方案概述

经过多方案对比,本工程采用脚手架滚动搭拆的方法进行高空散装施工作业(见图 20-17)。

鉴于该厅屋盖网架结构特点,结合当前的施工技术条件、资源配备及工期要求等因素,拟分别采用 1—5a、1—6a 轴及 1—9a、1—10a 轴之间搭设两道弧形脚手架支撑,把 148 m 跨度方向分为三个区,每个区内沿径向用脚手架搭设两个操作平台,在该平台上进行拼装组焊作业。在该区网架结构全部安装完毕且经测量、校验符合图纸设计及规范要求后,进行操作平台的滚动搭拆至下一计划组拼范围内,如此循环施工,径向整体逐步向 1—K 轴方向推进施工。

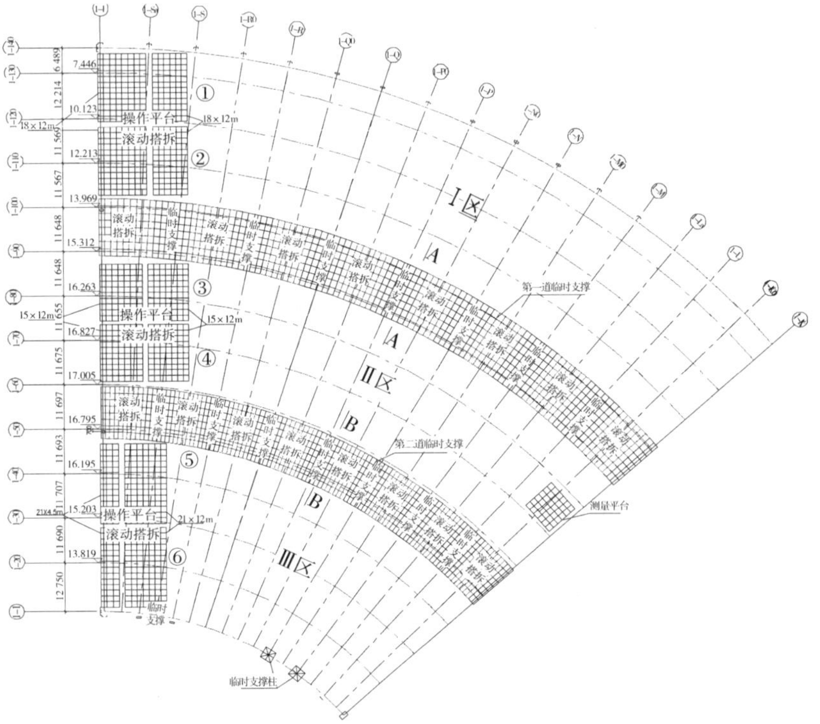


图 20-17　脚手架布置图

### (二)主要施工工艺流程

主要施工工艺流程如图 20-18 所示。

### (三)脚手架工程

本工程脚手架搭拆包括两道弧形临时支撑和操作平台的搭拆。它们具有共同的特点:高度较高,体积大,要求必须有足够的刚度、强度和稳定性,以满足使用要求。同时也考虑了经济性,以节约施工成本。

严格按照《建筑施工扣件式钢管脚手架安全技术规范》(JGJ 130—2001)及《建筑施

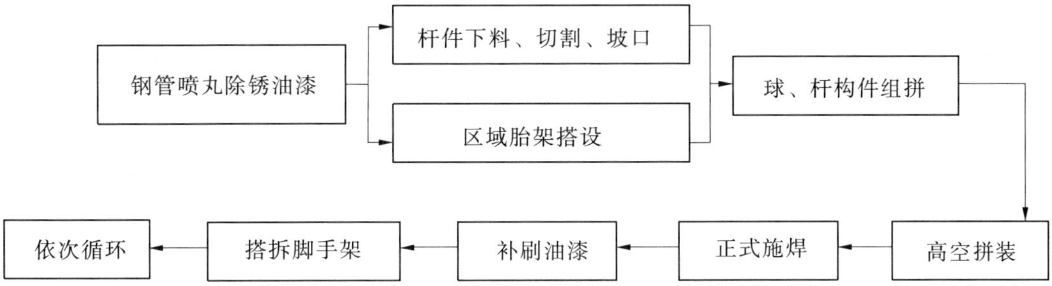


图 20-18　主要施工工艺流程

工手册》中对于脚手架搭设的要求和构造执行。

1. 搭设材料的选用

扣件应符合《钢管脚手架扣件》(GB 15813—1995)标准，钢管应符合《直缝电焊钢管》(GB/T 13793—92)标准。脚手架的搭设材料为 $\phi$48 mm × 3.5 mm 钢管，采用扣件式连接。为了确保脚手架的安全、稳固，必须对进场的钢管和扣件进行筛选。凡是弯曲钢管、有裂痕、明显生锈的均不能用做立杆，凡是有裂痕变形和螺栓滑牙的扣件及加工不合格的扣件都不能用于本工程。

安全网必须采用质检部门认可、手续健全的劳动保护用品商店的品牌安全网。

2. 两道弧形临时支撑的搭设、验算

1)临时支撑脚手架搭设

两道弧形临时支撑分别设在 1—5a 轴到 1—6a 轴之间和 1—9a 轴到 1—10a 轴之间，每道弧形临时支撑宽 14 m，该弧形支撑将扇形分为三个区，即Ⅰ区、Ⅱ区、Ⅲ区(见图 20-17)。第一道临时支撑截面呈阶梯状，第二道临时支撑截面呈矩形(详见图 20-19、图 20-20)。临时支撑顶平面高度控制在比该处 5 层中心球低 700 ~ 800 mm。

临时支撑同时用做承重脚手架，应保证承重不下沉。脚手架用 $\phi$48 mm × 3.5 mm 钢管搭设，脚手架立杆纵横间距为 1.5 m，横杆步距为 1.5 m，顶层间距为 0.25 m，四周外抱角剪刀撑，中间每隔三排立杆沿纵横向(宽度方向)设一道剪刀撑。操作层格栅间距为 0.25 m，脚手架板用厚 50 mm 木板。为了防止承重脚手架在自重及荷载作用下下沉，以及人为的网架组对时产生标高误差，需在网架球节点的下方设置机械千斤顶(不允许用液压千斤顶代替)，以利于高度调节。千斤顶下面做放大受力面积的钢板、木方牢固支撑面，千斤顶与钢板点焊，必要时局部脚手架采用双立杆、加密横杆和增加斜撑的组合做法，从而保证球节点临时支撑点稳定、牢固。脚手架的基础处理后文作详细叙述。

2)临时支撑脚手架验算

在两道弧形临时支撑搭设时，预留的承重支撑点范围为 14 m × 12.25 m，其承载力计算如下。

计算依据为：

(1)《建筑施工扣件式钢管脚手架安全技术规范》(JGJ 130—2001)。

(2)《建筑结构荷载规范》(GB 50009—2001)。

(3)工程设计图纸及地质资料等。

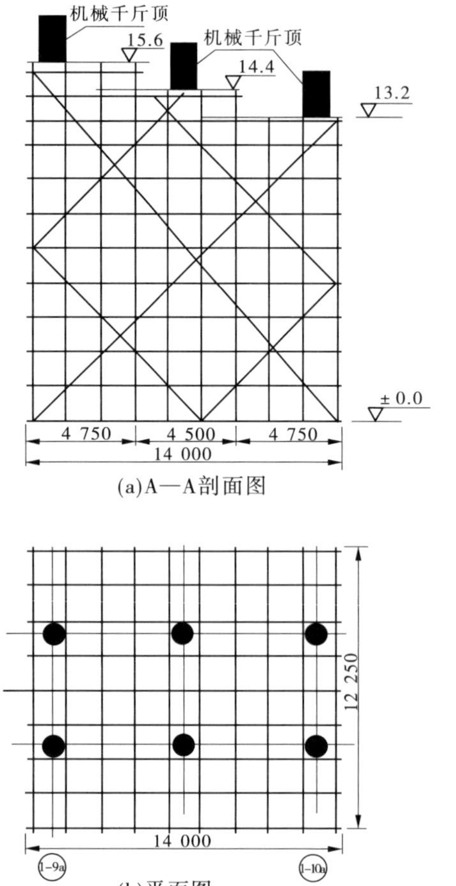


**图 20-19　第一道临时支撑**　（单位:mm）

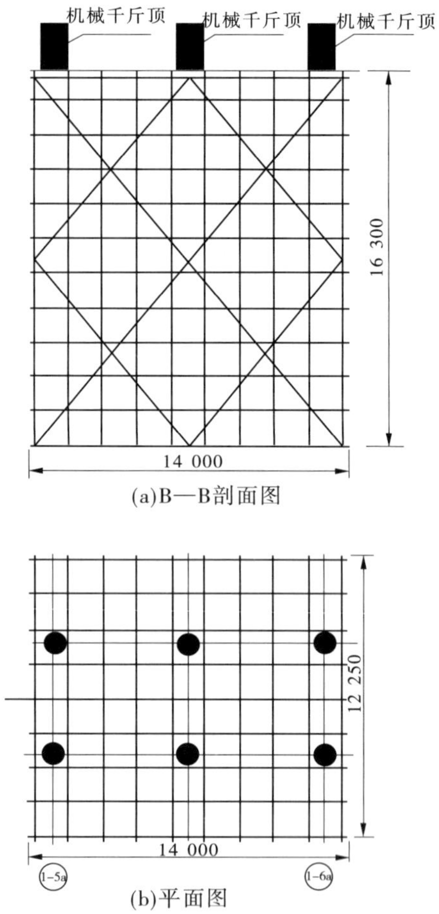


**图 20-20　第二道临时支撑**　（单位:mm）

Ⅰ. 荷载取值——脚手架的极端参数

搭设高度 18. 8 m,步距 1. 5 m,共 12 步,立杆的纵距 $l_a$ = 1. 5 m, 立杆的横距 $l_b$ = 1. 5 m, 边缘采用 0. 5 m,每个千斤顶下设放大受力面积的支撑钢板,均 16 mm 厚,长宽均为 2 m,钢板下面纵向布置 100 mm × 100 mm × 4 000 mm 的实木方,脚手架上部承重荷载 35 t 左右。

脚手架材质选用 $\phi$48 mm × 3 mm 钢管,自重 3. 329 kg/m,截面面积 $A$ = 4. 241 cm$^2$, $I$ = 107 830 mm$^4$, $W = I/24$ = 4 492. 9 mm$^3$,回转半径 $i$ = 15. 94 mm,抗压、抗弯强度设计值 $f$ = 205 N/mm$^2$,计算时的活荷载为 0. 3 ,忽略雪荷载等。

Ⅰ)结构自重产生的轴向力计算

$$N_{GK1} = N_1 + N_2$$
$$= (11 \times 14 \times 2 \times 12 + 11 \times 11 \times 18.8) \times 3.329 \times 10/1\,000/(11 \times 11) + 0.195$$
$$= 1.838(\mathrm{kN})$$

式中　$N_1$——脚手架结构大横杆、立杆产生的竖直荷载;

　　　$N_2$——脚手架扣件产生的竖直荷载。

Ⅱ)上部结构产生的轴向力计算

$$N_{GK2} = N_1 + N_2 + N_3 = (35\ 000 + 2 \times 2 \times 0.016 \times 9 \times 7\ 850 + 9 \times 14 \times 0.1 \times 0.1 \times 1\ 550) \times \frac{10 \times 13 \times 13}{1\ 000} = 7.09(\text{kN})$$

式中　$N_1$——上部结构荷载;

$N_2$——钢板产生的荷载;

$N_3$——木方产生的荷载。

Ⅲ)施工活荷载计算

$$\sum N_{QK} = 3 \times 1.5 \times 1.5/2 = 3.375(\text{kN})$$

Ⅳ)风荷载标准值

$$w_K = 0.7\mu_Z\mu_S w_0$$

式中　$\mu_z$——风压高度变化系数,查《建筑结构荷载规范》(GB 50009—2001),并用插入法得 18.8 m 为 0.789 6;

$\mu_s$——脚手架风荷载体型系数,半封闭为 1.0;

$w_0$——基本风压,为 0.7 kN/ m$^2$。

则

$$w_k = 0.7 \times 0.789\ 6 \times 1.0 \times 0.7 = 0.387(\text{kN/m}^2)$$

Ⅱ. 脚手架立杆稳定性验算

Ⅰ)考虑风荷载时立杆的稳定性验算

单立杆竖向承载力为

$$\begin{aligned} N &= 1.2(N_{GK1} + N_{GK2}) + 0.85 \times 1.4 \sum N_{QK} \\ &= 1.2 \times (1.838 + 2.45) + 0.85 \times 1.4 \times 3.375 \\ &= 9.161\ 9(\text{kN}) \end{aligned}$$

风荷载设计值产生的立杆段弯矩为

$$\begin{aligned} M_W &= 0.85 \times 1.4 \times M_{WK} = (0.85 \times 1.4 \times w_K \times L_a \times h^2)/10 \\ &= (0.85 \times 1.4 \times 0.387 \times 1.5 \times 1.5^2)/10 = 0.155(\text{kN} \cdot \text{m}) \end{aligned}$$

长细比:

$$\lambda = \frac{L_0}{i} = \frac{K_1 K_2 \mu^2 h}{i}$$

式中 $K_1$ 取 1.185,$K_2$ 取 1.081,$\mu^2 = 1.481$。

$$L_0 = K_1 K_2 \mu^2 h = 1.185 \times 1.081 \times 1.481 \times 1.5 = 2.846$$

$$\lambda = \frac{L_0}{i} = \frac{2.846}{0.015\ 94} = 156$$

查《建筑结构荷载规范》(GB 50009—2001)得 $\varphi = 0.287$。

立杆稳定性验算

$$\begin{aligned} \frac{N}{\varphi A} + \frac{M_W}{W} &= \frac{9\ 161.9}{0.287 \times 424.1} + \frac{155\ 000}{4\ 492.9} \\ &= 75.27 + 34.5 = 109.77(\text{MPa}) \end{aligned}$$

计算值小于抗弯强度设计值 205 N/mm²,满足单杆稳定性要求。

Ⅱ)不考虑风荷载时立杆的稳定性验算

$$N = 1.2(N_{GK1} + N_{GK2}) + 1.4\sum N_{QK} = 1.2 \times (1.838 + 2.45) + 1.4 \times 3.375 = 9.8706(\text{kN})$$

同理查《建筑结构荷载规范》(GB 50009—2001)得 $\varphi = 0.287$。

立杆稳定性验算

$$\frac{N}{\varphi A} = \frac{9\,870.6}{0.287 \times 424.1} = 83.72(\text{MPa})$$

计算值小于抗弯强度设计值 205 N/mm²,满足单杆稳定性要求。

两种情况计算值均小于单杆的抗压、抗弯强度设计值 $f = 205$ MPa,满足单杆稳定性要求。

考虑到脚手架搭设高度及架体的整体稳定性,建议将高宽比控制在 4∶1之内,同时施工时必须考虑严格的技术措施,保证上部荷载传递的整体刚度,使集中荷载均分至脚手架立杆节点上。

3.操作平台脚手架的搭设

每个区各搭设两座滚动脚手架操作平台,脚手架编号从 1—14a 轴到 1—1 轴方向分别编号为①号至⑥号。

每个脚手架的尺寸规格如表 20-13 所示。

**表 20-13　脚手架的尺寸规格**

| 编号 | 长(m) | 宽(m) | 高(m) | 备注 |
|---|---|---|---|---|
| ① | 18.5 | 25 | 8.2 ~ 10.8 | 宽 12 m 与 13 m 为滚动搭拆 |
| ② | 18.5 | 25 | 10.8 ~ 13.8 | 宽 12 m 与 13 m 为滚动搭拆 |
| ③ | 15 | 20 | 16 ~ 17.2 | 宽 12 m 与 8 m 为滚动搭拆 |
| ④ | 15 | 20 | 17.2 ~ 17.7 | 宽 12 m 与 8 m 为滚动搭拆 |
| ⑤ | 21 | 15 | 17.5 ~ 16 | 宽 12 m 与 4 m 为滚动搭拆 |
| ⑥ | 21 | 15 | 16 ~ 12.6 | 宽 12 m 与 4 m 为滚动搭拆 |

操作平台脚手架用 $\phi$48 mm×3.5 mm 的钢管搭设。立杆纵横间距 1.3 m,横杆步距为 1.3 m,操作层(顶层)格栅间距为 0.25 m,脚手板用 50 mm 木板,四周外排设抱角剪刀撑,中间每隔三排立杆沿纵横方向设一道剪刀撑,剪刀撑间距为立杆间距的三倍。

层间亦进行脚手架的搭拆,搭拆立杆纵横间距 2.6 m,步距小于 2 m,组对位置附近搭设 50 mm 木跳板,如图 20-21 所示。

4.脚手架搭拆要求

1)脚手架搭设

扣件式钢管脚手架的基本要求是:横平竖直、整齐清晰、步距一致、平竖通顺、结构牢固,有安全的操作工作面,不变形,不摇晃。具体如下:

(1)立杆必须按设计的位置落住,装设在专用钢座上,座下道木(15 ~ 18 cm)支垫,并

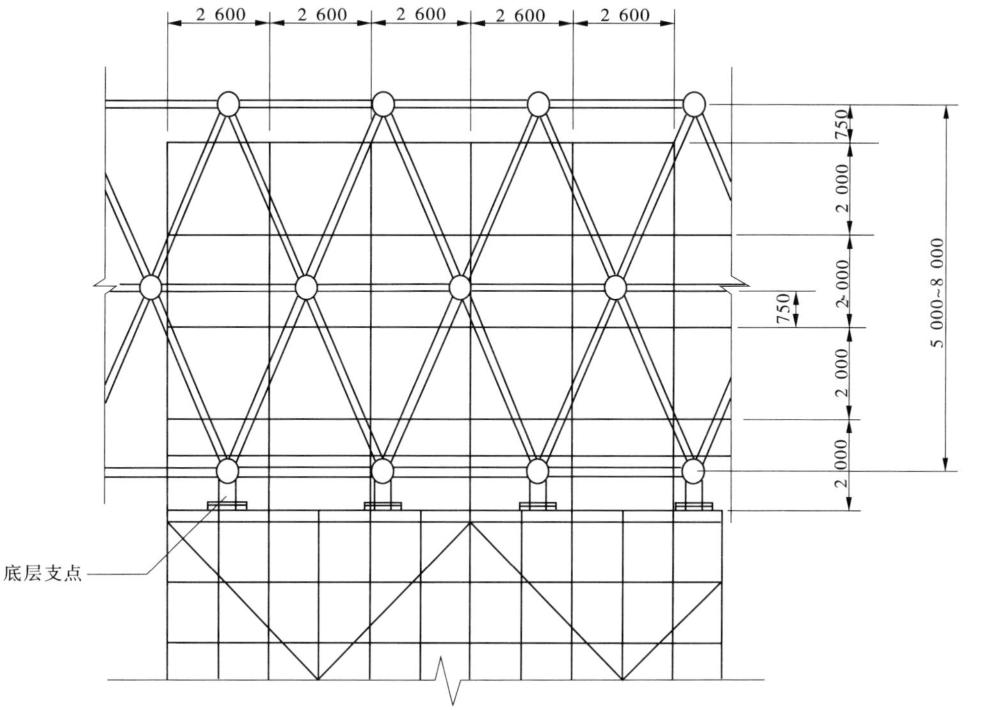


图 20-21 层间脚手架搭设示意图 （单位:mm）

坐落在坚实回填砂石地基上。立柱时应先内后外，两人配合进行，切忌单人操作，以防倒杆伤人。

立杆垂直要求：垂直偏差不大于架高的 1/1 000，相邻立杆的接头应错开 50 cm 以上，力求在同一步距内。

（2）大横杆和小横杆同一排水平偏差不大于 5 cm，立杆间距和横杆步距应控制在 1.5 ~ 1.8 m，步距偏差 ±20 mm，柱距偏差 ±20 mm，排距偏差 ±20 mm，底座沉降量 <10 mm。布置在支撑位置及双立杆部位的小横杆，两端分别用两只扣件与两根立管紧固，且上、下步应交叉设置于立杆的不同侧面，使立杆受负荷时偏心较小。

（3）扶手杆应设在小横杆上 1.2 m 处，用扣件固定在相邻两根立柱上，内外立柱均设。

（4）剪刀撑和抛撑的设置。剪刀撑斜杆与地面的夹角为 45° ~ 60°，在外侧立面两侧两端设置，中间每隔 12 ~ 15 m 设置一组，联系 3 ~ 4 根立杆，最高跨 6 根大横杆，斜边与地面成 45° ~ 60°角，由底连续设置剪刀撑到顶。剪刀撑的接长采用搭接，搭接长度不小于 1 m，且应等距离设置 3 个旋转扣件固定。在整拼胎架横向，不论高度大小，均需在每排立杆上设置横向剪刀撑，联系全部立杆，由底连续设置剪刀撑到顶。该剪刀撑应随立柱、大小横杆等同步搭设。端部扣件的盖板边缘至杆端距离不应小于 100 mm。抛撑设置（一般在架高 7 m 以上设置），间距同剪刀撑（埋深≥30 cm），与地面成 60°角，横向撑住架子。

剪刀撑斜杆应固定在与之相交的水平杆伸出端或立杆上，旋转扣件距离主节点的距离不应大于 150 mm。

(5)扣件拧紧程度。一般拧紧扭矩在40~60 N·m,最大不超过65 N·m。一个扣件的抗滑移承载力应达到8.5 kN。扣件与钢管外径必须匹配。

(6)接地、避雷措施应由专业电工按JGJ 46—88的有关规定执行。

2)施工层脚手板铺设

(1)采用木板脚手板宜用厚50 mm、宽20~30 cm的松杉板,板的两端8 cm处应用$\phi$4 mm的镀锌铁丝箍绕2~3圈或用铁皮钉牢。凡腐朽、扭曲、斜纹、破裂等不得使用。

(2)该脚手板质量不得大于30 kg,集中荷载不得超过2 kN/$m^2$,操作区施工活荷载不超过3 kN/$m^2$。若堆放杆件或钢球,要经过计算确定。

(3)防护措施,在铺脚手架的操作层上,在外排立杆的内侧设防护栏和挡板,栏杆高1~1.2 m,踢脚板可设一栏杆或脚手板。

(4)根据现场实际,必要时要进行斜道(马道)的搭设。

3)脚手架的保养维护

要确定专职人员负责脚手架的日常检查,至少每天进行一次检查。

(1)检查脚手架整体和局部的垂直偏差变化,特别是承重脚手架。

(2)检查扣件的紧固及钢管的变形情况,特别注意检查关键部位扣件是否有损坏现象,如有应及时整改。

(3)外围安全网、挡板、栏杆、梯子、防雷接地的检查,必须保证其能够发挥正常的安全作用。

(4)检查脚手架上放的杆件、堆物的安全设置及稳定状态,发现问题及时纠正;逐日清理脚手板上的垃圾。

4)脚手架的拆除

鉴于本工程中脚手架工程的用途不同,特别是用做承重结构的临时支撑脚手架拆除,必须引起所有施工人员及管理人员的高度重视,需抱着承担一项重大建设工程的理念去施工、落实、监控。

拆除顺序:安全网→挡脚板→脚手板→扶手→连接杆→格栅→大横杆→小横杆→立杆。

(1)拆撑作业要有详尽的施工技术措施、安全交底,并且必须在检查脚手架确无严重安全隐患后方可拆除。交底内容包括拆除范围、数量、顺序、方法及垂直、水平运输。

(2)拆除脚手架时必须划出安全区,设警戒标志,并设专人警戒。

(3)对任何承重脚手架在彻底拆除时,须有质量、技术人员在场监管,原则上对承重接触点或面在首次拆除时,要有一个微落过程,即首次拆除某区域脚手架时,按千斤顶着力点先后顺序分别先把机械千斤顶慢降约200 mm,静置不少于24 h后,由质量、技术、测量人员对该区域网架的变形情况进行测量,若结构的下挠或变形在合理的设计参数内,则继续脚手架的拆除工作;如果其超出设计参数,则必须立即停止该区域脚手架的拆除工作,并报告项目经理及现场技术负责人,进行事故原因的排查,必要时邀设计人员、监理工程师共同研究处理方案,待新的方案付诸实施后再按上述程序继续进行拆除工作,以确保工程质量和防止质量、安全事故的发生。

(4)拆除遵循自上而下的原则,逐层拆除。严禁在同一垂直面上同时作业。

(5)拆下的钢管和扣件及其他材料,运送到地面后,应及时清理,将合格的、修理后可重复使用的和应报废的加以区分,按规格堆放。

(6)每拆除脚手架一段落时,要对未拆除的脚手架的安全状态进行检查;若有情况应及时处理,确认一切均安全后方可离岗。

5)脚手架搭拆的安全技术保证措施

必须严格按相关技术标准和安全规程设置拼装支架,并符合下列规定:

(1)拼装支架是保证拼装精度、减小累积误差、防止结构下沉、实现安全生产的重要技术措施。因此,拼装支架的设计、选材、搭设、验收、使用和维护等技术环节要严格把关。

(2)采用扣件式钢管脚手架做拼装支架,其结构型式应根据其工作位置、荷载大小、荷载特性、支架高度、场地条件等因素决定。拼装支架由若干立杆和横杆组成,其横向两侧应设稳定架,纵向应用大横杆(顺水杆)连成长条扇形。支架顶部用钢板或型钢做柱帽,钢板或型钢直接与立杆焊接固定形成临时支座;支架底部用道木支垫,并应铺设在经处理的坚硬地基上。该拼装支架的设置应由计算确定,并应考虑风荷载及架子自重对支架稳定性的影响。

(3)脚手架基础必须平整压实,有排水措施,保证地基有可靠的承载能力。为防止滑坡,靠边坡上方的立杆轴线到边坡的距离不应小于500 mm。

(4)脚手架操作面应满铺脚手板,脚手板的接头处应有两根小横杆,距离不大于300 mm,脚手架上不准有探头板和飞跳板。

(5)脚手架操作层外侧应设两道1.2 m高的护身栏杆和一道高180 mm的档脚板,并挂密目安全网,操作面的下方设兜网封严。

(6)脚手架各杆件相交伸出的端头应大于100 mm,以防止杆件滑脱。

5.脚手架基础及现场道路

根据现场实际情况,脚手架基础及场区道路按图20-22进行实施。

**(四)网架散拼**

构件制作即将部分球杆拼为“哑铃型”或“火柴头型”。既可以提高组焊效率,减少高空焊接工作量,又可减少焊接应力集中及整体收缩量。

地面拼装均采用点固焊,焊点长度30~50 mm,焊点间距90~200 mm,且杆件与球的焊点不得少于三点。

**(五)高空散装**

从1—T轴开始,把1—T轴5层网架上的球和杆件安装就位,确保位置准确。由此开始拼装5层网架下的球和杆,然后进行5~4层腹杆与4层球管的拼接,最后再进行3层倒锥间腹杆和3层弦杆的拼装。从1—T轴开始组焊成条形单元,并逐步向1—K轴扩展。第一次从1—T轴拼装到1—S轴两个柱距,以后拼装时每移动一次搭拆平台组拼一个柱距。第一次搭拆后1—1轴和1—Ra轴交点处设临时支承,临时支承用脚手架固定。以此方法安装,直至整体网架完成。在拼装过程中随时监测球心坐标,采取措施防止其位移。

**(六)吊装施工**

吊装需配吊车4台,1台8 t吊车用来组装部件和为运输车服务,1台16 t吊车放在I

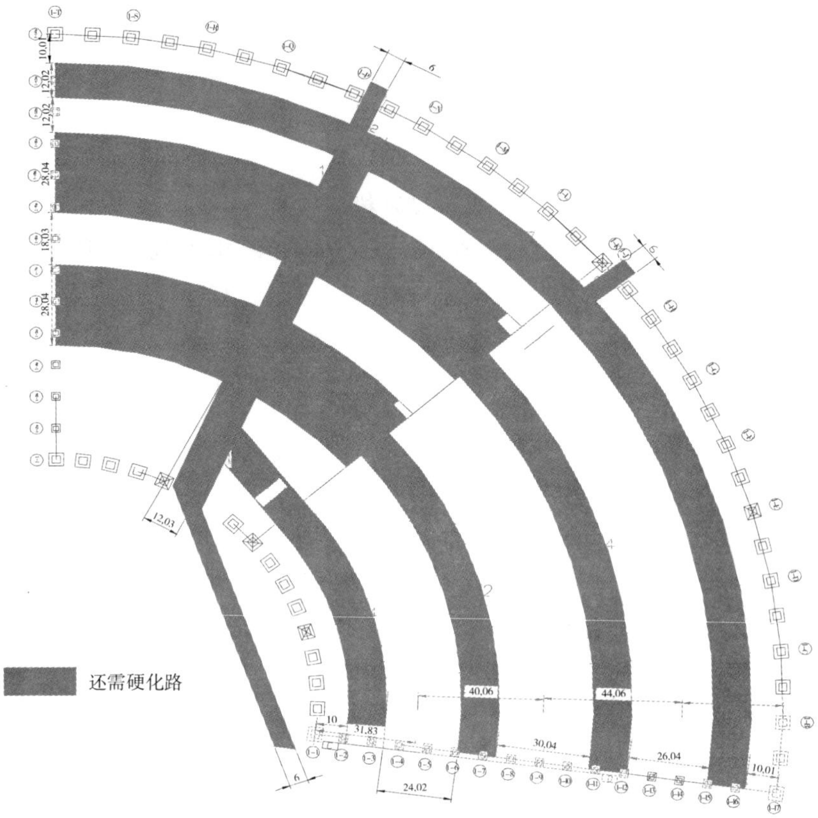


注:拟订场区道路铺石子厚度约 200 mm。

**图 20-22　脚手架基础及场区道路**

区负责垂直运输,2 台 25 t 吊车负责Ⅱ区和Ⅲ区的垂直运输(见图 20-23)。

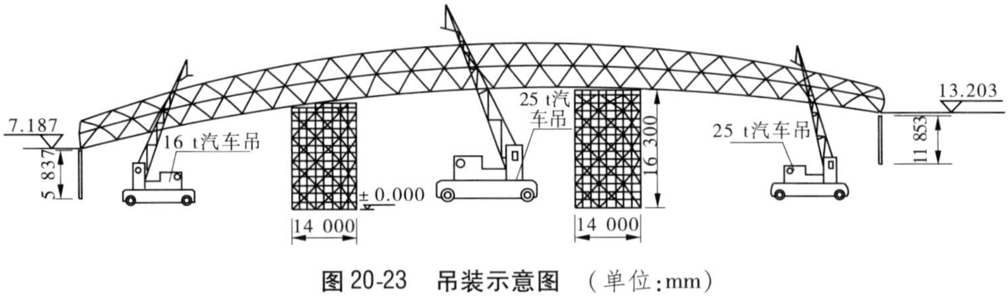


**图 20-23　吊装示意图**　(单位:mm)

组拼注意事项:分条组拼完成后,安排数名焊工自中心向两端护展焊接,以保证整体尺寸精度。

(1)拼装过程中,焊前应计算出节点焊缝的横向收缩量,采取钢管预留长度的方法使拼单元的尺寸准确。

(2)在组拼过程中,管与球的定位点固焊可视管径的大小,以周圈三至四点对称点固焊的方法进行。点固焊长度以 20 ~ 50 mm 为宜,并确保焊透。防止在组拼过程中出现刚性节点焊口崩开现象。

(3)对球体深嵌入管口现象,组拼前应尽量予以避免。如充分利用“哑铃型”或“火柴头型”构件,合理排序,优化组合。

(4)多层网壳节点交会杆件较多时,容许部分杆件相贯连接,但应满足以下条件:

①交会杆件的轴线必须通过球体中心线。

②相贯连接的两杆件中,截面面积大的主杆件必须全截面焊在球上(当截面相等时,取拉杆为主杆件),另一杆件则坡口焊在主杆件上,但必须保证有3/4焊在球上,并以加劲肋板补足削弱部分。

③加劲肋板焊接球节点的组拼,按设计要求肋板方向与该节点处受力方向平行,支座球节点布置加十字肋焊接球。

④同规格的杆件采用对接焊时,焊缝均应进行无损探伤检验,且每根杆件只允许有一条对接焊缝,对接杆件总数不应超过杆件总数的20%,并不得集中布置,该类杆件执行先对接焊后再进行二次下料的方法。

⑤拼装后的焊接采用对称施焊时,宜分层同时作业,以减少焊后应力的积累。

⑥无损探伤检验工作应在焊后跟踪展开,防止高空返修。

## 五、海域B厅张弦网架施工方案

### (一)方案概述

黄河口模型试验厅海域B厅结构型式为九榀主桁架及其支撑次桁架,其中1—B~1—J轴8榀为张弦桁架结构。每榀球节点主桁架约160 t,总长150 m,主桁架采用脚手架承台单元高空拼装方案,每榀主桁架分为四个单元在现场制作。单元主桁架最长长度为40 m,最大质量为40 t,最大高度为32 m;安装难度最大的是第三单元构件,安装高度为32 m,质量40 t。主桁架拼装至八榀一单元和八榀二单元后,吊车站位空间将受场地限制,无法正常吊装,将这两个单元搭满堂红脚手架,采用高空散拼方法进行安装。

张拉程序为:放索→两端索进入节点并临时固定(穿索)→撑杆、索球安装→张拉千斤顶就位,记录桁架初始监控值→张拉至各监测数据达到预定指标后停止→锚固。

### (二)工艺流程

工艺流程如图20-24所示。

### (三)承重脚手架工程

1. 施工方案

根据黄河口物理模型建设——模型试验厅项目钢屋盖结构特点,结合现场实际情况,综合考虑安全性、经济性和可行性原则,选用扣件式钢管脚手架作为钢屋盖高空吊装承重平台,承重脚手架平面布置示意图和吊装承重脚手架立面示意图分别如图20-25和图20-26所示。

整个海域B厅钢屋盖高空吊装的最不利工况为第一榀张弦钢网架分段(4段)高空吊装完毕状态,此时,四段钢网架结构荷载完全作用在承重脚手架上。此时,第一榀吊装承重脚手架搭设如图20-27、图20-28所示,承重、吊装脚手架顶部受压钢板下部分载构造措施分别如图20-29、图20-30所示。

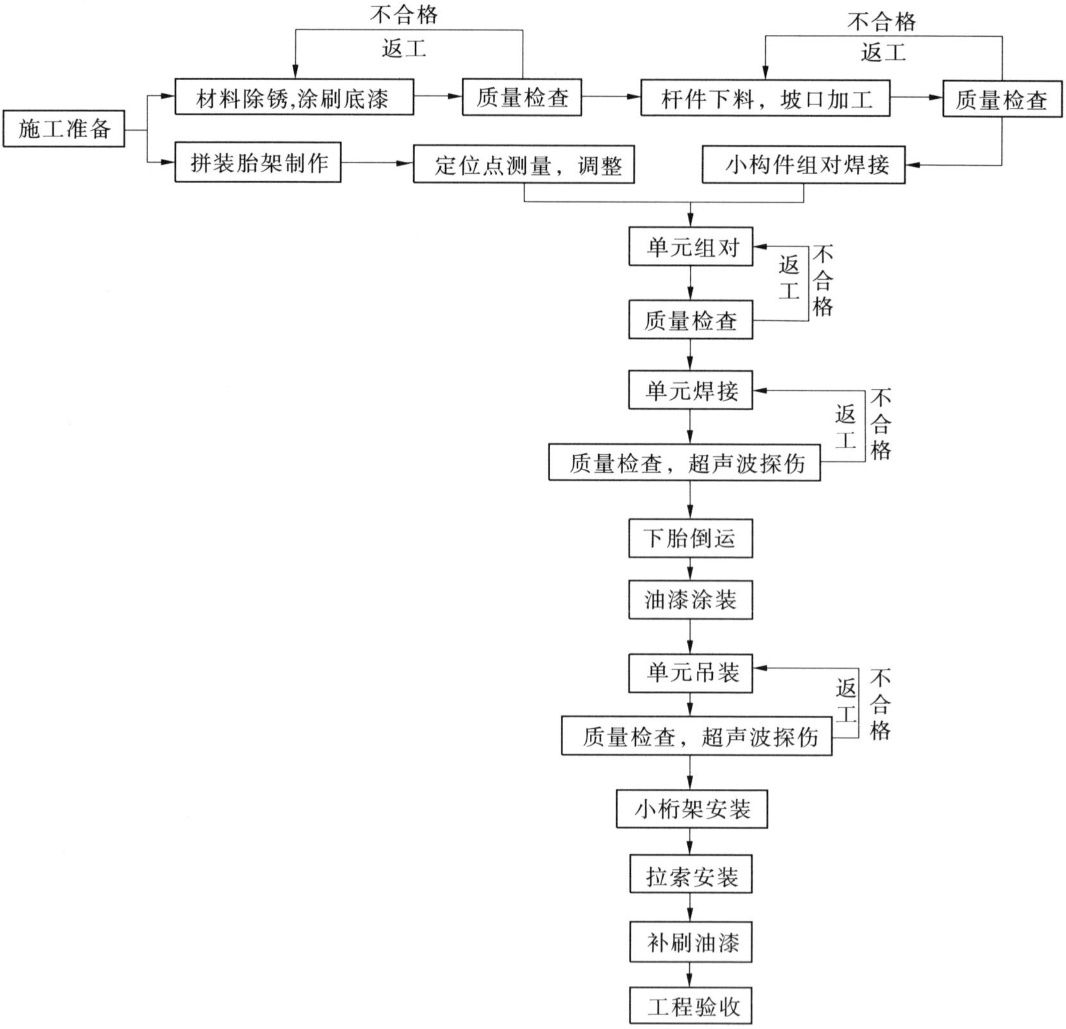


**图 20-24　工艺流程**

2. 设计依据

(1)《建筑结构荷载规范》(GB 50009—2001)；

(2)《建筑施工扣件式钢管脚手架安全技术规范》(JGJ 130—2001)；

(3)《钢结构设计规范》(GB 50017—2003)；

(4)《钢结构工程施工质量验收规范》(GB 50205—2001)；

(5)《建筑地基基础设计规范》(GB 50007—2002)；

(6)《黄河河口物理模型建设——模型试验厅施工方案》(项目部提供)；

(7)《建筑施工高处作业安全技术规范》(JGJ 80—91)；

(8)《建筑施工安全检查标准》(JGJ 59—99)；

(9)《施工技术》(参照)；

(10)《扣件式钢管模板高支撑架设计和使用安全》(参照)；

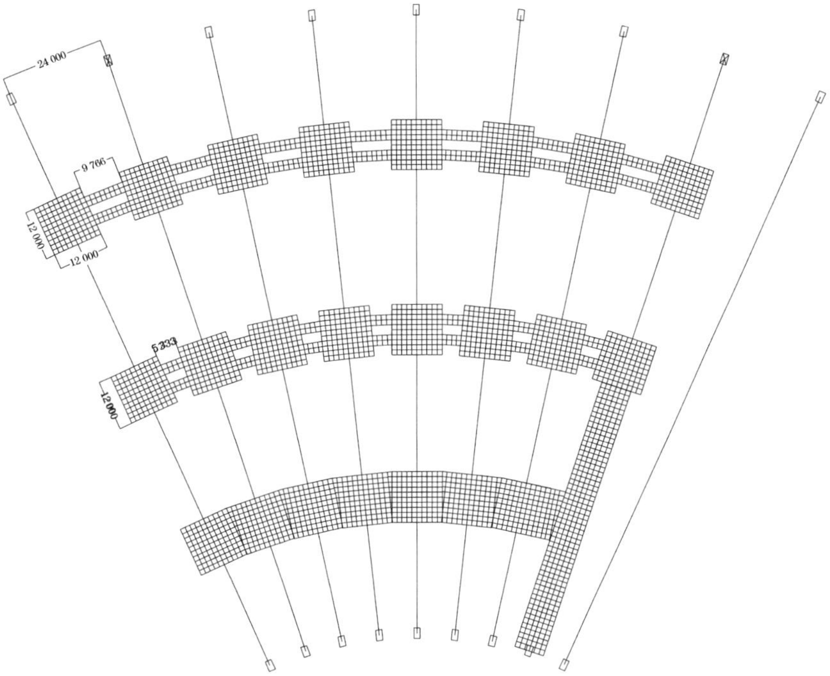


图 20-25　承重脚手架平面布置示意图

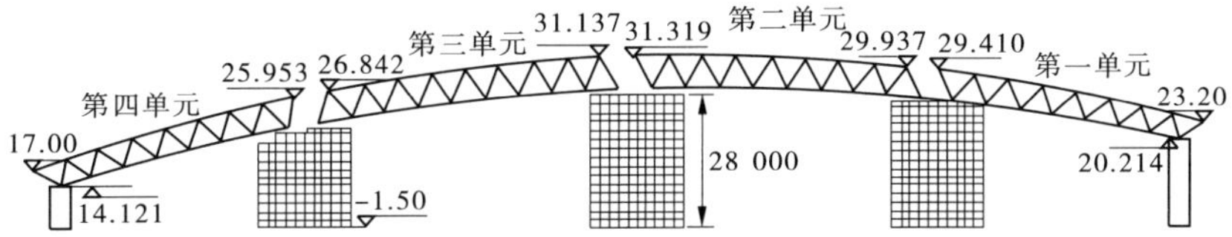


图 20-26　吊装承重脚手架立面示意图

(11)《建筑施工脚手架使用手册》(参照)。

3.脚手架计算分析

1)计算参数

Ⅰ.脚手架参数

脚手架搭设高度 $H=28.0$ m(取最大高度),在上部 1/4 高度内,方木受力区域下横杆步距取 $h=0.5$ m,其余横杆步距取 $h=1.0$ m;在承重钢架底部钢板作用范围内,脚手架立杆纵距、立杆横距 $l_a=l_b=0.5$ m,其余范围内脚手架立杆纵距、立杆横距 $l_a=l_b=1.0$ m,作业层设置栏杆和木挡脚板。承重脚手架搭设布置见图 20-31。脚手架搭设在经初步硬化的地面上,并铺设木垫板,长度不少于 2 跨、厚度不小于 50 mm。

脚手架材质选用 $\phi$48 mm×2.6 mm 钢管,截面面积 $A=370$ mm$^2$,截面模量 $W=4.00$ cm$^3$,回转半径 $i=1.60$ cm,钢管抗拉、抗压和抗弯强度设计值 $f=205$ N/mm$^2$。

Ⅱ.荷载参数(标准值)

现场每榀钢网架分为四段吊装,每段最大自重荷载为 480 kN,分到每个小钢架上为

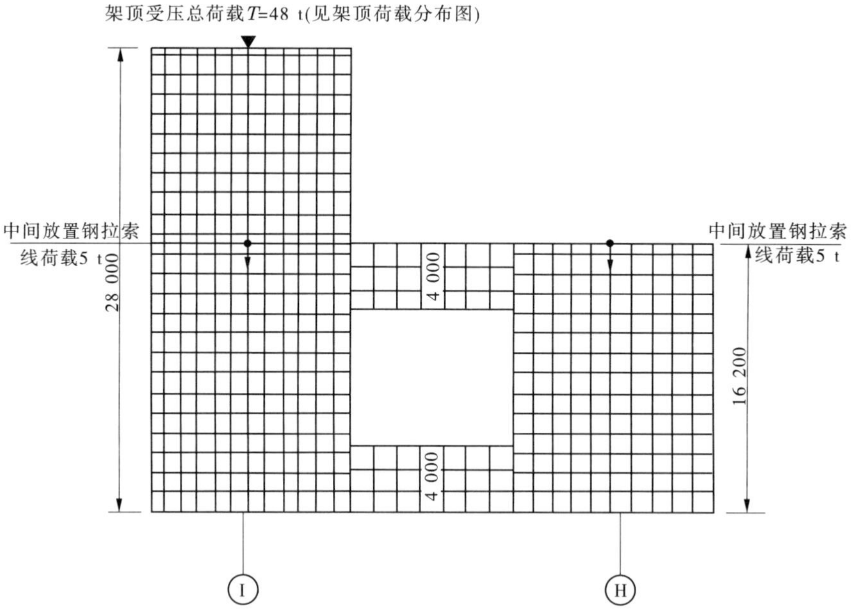


图 20-27　最不利工况时第一榀吊装脚手架搭设立面及荷载示意图

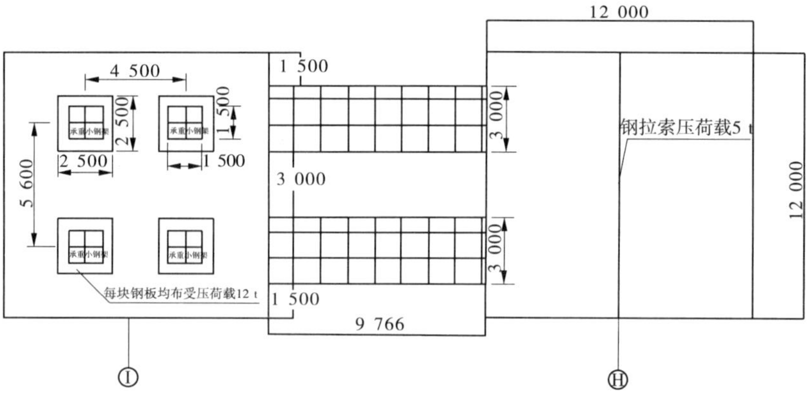


图 20-28　最不利工况时第一榀吊装脚手架顶部荷载平面分布图

120 kN。考虑到分段钢网架高空拼接过程中进行变位微调时，每个钢网架并非均匀承担分段钢网架自重荷载，取不均匀系数为 1.5，再考虑微调过程中可能产生的冲击作用，再乘以动力系数 1.2，即 $G_3 = 120 \times 1.5 \times 1.2 = 216(\text{kN})$；小钢架及其下部承重钢板和方木、槽钢总重量合计 $G_2 = 27.0$ kN。因此，脚手架承担的均布重量荷载为 $g_{k2} = \dfrac{G_2 + G_3}{A} = \dfrac{216 + 27.0}{2.5^2} = 38.9\ \text{kN/m}^2$。

每米立杆承受的结构自重标准值为 $g_{k1} = 0.10\ \text{kN/m}^2$。

栏杆与木脚手板自重标准值为 $g_{k3} = 0.14\ \text{kN/m}^2$。

风荷载标准值为

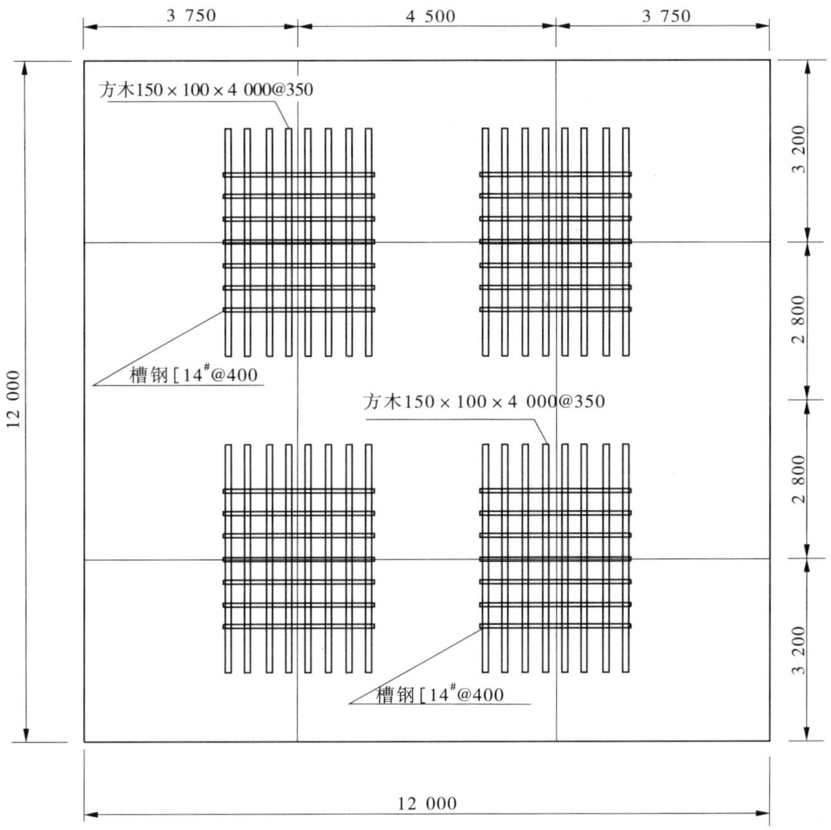


图 20-29　承重脚手架顶部受压钢板下部分载构造措施

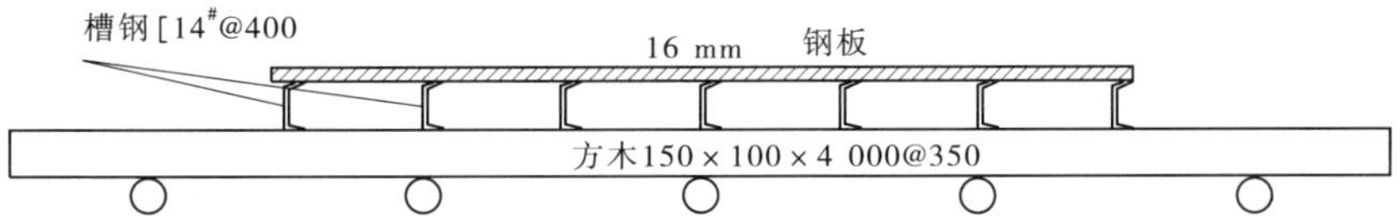


图 20-30　吊装脚手架顶部钢板下部分载构造措施布置图

$$w_k = 0.7\mu_z\mu_s w_0 \tag{20-1}$$

式中　$\mu_z$——风压高度变化系数，根据《建筑结构荷载规范》(GB 50009—2001)插值得 28 m 高度地面粗糙度 A 类地区为 1.77；

$\mu_s$——脚手架风荷载体型系数，$\mu_s=\mu_{stw}=0.20\times1.20\times\dfrac{1-0.85^{20}}{1-0.85}=1.54$；

$w_0$——基本风压，根据《建筑结构荷载规范》(GB 50009—2001)中全国风压基本分布图，东营地区为 0.60 kN/m²。

所以，$w_k=0.7\times1.77\times1.54\times0.60=1.14(\text{kN/m}^2)$。

Ⅲ. 方木参数

方木弹性模量 $E$ 为 9 500 N/mm²，抗弯强度设计值为 13.000 N/mm²，抗剪强度设计值为 1.3 N/mm²，间距 350 mm。方木的截面为宽度×高度＝150 mm×100 mm。

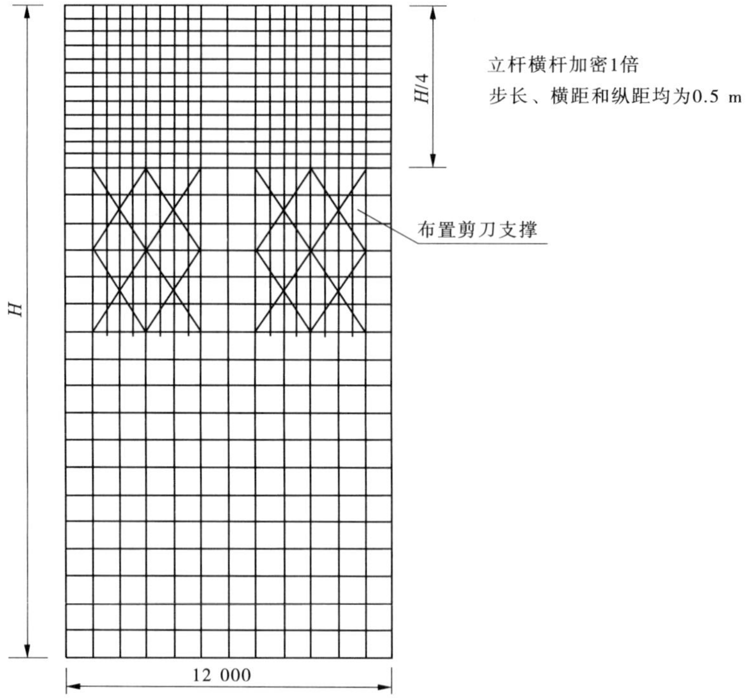


图 20-31 承重脚手架搭设布置示意图

2)方木计算

方木按简支梁计算,计算简图如图 20-32 所示。

方木的截面惯性矩 $I$ 和截面抵抗矩 $W$ 分别为

$$I = 15 \times 10 \times 10 \times 10/12 = 1\ 250(\mathrm{cm}^4)$$

$$W = 15 \times 10 \times 10/6 = 250(\mathrm{cm}^3)$$

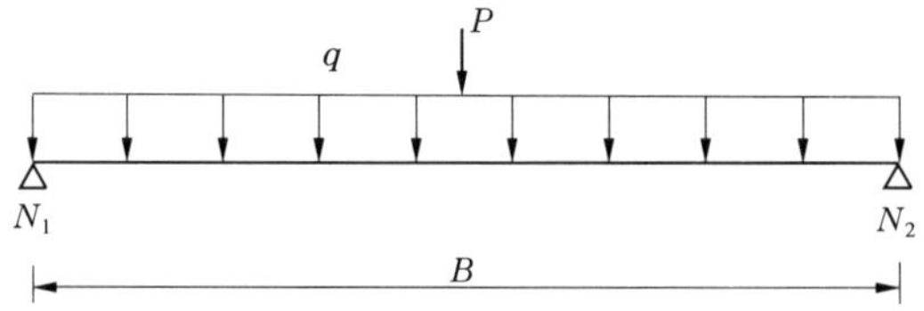


图 20-32 方木计算简图

Ⅰ.荷载的计算

钢筋混凝土板自重线荷载为

$$q_1 = 50.0 \times 0.350 \times 0.65 = 11.375(\mathrm{kN/m})$$

模板的自重线荷载为

$$q_2 = 0.350 \times 0.350 = 0.123(\mathrm{kN/m})$$

活荷载为施工荷载标准值与振捣混凝土时产生的荷载,其值为

$$P_1 = (1.0 + 3.0) \times 0.50 \times 0.350 = 0.70(\mathrm{kN})$$

Ⅱ.强度计算

最大弯矩考虑为静荷载与活荷载计算的最不利分配的弯矩和,计算公式如下

$$M_{max} = \frac{Pl}{4} + \frac{ql^2}{8} \qquad (20\text{-}2)$$

均布荷载为

$$q = 1.2 \times (11.375 + 0.123) = 13.798(\text{kN/m})$$

集中荷载为

$$P = 1.4 \times 0.700 = 0.980(\text{kN})$$

最大弯矩为

$$M = \frac{Pl}{4} + \frac{ql^2}{8} = \frac{0.980 \times 0.50}{4} + \frac{13.798 \times 0.50^2}{8} = 0.554(\text{kN} \cdot \text{m})$$

最大支座力为

$$N = \frac{P}{2} + \frac{ql}{2} = \frac{0.980}{2} + \frac{13.798 \times 0.50}{2} = 3.985(\text{kN})$$

抗弯强度为

$\sigma = \frac{M}{W} = 0.554 \times 10^6/(250.0 \times 10^3) = 2.216(\text{N/mm}^2) < 13.0\ \text{N/mm}^2$,满足要求。

Ⅲ.抗剪计算

最大剪力的计算公式如下

$$Q = ql/2 + P/2 \qquad (20\text{-}3)$$

截面抗剪强度必须满足

$$T = 3Q/2bh < [T]$$

其中最大剪力:$Q = 0.5 \times 13.798/2 + 0.980/2 = 3.939(\text{kN})$;

截面抗剪强度计算值 $T = 3 \times 3\ 939/(2 \times 150 \times 100) = 0.394(\text{N/mm}^2)$;

截面抗剪强度设计值$[T] = 1.30\ \text{N/mm}^2$,满足要求。

Ⅳ.挠度计算

最大弯矩考虑为静荷载与活荷载计算的最不利分配的挠度和,计算公式如下

$$V_{max} = \frac{Pl^3}{48EI} + \frac{5ql^4}{384EI} \qquad (20\text{-}4)$$

均布荷载为

$$q = q_1 + q_2 = 11.375 + 0.123 = 11.498(\text{kN/m})$$

集中荷载为

$$P = 0.70\ \text{kN}$$

最大变形为

$$V_{max} = 5 \times 11.498 \times 500^4/(384 \times 9\ 500 \times 12\ 500\ 000) + 700 \times 500^3/(48 \times 9\ 500 \times 12\ 500\ 000) = 0.094(\text{mm})$$

方木的最大挠度为 0.094 mm < 500/250 = 2(mm),满足要求。

3)纵向水平杆、横向水平杆计算

Ⅰ.验算横向水平杆抗弯强度及挠度

计算横向水平杆的内力和挠度时,按照集中荷载作用下的三跨连续梁计算,计算跨度

为 500 mm，计算简图见图 20-33。

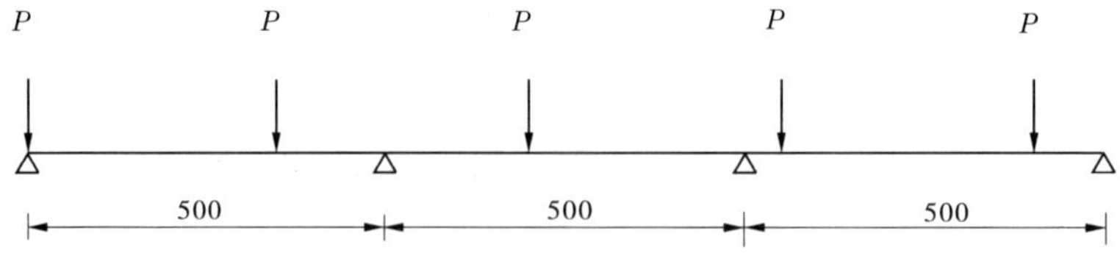


图 20-33　横向水平杆计算简图

集中荷载 $P$ 取钢板底部方木的传递力，则

$$P = 0.35 \times 0.5 \times (38.9 + 0.14) \times 1.2 = 8.20(\text{kN})$$

计算结果的弯矩、变形和剪力图如图 20-34 所示。

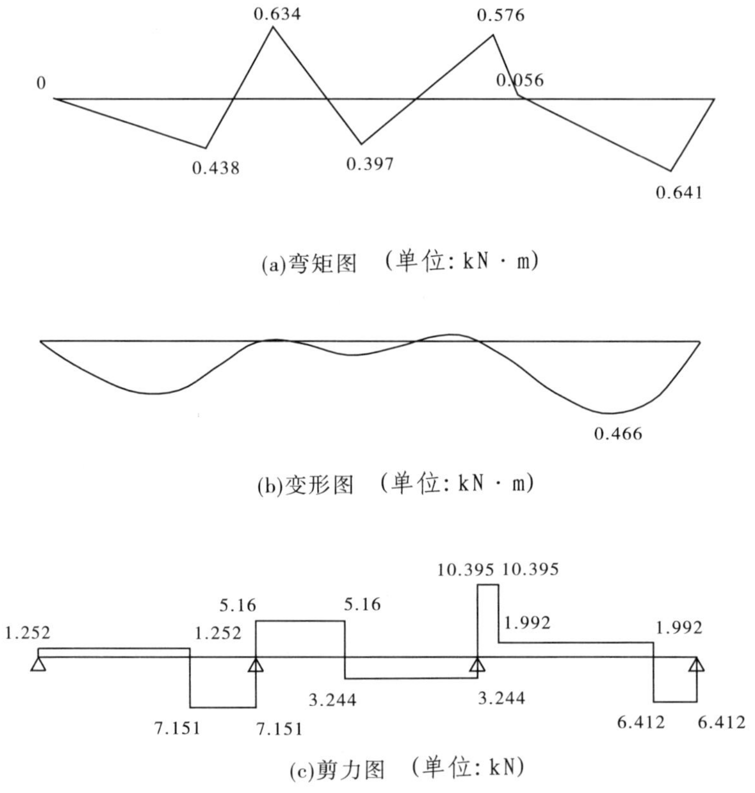


(a)弯矩图　(单位：kN · m)



(b)变形图　(单位：kN · m)



(c)剪力图　(单位：kN)

图 20-34　横向水平杆计算结果的弯矩图、变形图和剪力图

抗弯强度：$\sigma = \dfrac{M}{W} = \dfrac{0.641 \times 10^6}{4.00 \times 10^3} = 160.25(\text{N/mm}^2) < 205\ \text{N/mm}^2$，满足要求。

挠度：$V = 0.466\ \text{mm} < \min\{500/150, 10\} = 3.33\ \text{mm}$，满足要求。

Ⅱ. 验算纵向水平杆抗弯强度及挠度

横向水平杆通过直角扣件，将竖向荷载直接传递给立杆，故此处不需要验算。

Ⅲ. 验算扣件的抗滑移承载力

纵向或横向水平杆通过扣件传给立杆的竖向作用力设计值：$R = 13.64\ \text{kN} < 2 \times 8.0 =$

16.0(kN),满足要求。但考虑到现场扣件的实际抗滑移承载力可能达不到要求,为了确保安全,在横向水平杆上方木作用力点处加设适量的人字形斜撑。

4)立杆计算(钢架底部钢板作用范围内立杆采用双钢管)

Ⅰ.验算长细比

计算长度

$$l_{01} = h + 2a = 1.0 + 2 \times 0.1 = 1.2(\text{m})$$

$$l_{02} = k\mu h = 1.155 \times 1.70 \times 1.0 = 1.96(\text{m})$$

$$l_0 = \max\{l_{01}, l_{02}\} = 1.96(\text{m})$$

长细比 $\lambda = l_0/i = 196/1.60 = 122.5 < [\mu] = 150$,满足要求。

Ⅱ.计算风荷载设计值产生的立杆段弯矩 $M_w$

$$M_w = 0.85 \times 1.4M_{wk} = \frac{0.85 \times 1.4w_k l_a h^2}{10}$$

$$= \frac{0.85 \times 1.4 \times 1.14 \times 1.0 \times 1.0^2}{10} = 0.136(\text{kN} \cdot \text{m})$$

Ⅲ.计算立杆段轴向力设计值

Ⅰ)不组合风荷载时

$$N = 1.2(N_{G1k} + N_{G2k}) + 1.4\sum N_{Qk} = 1.2 \times (0.10 \times 28 + 0.14 \times 1.0 + 38.9 \times 1.0^2) + 1.4 \times 1.0^2 \times 3 = 54.41(\text{kN})$$

Ⅱ)组合风荷载时

$$N = 1.2(N_{G1k} + N_{G2k}) + 0.85 \times 1.4\sum N_{Qk}$$

$$= 1.2 \times (0.10 \times 28 + 0.14 \times 1.0 + 38.9 \times 1.0^2) + 0.85 \times 1.4 \times 1.0^2 \times 3 = 53.78(\text{kN})$$

Ⅳ.立杆稳定性验算

Ⅰ)不组合风荷载时

$\dfrac{N}{\varphi A} = \dfrac{54.41 \times 10^3}{0.437 \times 2 \times 370} = 168.25(\text{N/mm}^2) < f = 205\ \text{N/mm}^2$,满足要求。

Ⅱ)组合风荷载时

$\dfrac{N}{\varphi A} + \dfrac{M_w}{W} = \dfrac{53.78 \times 10^3}{0.437 \times 2 \times 370} + \dfrac{0.136 \times 10^6}{2 \times 4.0 \times 10^3} = 183.31(\text{N/mm}^2) < f = 205\ \text{N/mm}^2$,满足要求。

5)加密立杆计算(即脚手架上部1/4高度内加密布设立杆)

Ⅰ.验算长细比

计算长度

$$l_{01} = h + 2a = 0.5 + 2 \times 0.1 = 0.7(\text{m})$$

$$l_{02} = k\mu h = 1.155 \times 1.70 \times 0.5 = 0.98(\text{m})$$

$$l_0 = \max\{l_{01}, l_{02}\} = 0.98(\text{m})$$

长细比 $\lambda = l_0/i = 98/1.60 = 61.3 < [\mu] = 150$,满足要求。

Ⅱ. 计算风荷载设计值产生的立杆段弯矩 $M_w$

$$M_w = 0.85 \times 1.4M_{wk} = \frac{0.85 \times 1.4w_k l_a h^2}{10} = \frac{0.85 \times 1.4 \times 1.14 \times 0.5 \times 0.5^2}{10} = 0.017(\text{kN}\cdot\text{m})$$

Ⅲ. 计算立杆段轴向力设计值

Ⅰ)不组合风荷载时

$$N = 1.2(N_{G1k} + N_{G2k}) + 1.4\sum N_{Qk} = 1.2 \times (0.10 \times 6 + 0.14 \times 0.5 + 38.9 \times 0.5^2) + 1.4 \times 0.5^2 \times 3 = 13.52(\text{kN})$$

Ⅱ)组合风荷载时

$$N = 1.2(N_{G1k} + N_{G2k}) + 0.85 \times 1.4\sum N_{Qk} = 1.2 \times (0.10 \times 6 + 0.14 \times 0.5 + 38.9 \times 0.5^2) + 0.85 \times 1.4 \times 0.5^2 \times 3 = 13.37(\text{kN})$$

Ⅳ. 立杆稳定性验算

Ⅰ)不组合风荷载时

$\dfrac{N}{\varphi A} = \dfrac{13.52 \times 10^3}{0.813 \times 370} = 44.95(\text{N/mm}^2) < f = 205\ \text{N/mm}^2$,满足要求。

Ⅱ)组合风荷载时

$\dfrac{N}{\varphi A} + \dfrac{M_w}{W} = \dfrac{13.37 \times 10^3}{0.813 \times 370} + \dfrac{0.017 \times 10^6}{4.0 \times 10^3} = 48.70(\text{N/mm}^2) < f = 205\ \text{N/mm}^2$,满足要求。

Ⅴ. 立杆连接扣件抗滑移验算

加密区的加密立杆至少在竖向上与 7 层横杆连接,此时每个扣件承受的竖向力 $R = \dfrac{N}{6} = \dfrac{13.52}{6} = 2.25(\text{kN}) < R_C = 0.8 \times 8.0 = 6.4(\text{kN})$,满足要求。

同时,为了确保现场安全,加设人字形斜撑。

4. 地基处理

承重脚手架的地基处理具体技术:将黏土地基平整,垫 10 cm 厚素土,用压道机压实后,上部铺 10 cm 碎石,继续碾压后平整,每个承重脚手架周边设置贯通的 300 mm × 400 mm × 300 mm 坡度排水沟,在最底处设 500 mm × 800 mm × 500 mm 集中排水坑。脚手架下铺通长 200 mm × 50 mm 木跳板,每根立杆下垫 $\delta = 10$ mm × 100 mm × 150 mm 钢板。具体如图 20-35 所示。

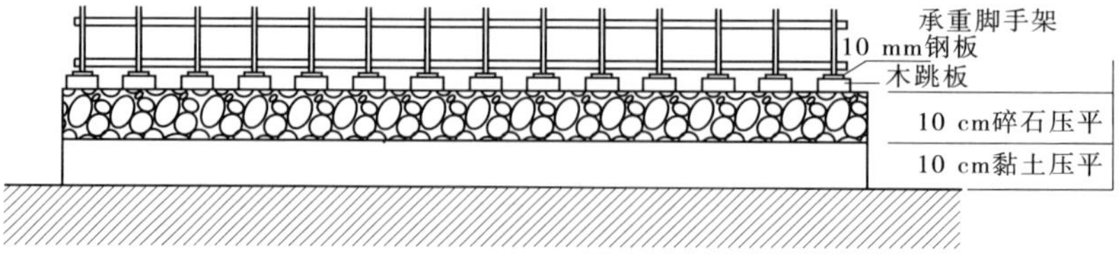


**图 20-35　承重脚手架地基处理示意图**

地基承载力计算:根据该工程地域地质勘察报告,正常现场原土地耐力为 8 t/m$^2$。

承重脚手架地基载荷 $N_1$:[承重架结构自重($G_1$)+安装构件重量($G_2$)] ×1.5(活荷载系数取值)=(52+24×2+5) ×1.5=157.5(t)。

地基有效承载力 $N_2$:0.2×12×12×8=230.4(t),$N_2$=230.4 t>$N_1$=157.5 t,地基有效承载力满足受力要求。

5.脚手架搭设要求

在施工作业区域及走道上需铺设50 mm厚木跳板,且与脚手架用铅丝绑扎牢固。脚手板铺设可采用搭接。接头必须支在水平杆上,搭接长度应大于0.2 m,其伸出水平杆的长度应大于0.1 m。每个脚手架侧面布置一个折爬梯。

6.承重脚手架的拆除

在张弦网架张拉施工过程中,张弦网架整体主桁架起拱自然脱胎,所有承重不承载后,承重脚手架自然拆除。

7.承重脚手架监测

为了保证整个钢屋盖吊装过程的安全,避免承重脚手架出现失稳、倾覆或倒塌,需对其进行现场监测。现场选取吊装过程的最不利工况进行监测,以掌握控制点的变位和控制截面的应力变化,确保承重脚手架结构安全和控制点位满足钢网架张拉前对"承重平台"变形的要求。

通过布置在整拼胎架的观测点,运用高精度全站仪,现场实时进行承重脚手架控制点的沉降观测,确保承重脚手架安全、稳定,确保分段网架结构拼接过程中标高控制满足设计要求。

**(四)拼装施工**

1.段单元制作

海域B厅张弦网架主桁架投影距离为148 m,单榀重约160 t,采用地面拼装高空组对的方式。单榀桁架分成四个单元,在专用胎具上进行拼装。

在施工时采用主桁架倒置呈正三角形的专用胎具。胎具采用六段刚性较好的H型钢作为主受力胎,H型钢下放大块钢板,起平衡和减少不均匀沉降的作用,H型钢之间用钢管等物体连接,使胎具既有足够的刚性,又有较强的灵活性。球节点定位采用厚壁钢管,可以良好地对球节点进行支撑定位。段单元加工制作过程如图20-36～图20-40所示。

单元地面拼装顺序如下:

(1)制作专用胎具,用已转换完成的坐标,进行节点的定位。考虑焊接收缩对整体的影响,胎具尺寸加大。

(2)开始下弦组拼,从中部向两边延伸拼装。

(3)下弦拼装完成后,在中部组拼第一个三角锥。

(4)拼装上弦和腹杆,以第一个三角锥为依托,同时向两边延伸拼装。

(5)整体拼装完成后,从中部开始向两边均匀对称施焊。

(6)对所有焊缝进行无损探伤,合格后进行油漆补涂。

在单元下设转换支撑,抽出胎架,对桁架进行稳固。

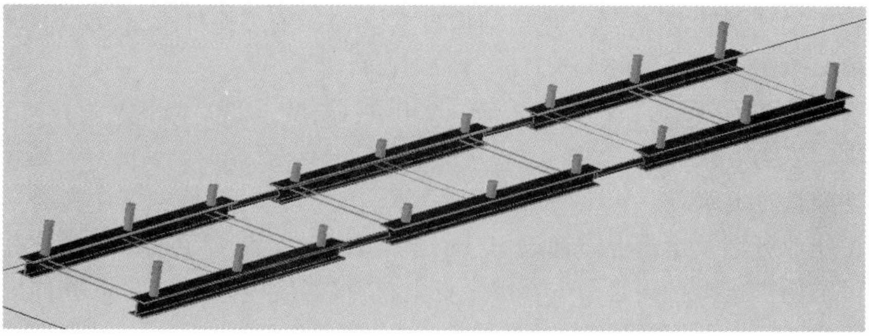

图 20-36　段单元加工制作过程一

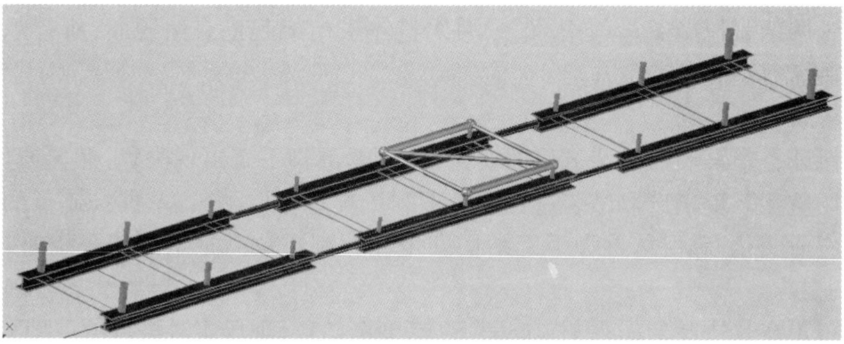

图 20-37　段单元加工制作过程二

图 20-38　段单元加工制作过程三

图 20-39　段单元加工制作过程四

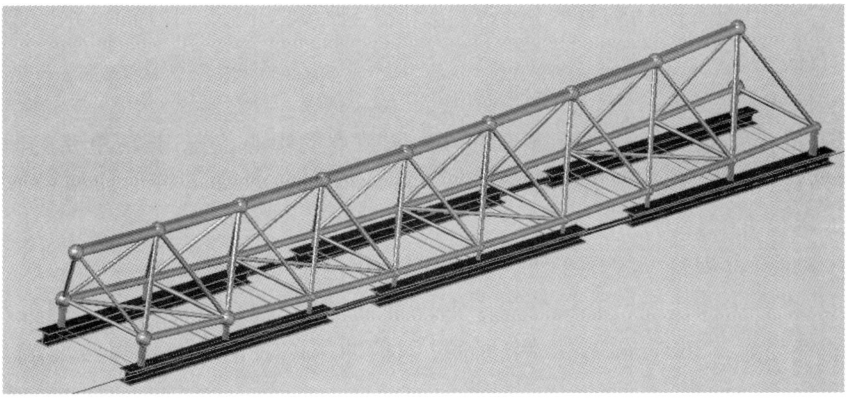

图 20-40　段单元加工制作过程五

2. 焊接球节点支座制作

目前,对于大跨度预应力张弦结构来说,其拉索支座节点多采用铸钢节点。这种节点的优点:形状适应性比较好,可以根据需要铸造成各种形状,以适应支座节点复杂的受力和构造要求。不足之处:①由于铸钢节点生产工艺比较复杂,导致生产周期比较长,容易对整个建筑物的工期造成影响;②经济性不好,相同性能的铸钢比钢材价格贵很多。

本工程采用了一种新型的大跨度预应力张弦结构拉索支座焊接球节点,如图 20-41 所示。

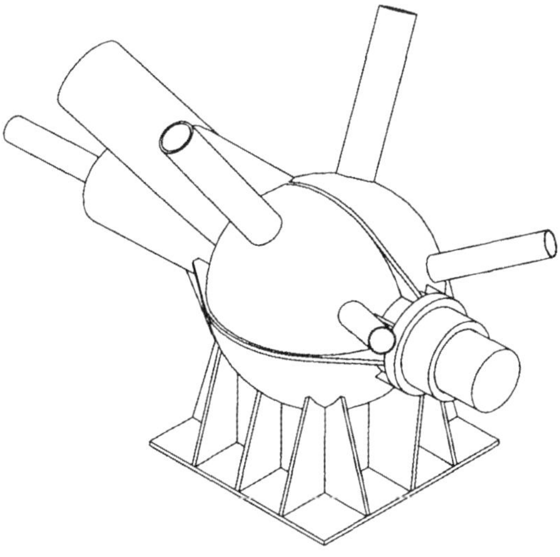

图 20-41　大跨度预应力张弦结构拉索支座焊接球节点

它具有的优点和积极效果如下:

(1)组成焊接空心钢球的空心钢球瓣所需的钢板和钢球加劲钢板、底座加强支撑板、小钢板等材料均可以在市场上买到现成的产品,组装所采用的焊接技术也非常成熟,因此生产周期大大缩短,并可以保证质量。

(2)主要材料焊接球和钢板的价格比相同性能的铸钢材料低很多,并且生产工艺简单,使其具有良好的经济性。

(3)完全采用现有产品和材料进行焊接组装,不需要开模具和铸造,相应地减少了材料和能源消耗。

制作过程如下。

第一步:确定穿索钢管。由于穿索钢管处于节点的中心位置,其他重要的节点板件均焊于其上,所以设计穿索钢管为厚壁管 508 mm × 40 mm,这样可以增加整个节点的刚度并顺利地传递拉索的拉力。

第二步:在穿索钢管上焊接 4 块 30 mm 厚的钢球加劲钢板。

第三步:将分为四块的空心钢球焊于钢球加劲钢板上,空心球与加劲钢板互相支撑,空心钢球的外径为 1 360 mm,空心钢球通过钢板冲压制成钢球瓣再焊接而成。至此,节点的主要部分已经形成。

第四步:在焊接球下面焊接一些板件,将来与柱顶的球铰支座相连,并便于安装拉索。

3. 整体拼装

1)承重平台分力及高空就位微调装置

经分析计算,单个承重脚手架承重约 480 kN。承重脚手架上部平台要起到把主桁架的重力均匀分散到脚手架杆上,又要起到支承主桁架的作用,即压力缓冲作用和刚性支承作用。本工程中,在平台受力点区域内的脚手架上按固定间距铺设方木,方木与脚手架绑扎牢固,在方木上部放置由槽钢焊接拼装而成的槽钢平台(见图 20-42),在槽钢平台上放置由角钢焊接组拼而成的角钢钢架(见图 20-43),角钢钢架与槽钢平台焊接牢固,其中方木起到压力缓冲分散作用,槽钢平台和角钢钢架起到刚性支承作用。每个脚手架上布置四个受力平台,单点最大受力为 117.6 kN。

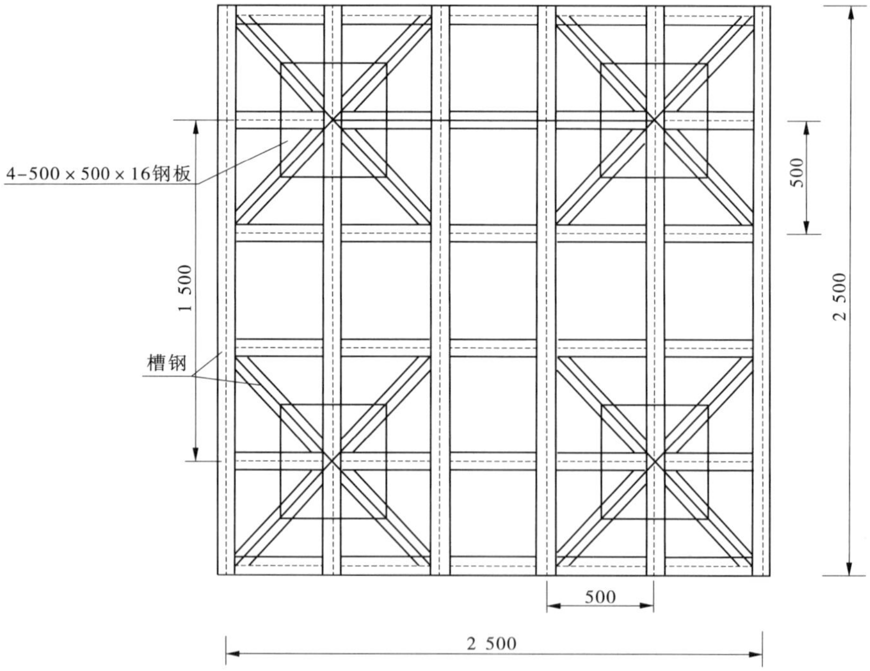


图 20-42　槽钢平台示意图

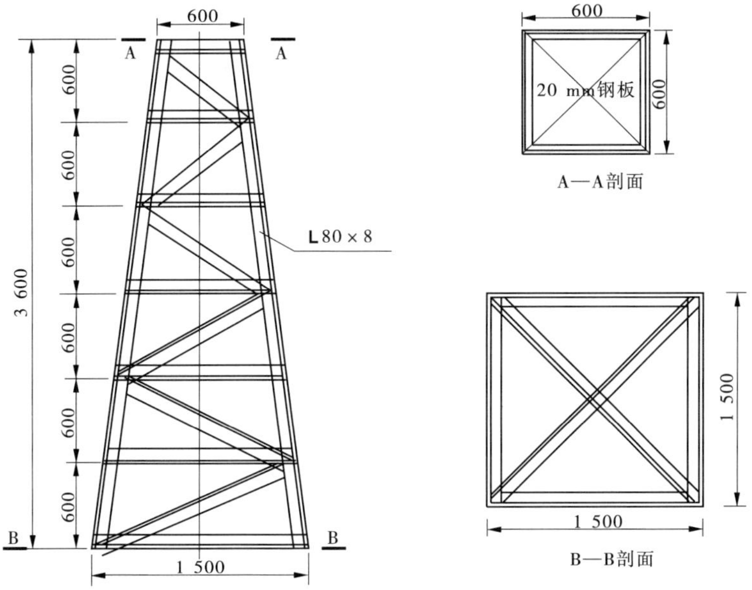


图 20-43　角钢钢架示意图

在主桁架吊装时，首先用全站仪将安装轴线引测到承重脚手架的承重平台上，确定主桁架安装的支点位置，并安放螺旋千斤顶，千斤顶与下部钢板焊接牢固。当主桁架单元高空落位至千斤顶上时，及时组织测量人员对落点坐标进行复测，达到预设坐标后千斤顶必须承重，然后通过全站仪及上弦上放置的水平尺对上弦球下的两个千斤顶进行微调，当上弦调整至理论坐标后，加设定位剪刀撑，使桁架达到预定的位置并固定，详见图 20-44。

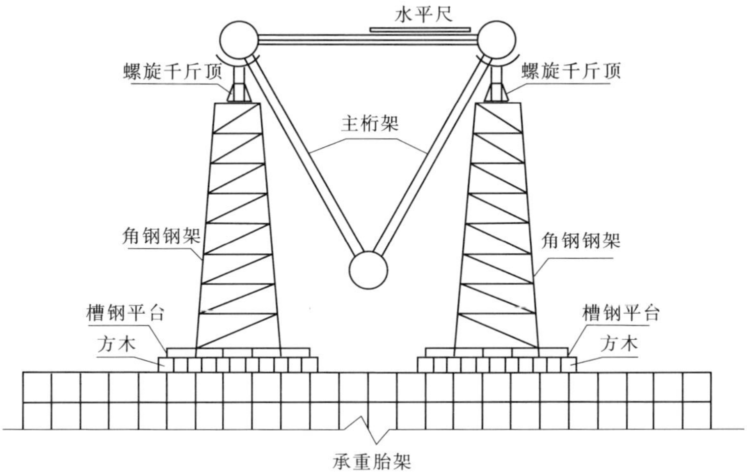


图 20-44　承重平台及微调装置示意图

Ⅰ.计算模型

对于支撑角钢钢架结构，采用有限元软件 SAP2000 进行施工过程中的受力分析，计算模型如图 20-45 所示（单位：kN · mm）。

Ⅱ. 荷载工况

Ⅰ) 恒荷载(Dead Load)

支撑小钢架结构自重，在定义了材料属性(Q235)和构件截面属性以后，程序自动计算。

Ⅱ) 施工荷载(Live Load)

作用在支撑小钢架结构上的施工荷载包括分段钢网架自重荷载 + 千斤顶自重荷载 + 其他施工人员自重荷载等，其大小为$\frac{480}{2 \times 2} = 120(\text{kN})$；考虑到支撑小钢架受力的不均匀性，取受力不均匀系数为1.5；同时千斤顶微调时将产生冲击作用，取动力系数为1.2，因此支撑钢架承受的荷载标准值为$120 \times 1.5 \times 1.2 = 216(\text{kN})$。同时，考虑到每个支撑钢架的4个支撑点受力亦可能不均匀，此处取不均匀系数为2，故支撑钢架顶部每个受力点承受的荷载标准值(见图20-46)为

$$P = \frac{216}{4} \times 2 = 108(\text{kN})$$

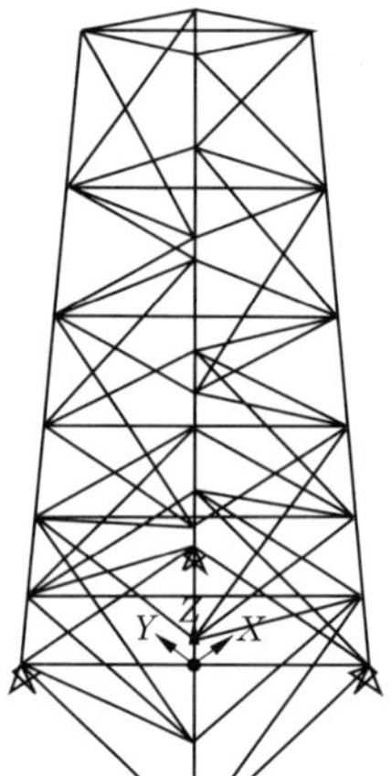


图20-45　支撑钢架计算模型

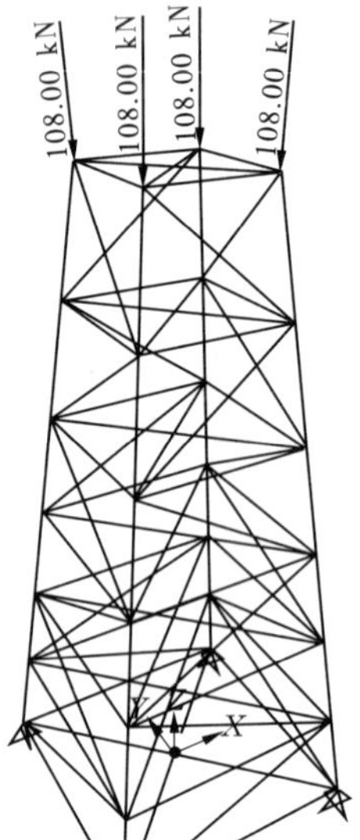


图20-46　支撑钢架承受的施工荷载标准值

Ⅲ) 荷载组合

采用的工况组合如下：

DL(Dead Load) + LL(Live Load)

其中恒荷载的分项系数取1.2，施工荷载的分项系数取1.2(考虑到施工荷载主要是钢网架自重荷载，荷载变异性相对较小)。

Ⅳ) 内力分析

支撑钢架在上述荷载工况和荷载组合作用下的内力(压弯应力比)如图20-47所示。

从上面的计算分析可以看出，支撑钢架结构构件的最大压弯应力比为0.796，满足规

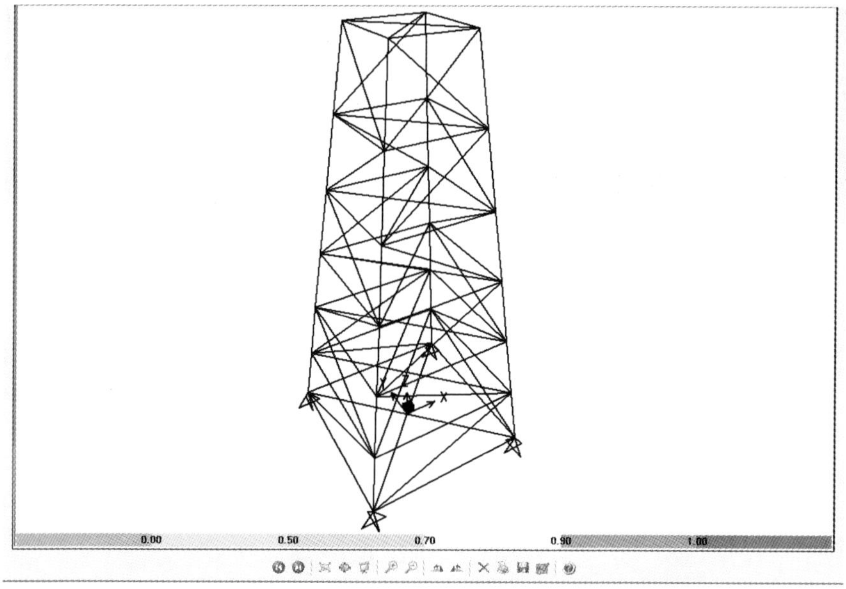


图 20-47　支撑钢架内力(压弯应力比)图

范要求。

V)变形分析

支撑钢架变形如图 20-48 所示。

支撑钢架顶部 4 个节点的最大水平位移为 0. 14 mm,最大竖向位移为 1. 98 mm,满足规范要求。

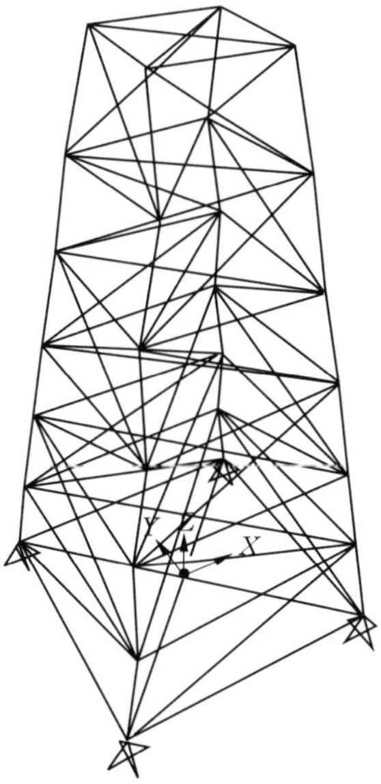

图 20-48　支撑钢架变形图

每榀球节点主桁架约 160 t,总长 150 m。主桁架采用脚手架承台单元高空拼装方案,每榀主桁架分为四个单元在现场内制作,单元主桁架最长长度为 40 m,最大质量为 40 t,

最大高度为 32 m；安装难度最大工况是第三单元构件，安装高度为 32 m，质量 40 t。经模拟排布，预计主桁架拼装至八榀一单元和八榀二单元后，吊车站位空间将受场地限制，无法正常吊装，拟将这两个单元搭满堂红脚手架，采用高空散拼方法进行安装。

2）安装顺序

钢网架段单元安装顺序如图 20-49 所示。

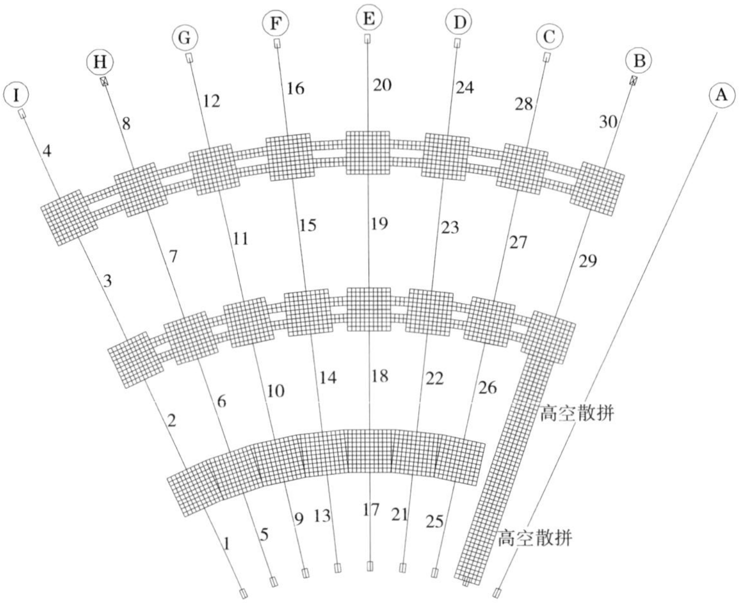


图 20-49　钢网架段单元安装顺序

3）单元划分

每榀主桁架具体单元划分如图 20-50 所示。

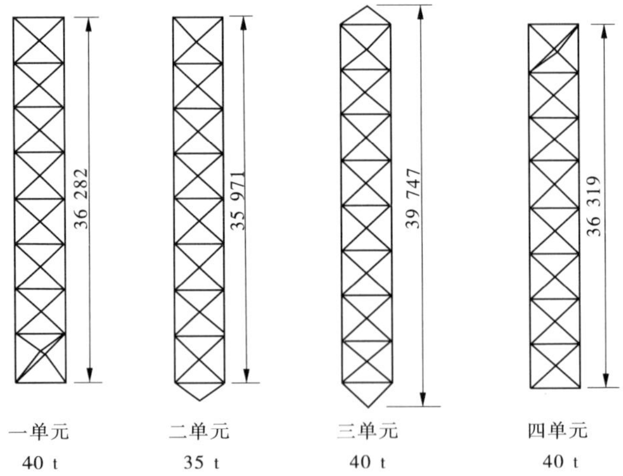


图 20-50　每榀主桁架具体单元划分

4）吊装过程

当桁架制作摆放完成后，拟在现场构件摆放的剩余空间先搭设第一榀、第二榀和第三榀的承重脚手架，其余承重脚手架随着该区域主桁架吊走后搭设，形成流水作业。吊装准备完成现场布置示意如图 20-51 所示。

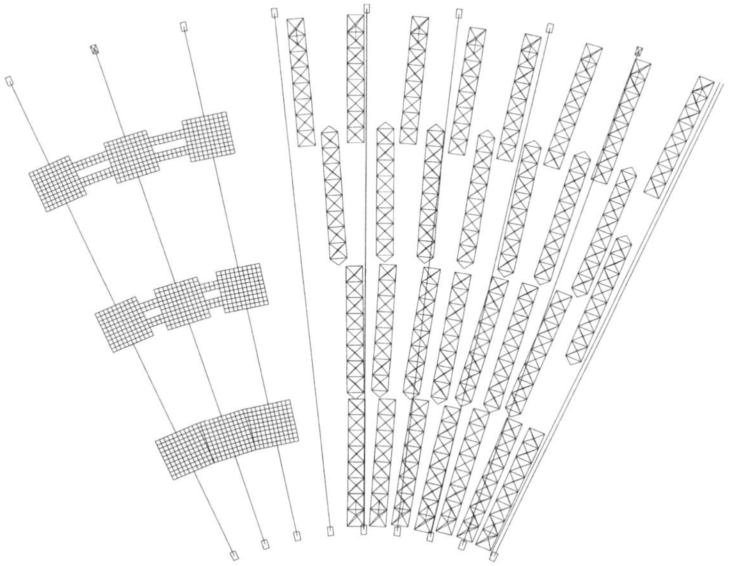

图 20-51　吊装准备完成现场布置示意

按东营规划区在现场定出的两个已知点，利用全站仪，设立新坐标系，在内弧柱顶设观测站，在每个安装柱头引出十字线，复测每个柱头的标高，在已搭设的承重脚手架上，引出上弦端部两球的十字线，确定上弦两球的位置；吊装过程中，进行全程 12 点跟踪测量，辅助主桁架准确就位。

吊装地面准备：由于考虑制作方便，桁架均呈正三角形制作。在吊装时，应先把桁架翻至侧卧，然后按图 20-52 所示拴钢丝绳，起吊至离开地面，为保证桁架吊装过程中的平衡和稳定，提高安装效率，在四条钢丝绳上加可调节装置，使主桁架在地面调节高低端纵向标高差基本达到单元构件拼装定位状态时的标高差值，以方便就位，如图 20-53 所示。

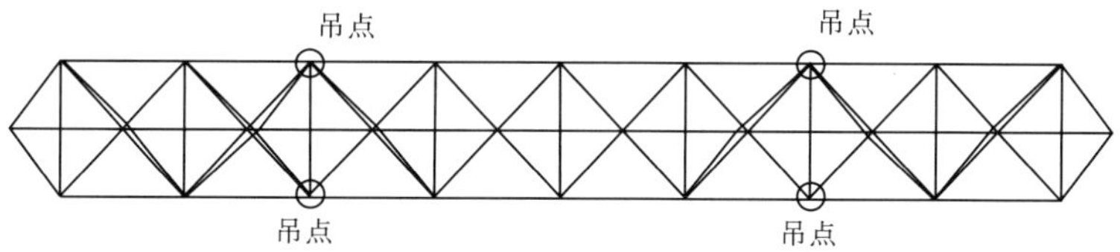


图 20-52　主桁架吊点位置示意图

5）单元吊装构件强度、稳定性验算

该吊装验算未施加恒载，只考虑结构自重，同时考虑 10% 的安全系数。主要三种工况状态计算结果如下：

（1）起吊第一步：主桁架单元构件翻身，上弦与下弦各吊两点，同时吊装，杆件最大应

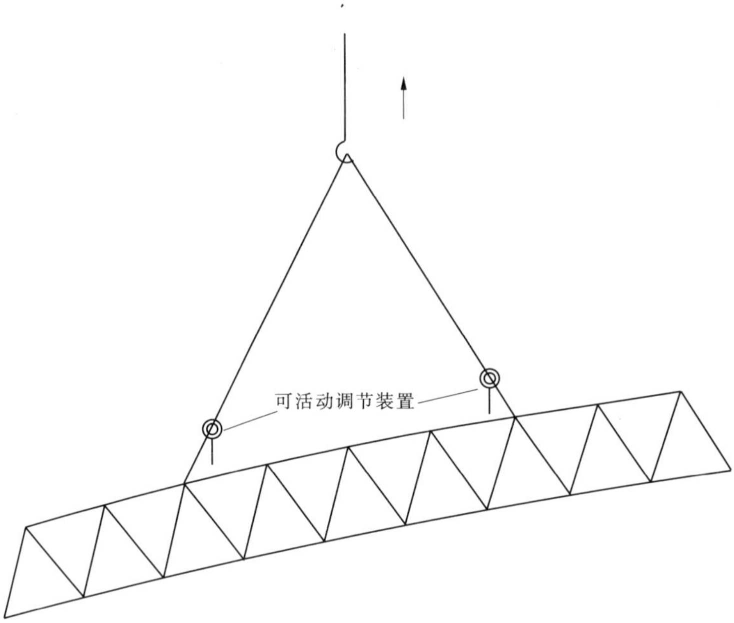


图 20-53　钢网架段单元吊装示意图

力比仅为 16.9%。

(2)起吊第二步:主桁架单元倒运和吊装提升,上弦四点同时吊装,杆件最大应力比仅为 15.6%,结构足够安全。吊点最大反力 129 kN。

(3)起吊第三步:主桁架单元就位,杆件最大应力比仅为 10%,结构足够安全。四个支撑点最大反力为 124.4 kN。

(4)单元杆件应力比见图 20-54。

6)主桁架单元吊装过程控制

在地面用全站仪将安装轴线引测到承重脚手架与小钢架的平台上,确定桁架安装的支点位置。在小钢架平台上设置螺旋千斤顶,千斤顶与小钢架平台钢板焊接并防止倾倒。安装措施:小钢架制作成上窄下宽的梯凳,由角钢做成,高度约 3.6 m,随实际情况而定,底面边长约 1.5 m,顶面边长约 0.6 m,主要考虑千斤顶拼装就位装置的摆放空间,钢架承重约 12 t,要充分考虑小钢架的稳定性。

当单元落位到千斤顶拼装就位装置上时,及时组织测量人员对落点坐标进行复测,达到定位坐标后千斤顶拼装就位装置开始承重,然后通过上弦杆上放置的自制铝水平及上弦球下的两个千斤顶进行球节点定位调整。准确定位后,用脚手架管设置限位稳定装置。

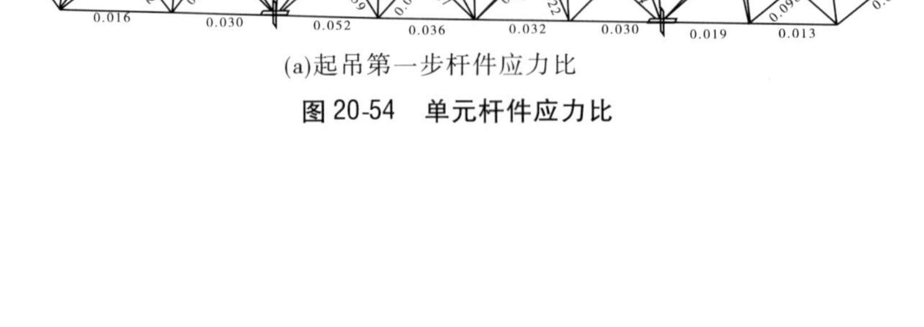

(a)起吊第一步杆件应力比

图 20-54　单元杆件应力比

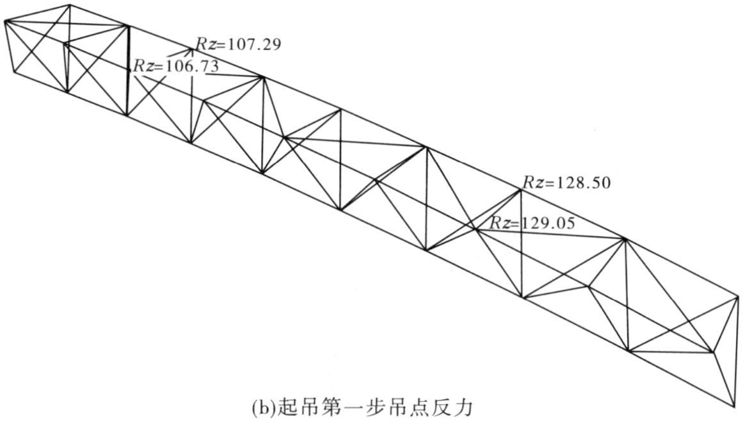


(b)起吊第一步吊点反力

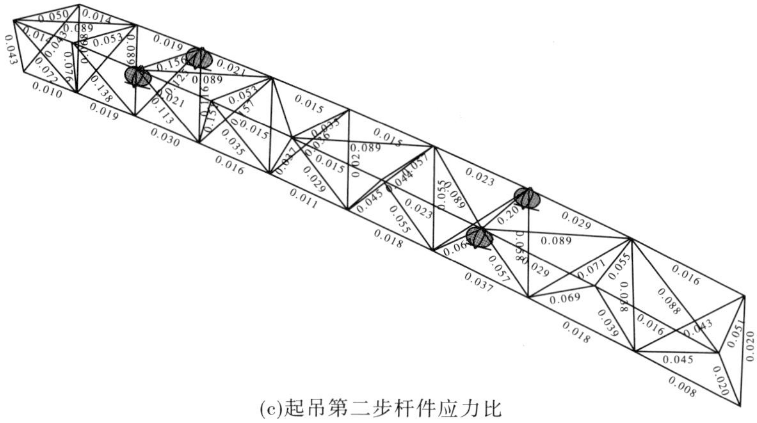

(c)起吊第二步杆件应力比

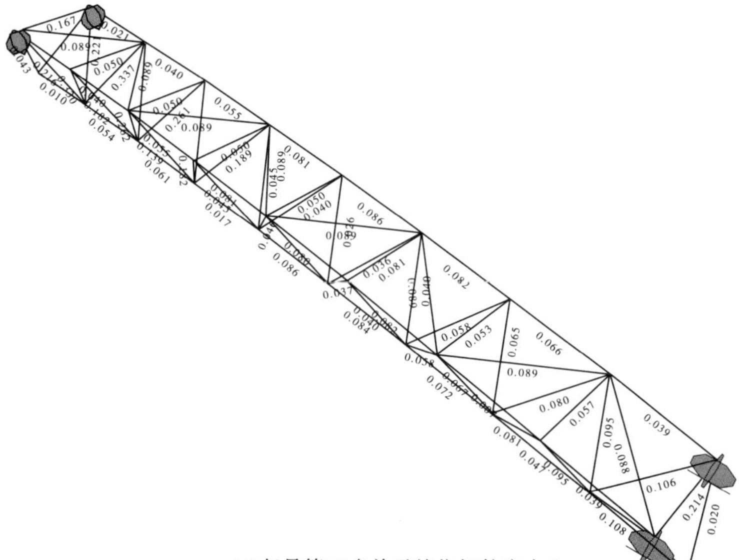

(d)起吊第三步单元就位杆件应力比

续图 20-54

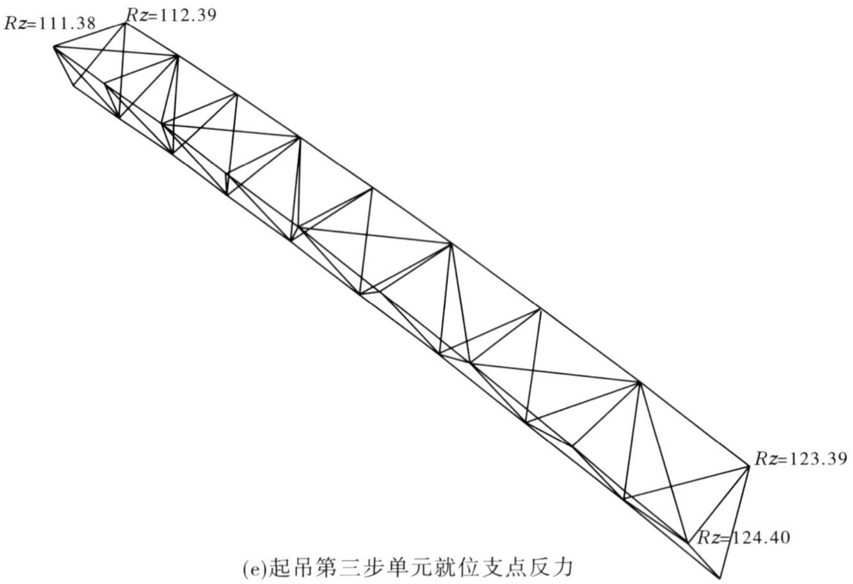

(e)起吊第三步单元就位支点反力

**续图 20-54**

7)单元构件安装组对

在一榀一单元吊装就位找正完成后,柱端支座点固焊接后,进行填档杆件及一榀二单元的安装(见图 20-55)。由于钢球与钢管的最大吃球量达到 8 cm,通过吊装单元钢球喂管的方式进行安装,即吊装的一榀二单元基本放置在措施小钢架上时(吊车还担负主要荷载状态),用倒链将其水平移位至咬合定位位置,再通过千斤顶调节使其达到准确坐标值。

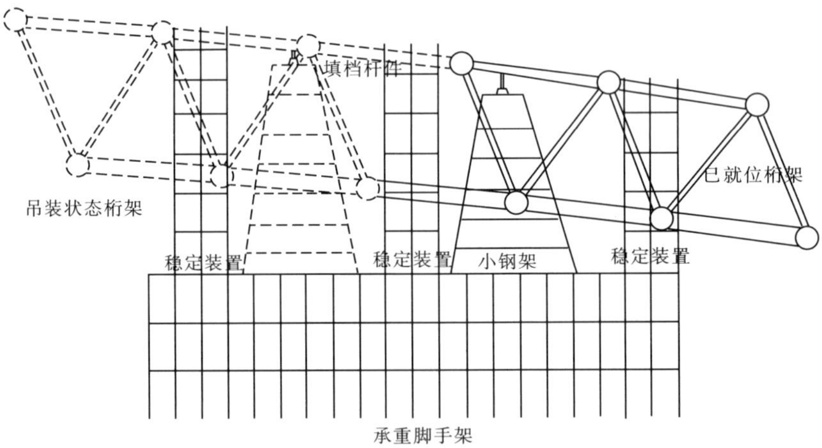

**图 20-55　单元构件安装组对示意图**

8)吊装组对过程中关键控制

(1)倒三角球节点主桁架三根弦杆轴线方向找正。确保轴线基准就位准确,吊装前需测量专业人员对其复测无误。同时,工件上引标准基准轴线。吊装时,确保两基准线重合,方可定位。

(2)环向就位精确。柱端、承重胎架按就位点引标准就位基准线,同时吊装工件上引就位基准线。吊装时,确保两基准线重合,方可定位。

(3)沉降观测。构件吊装过程中及固定就位后均应跟踪沉降观测。

(4)为确保就位后因连接引起轴线偏差,连接焊口暂采用 50 mm 花焊固定。待整榀吊装组对调整完毕,测量无误后,全部焊接固定。

当每榀主桁架安装焊接完成复测无误后,进行预应力钢拉索的安装及预紧。其预紧工况示意图如图 20-56 所示。

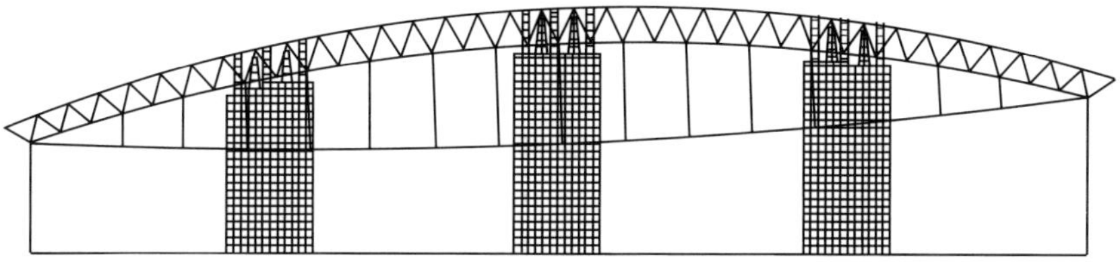

图 20-56　钢拉索预紧工况示意图

9)其他支撑次桁架的安装

第二榀第一单元主桁架吊装完毕后,经测量及技术人员复测,符合设计要求坐标系统,开始进行次桁架的安装,使得空间结构是一个稳定的体系。

次桁架一侧上、下弦杆直接与主桁架节点球碰口,小桁架找平、找正后,一侧上、下弦杆用倒链与主桁架锁紧,开始弦杆的焊接的方法。

另一侧杆件根据实测长度下料,在操作平台上组对、焊接,考虑钢管对钢球的贯量,杆件安装存在困难。部分杆件采用割半个斜口,外加套管焊接的方法。

两侧杆件安装焊接完毕,才可进行下一桁架的吊装,必须保证当天整拼吊装的结构是稳定的,在任何情况下都没有可预见性的隐患。

## 六、预应力张拉施工方案

### (一)拉索施工概述

由于拉索和钢构件都是结构中不可缺少的重要组成部分,因此拉索和钢构件的施工需要紧密配合,以保证索拱架施工的安全、质量、经济、合理、快捷、方便,满足结构设计的要求。

拉索的安装可以随着钢结构的安装进度进行,当第一榀钢网架安装完成后,可以进行第一榀拉索的展开、提升和安装,同时进行第二榀钢网架的拼接和安装,重复这一过程,直到所有钢结构和拉索安装完成,可以进行下一阶段的施工:预应力张拉。

张拉分级和预应力施加的原则是:设计院给定的模型中给定了索体的张拉力,在施工时要调整到最终在结构钢屋架自重的作用下索体索力与设计值的误差在允许范围之内,这样就能保证结构的内力与设计相符。本工程的一个最大特点就是为张弦网架结构,这也是本工程的一个技术难点所在。这种结构型式也决定了在预应力施工的过程中由于受设备和人员的限制,不可能在每根索体上都安装一个千斤顶进行张拉,要采用分步、分级张拉。此时,后张拉的预应力拉索会使前面的拉索预应力发生损失,这就要求在正式张拉前,要对这种预应力损失进行详尽的施工仿真模拟,通过施工仿真模拟计算出需要对每根拉索增大施加的预应力。这样在完成一级张拉后,每根拉索剩余的索力才会与设计相同。

分级的原则,考虑到施工进度及结构安全,分成5级张拉,每个张拉分级又分为8个张拉步。第一级张拉到控制应力的30%;第二级张拉到控制应力的60%;第三级张拉到控制应力的80%,第三级张拉完成后,脚手架已经与结构脱离,可以拆除;第四级张拉到控制应力的100%;第五级对所有钢索的拉力进行微调,满足设计要求。由于张拉分级较多,钢结构均匀缓慢地起拱,同时钢结构应力都保持在弹性范围内。

具体的张拉顺序如表20-14所示。

**表20-14　张拉顺序**

| 张拉分级 | 张拉步骤 | | | | | | | |
|---|---|---|---|---|---|---|---|---|
| | 第一步 | 第二步 | 第三步 | 第四步 | 第五步 | 第六步 | 第七步 | 第八步 |
| 第一级 | 1—J | 1—H | 1—G | 1—F | 1—E | 1—D | 1—C | 1—B |
| 第二级 | 1—B | 1—C | 1—D | 1—E | 1—F | 1—G | 1—H | 1—J |
| 第三级 | 1—J | 1—H | 1—G | 1—F | 1—E | 1—D | 1—C | 1—B |
| 第四级 | 1—B | 1—C | 1—D | 1—E | 1—F | 1—G | 1—H | 1—J |
| 第五级 | 微调 | | | | | | | |

### (二)拉索施工技术特点

本工程所涉及的预应力工程为预应力钢结构。预应力钢结构工程具有施工难度大、施工前期准备工作量大的特点,因此为使本工程达到设计质量要求,确定本工程技术要点如下:

(1)根据本工程的特点制定完善的施工技术设计。施工技术设计是为预应力钢结构的施工进行技术准备。施工技术设计中着重注意的技术要点体现在制索、挂索和预应力钢索张拉过程中。虽然制索在工厂内完成,但制索的精度应在施工技术设计中得到计算和控制。一些在制索过程中无法达到的精度或产生的误差宜在施工过程中通过相关的技术手段进行弥补。

(2)施工技术设计中应确定施工顺序,尤其是制索和预应力过程的顺序。这里所谓的预应力过程,是指施加预应力的过程。对预应力钢结构预加预应力的过程应根据具体的结构类型分别采用改变刚性杆件或柔性索的长度等方法。在预应力钢结构中,尤其宜采用改变柔性杆件长度的方法。对结构施加预应力,使预应力能够分布到整个结构,达到预应力的目的,这个预应力过程必须与设计的预应力施加过程相一致。实际的预应力施加过程作为非线性叠加加以分析,而对于预应力钢结构来说尤其要区分其初始几何状态和预应力状态。因为在有些预应力钢结构中初始几何的张拉过程与施加预应力过程并不一致,这时预应力过程必须根据实际的设计情况加以区分,即首先完成曲线或曲面的张拉过程,再考虑为结构提供刚度的过程。如果这两个状态不一致,预应力过程是不能一气呵成的。简言之,张拉结构的施工技术设计的主要内容就是确定预应力过程的次序、步骤、采用的机械设备、每次预应力过程的张拉量值,同时控制结构的形状变化,因为结构的形状是与预应力分布相匹配的。

(3)张力结构的施工技术设计应规定预应力过程的速率。因为在每一阶段预应力过程中,结构都经历一个自适应的过程,结构会经过自平衡而使内力重分布,形状也随之改变,所以预应力过程的监控十分重要。施工技术设计中应规定监控的指标和参数。

本工程中将采用可靠的监测手段，对钢结构的变形和预应力钢索的受力进行实时监测，以确保结构施工期安全，保证结构的初始状态与原设计相符。

(4)张拉结构的施工技术还需要注意结构的其他荷载施加过程，在后续的结构施工过程中，如屋面荷载、悬挂荷载的施加步骤和方法，要尽量保证比较均匀、对称、匀速地施工，避免出现过大的集中荷载。

(5)预应力施工材料的加工、运输、储存。预应力钢索及节点加工图由预应力专项施工单位设计，制作加工由预应力钢索专业生产厂家完成。预应力钢索的制作加工如下：

①调直。为了使钢索受荷后各根钢丝或各股钢绞线受力均匀，钢索的制作时下料长度要求严格，要准确、等长。下料采用应力下料法，将开盘在200～300 MPa拉应力下的钢丝或钢绞线调直，可消除一些非弹性因素的影响。

②下料。钢丝或钢绞线的号料应严格进行。制作通长、水平且与索等长的槽道，平行放入钢索或钢绞线，使其不互相交叉、扭曲，在槽道定位板处控制索的下料长度。

③切割。钢索应用切割机切割，严禁用电弧切割或用气割，以防止损伤钢丝。

④编束。宜用梳孔板向一方向梳理，同时编扎，每隔1 m左右用细钢丝编排扎紧，不让钢丝在束中交互扭压。编扎成束后形成圆形截面，每隔1 m左右再用铁丝扎紧。

⑤钢索的预张拉。钢索的预张拉是为了消除索的非弹性变形，保证在使用时的弹性工作。预张拉在工厂内进行，一般选取钢丝极限强度的50%～55%为预张力，持荷时间为0.5～2.0 h。

⑥钢索的防护。钢索在防护前必须进行表面处理，认真除污。钢索的长期防护采用外加双层PE套管的方法。这种防护方法可适应周围无严重侵蚀性的一般环境。在施工过程中，为了避免对PE造成损伤，在钢索出厂时，首先在PE外面缠绕一层塑料薄膜，然后在外面增加薄毛毡及塑料带。到达现场后，在放索过程中也要对索体进行保护，防止其摩擦破坏。

⑦预应力钢索及配件运输及吊装过程中尽量避免碰撞挤压。

⑧预应力钢索及配件在铺放使用前，应妥善保存放在干燥平整的地方，下边要有垫木，上面采取防雨措施，以避免材料锈蚀；切忌砸压和接触电气焊作业，避免损伤。

**(三)张弦空间网架结构施工工艺**

张弦空间网架结构施工工艺流程如图20-57所示。

**(四)索具及张拉端张拉方式、张拉设备**

索具及张拉端张拉方式、张拉设备示意如图20-58所示。

**(五)预应力钢索安装**

1. 工艺原理

目前，国内张弦结构钢索安装多采用索体抬吊的方法，但本工程为大跨度张弦桁架结构，预应力索较长，达到148 m以上，单根质量为18 t，受现场场地制约，钢结构及配套承重脚手架措施的交叉施工已十分密集，且预应力拉索施工又与其总体施工进度及措施使用周期密切联系，所以不适合使用索体抬吊的方法。本工程采用钢索高空悬吊穿越技术，借助牵引机、起重机配合进行索体安装，在穿索过程中尽量使预应力索保持在轴线上。本工艺较其他方法施工速度快，不影响施工进度，钢索成品保护较好，节约施工机械投入，安

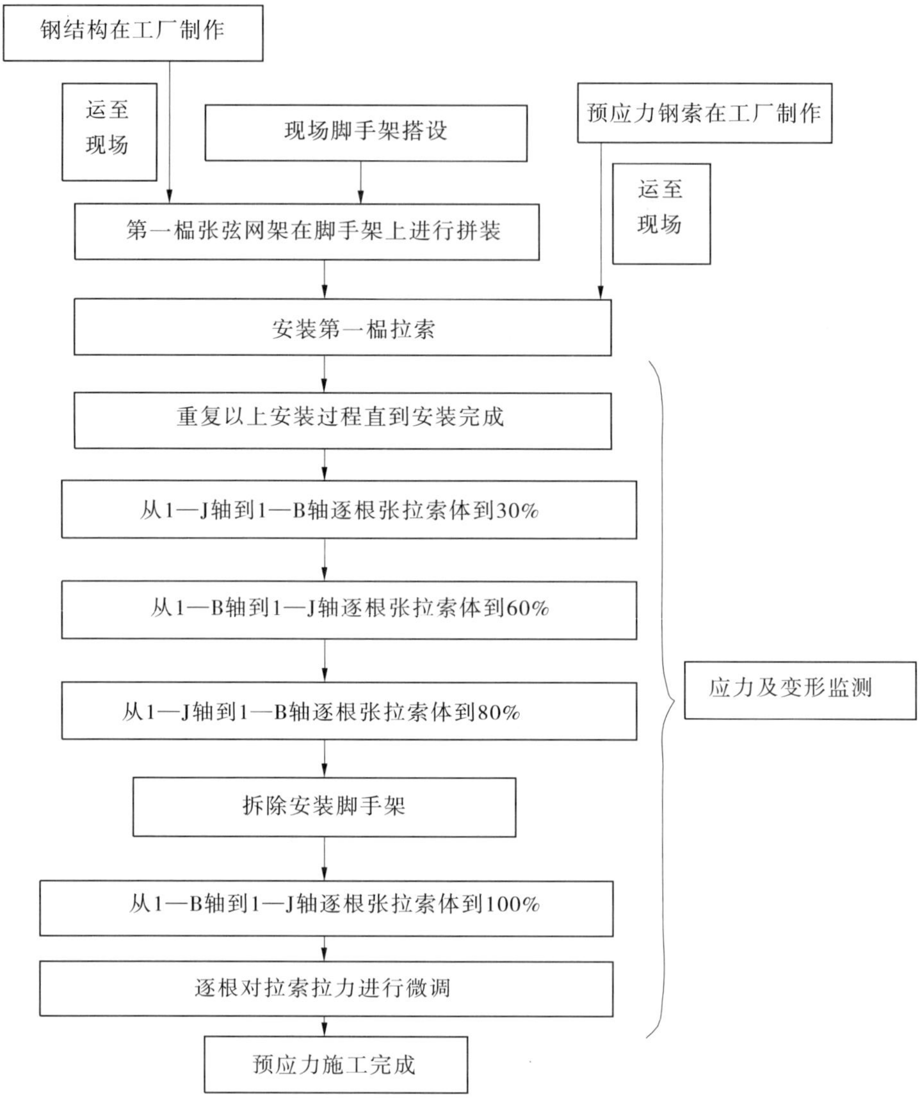


**图 20-57　张弦空间网架结构施工工艺流程**

全稳定。

2. 工艺流程及操作要点

钢索加工及运输→搭设穿索通道→现场放索→高空悬吊穿索→安装撑杆。

1) 加工厂制作

为了方便在现场施工，以及使下层混凝土结构受力均匀，在索体制作时，每根索体都单独成盘，在加工厂内将索体缠绕成盘，到现场后吊装到事先加工好的放索盘上。纵向放索盘平面示意见图 20-59。

2) 穿索通道搭设

由于高空穿索的需要，需在承重脚手架上预留索体穿越通道：当承重脚手架搭设至索体张拉最终状态时的位置高度时，预留出一个 2 ~ 3 m 高、1 m 宽的通道（见图 20-60）。在

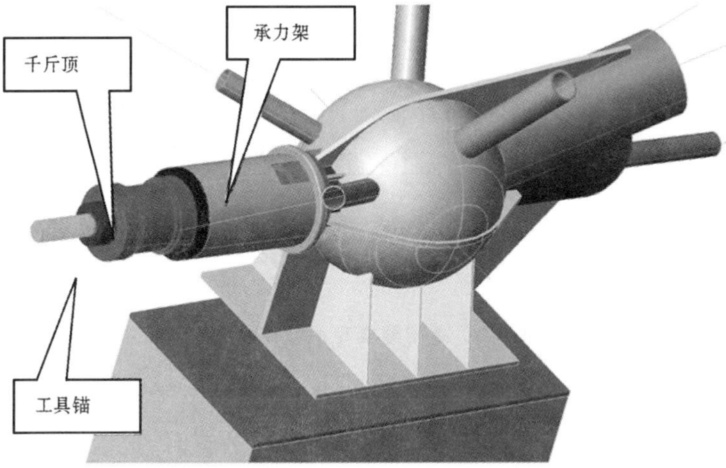


图 20-58　索具及张拉端张拉方式、张拉设备示意

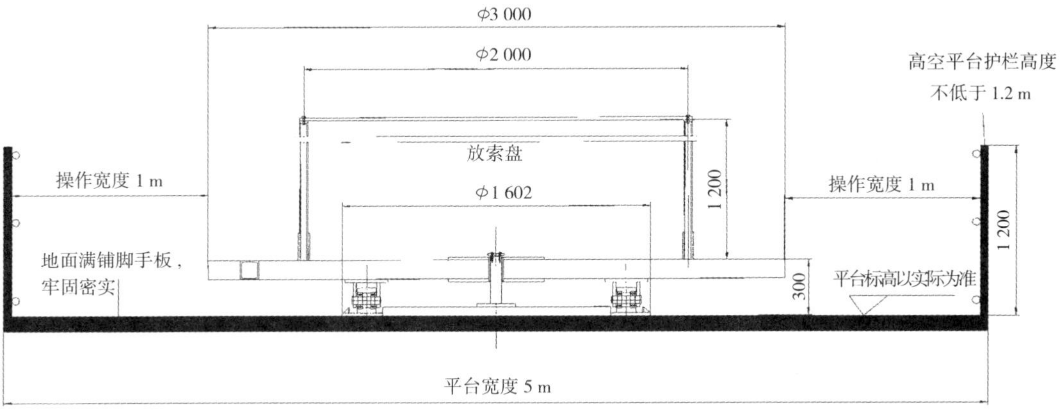


图 20-59　纵向放索盘平面示意

通道里，不能有尖锐物体，以防将索体外保护层损伤。在脚手架预留通道里安装自制的穿索轨道，轨道与脚手架连接牢固。

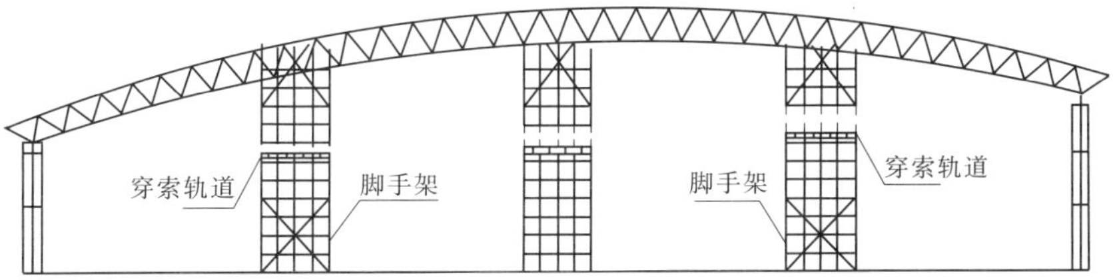


图 20-60　穿索通道搭设示意图

穿索轨道如图 20-61 所示，工字钢槽口向上放置，为锚头小车轮子的轨道，起到通行和锚头限位作用，工字钢之间用钢管连接，钢管外套一个稍大直径的钢管（轴承效果更

好)，起到可以滚动的作用，使索体在穿越时，减少滑动摩擦，也可减少脚手架所受拉力。

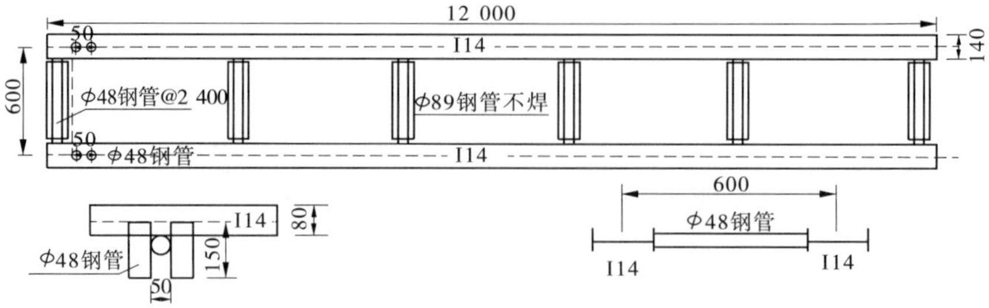


图 20-61　高空穿索专用轨道示意图

3)现场放索

索在到达现场后全部吊装到内弧外的硬化地面上，放索时，把索体放置在安装轴线的一侧，然后将索吊装到放索盘上，通过卷扬机将索体缓慢放开。放索过程中，在索体与地面间设滚筒若干，防止 PE 破损。

4)预应力钢索高空悬吊穿越

索体穿越脚手架时，需汽车吊两台，起高空悬吊和移送的作用。轴线两端处设卷扬机两台，远端卷扬机起牵引作用，近端卷扬机起移送索体作用。

索体需穿越独立脚手架三座，穿越长度约 100 m，采取分段穿越，即按远近顺序先后穿越三座脚手架。穿越原理是，用汽车吊把索体吊至较高高度，然后卷扬机牵引，汽车吊往里送索。预应力钢索穿越流程如图 20-62 所示。

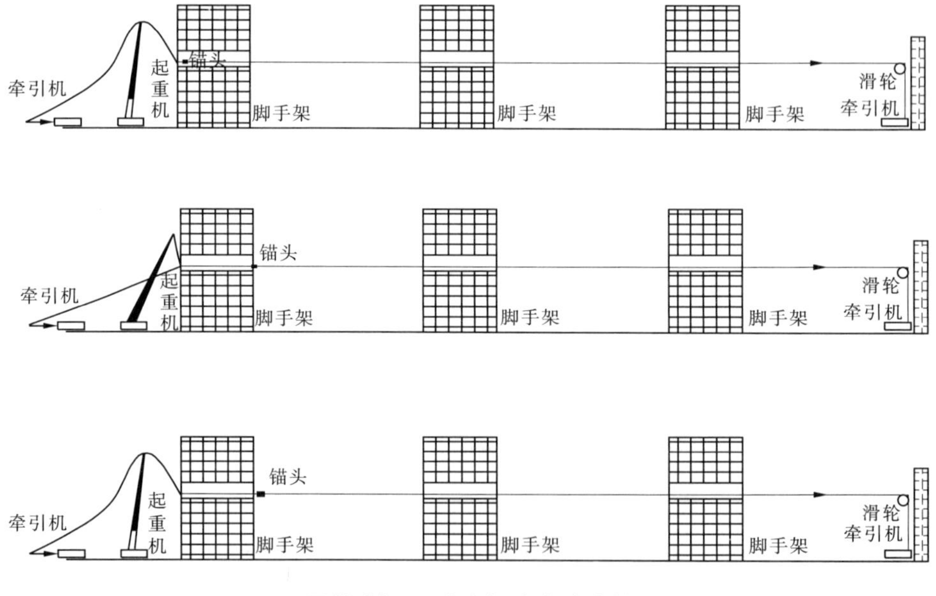


图 20-62　预应力钢索穿越流程

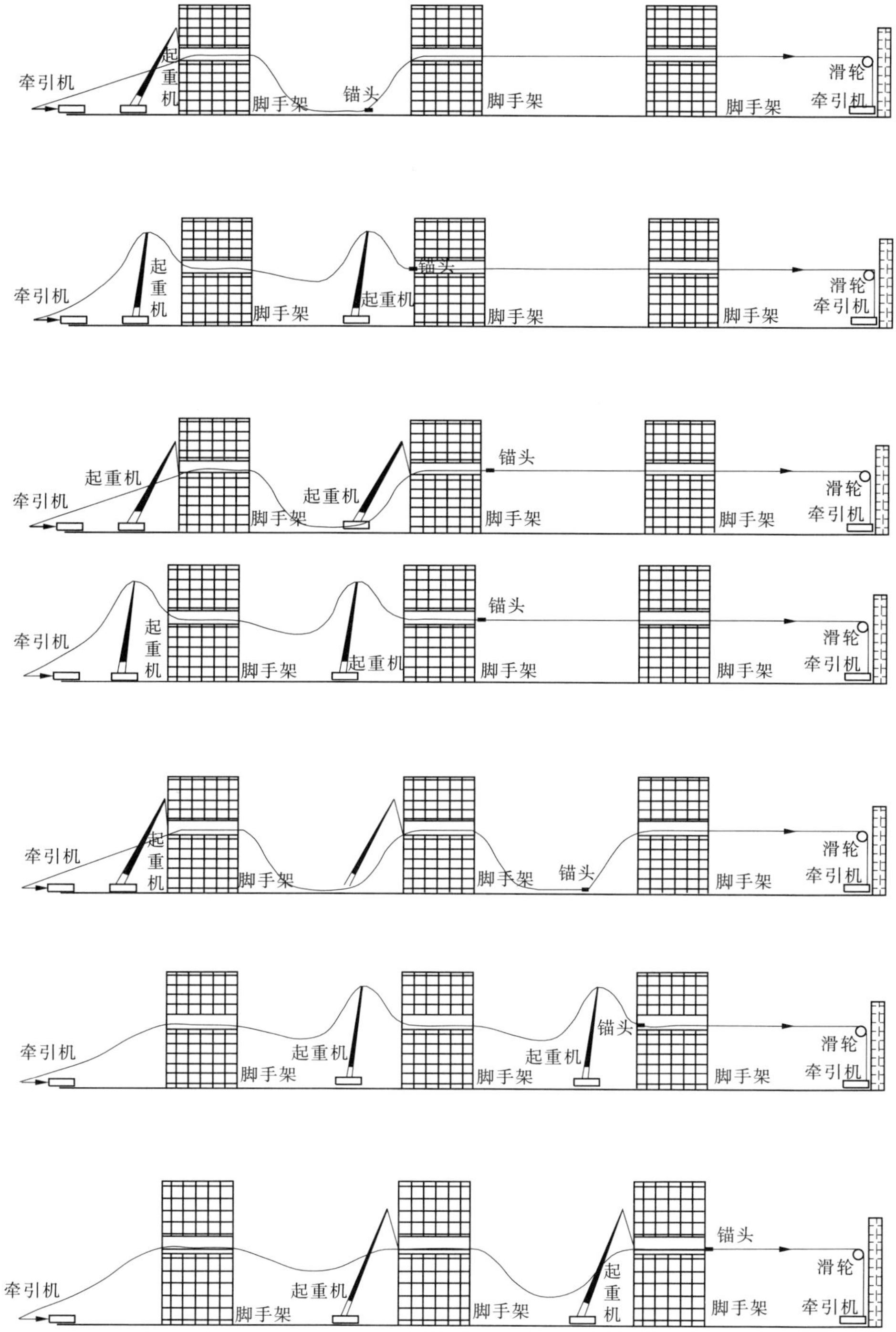
牵引机
起重机
脚手架
锚头
脚手架
脚手架
滑轮
牵引机
牵引机
起重机
脚手架
起重机
锚头
脚手架
脚手架
滑轮
牵引机
起重机
牵引机
脚手架
起重机
锚头
脚手架
脚手架
滑轮
牵引机
牵引机
起重机
脚手架
起重机
锚头
脚手架
脚手架
滑轮
牵引机
牵引机
起重机
脚手架
脚手架
锚头
脚手架
滑轮
牵引机
牵引机
起重机
脚手架
起重机
脚手架
锚头
脚手架
滑轮
牵引机
牵引机
起重机
脚手架
脚手架
起重机
锚头
脚手架
滑轮
牵引机

续图 20-62

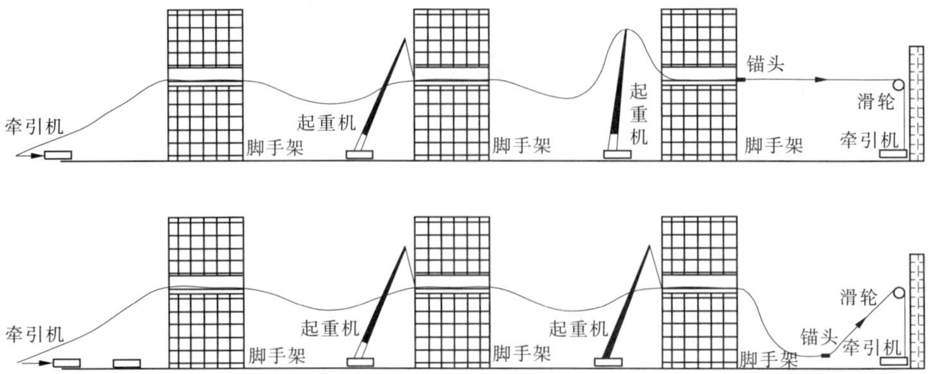


续图 20-62

5)撑杆安装

当钢索铺至指定位置后,用卷扬机和倒链等工具把拉索提升至理论高度,固定,然后将拉索安装标记点与撑杆下节点连接到一起。撑杆安装示意如图 20-63 所示。

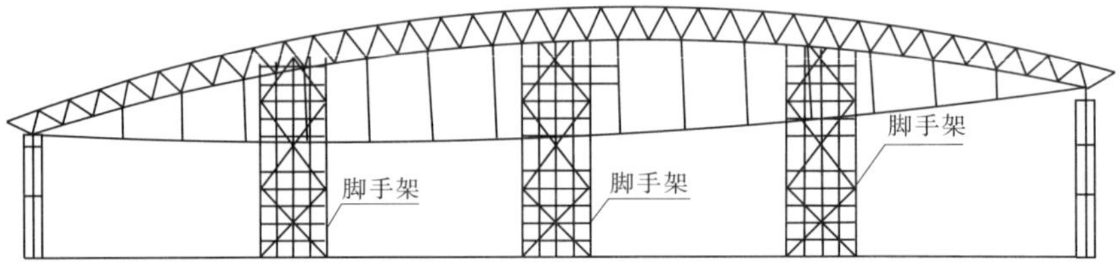


图 20-63　撑杆安装示意

**(六)预应力张拉与控制技术**

1. 预应力钢索张拉前标定张拉设备

张拉设备采用相应的千斤顶和配套油泵。根据设计和预应力工艺要求的实际张拉力对千斤顶、油压传感器进行标定。实际使用时,由此标定曲线上找到控制张拉力值相对应的值,并将其计算打印成表格,以方便操作和查验。

2. 张拉控制力

根据设计要求的预应力钢索张拉控制力取值如表 20-15 所示。

表 20-15　预应力钢索张拉控制力

| 轴线号 | 张拉控制力(kN) | 轴线号 | 张拉控制力(kN) |
|---|---|---|---|
| 1—B | 3 064 | 1—F | 2 794 |
| 1—C | 2 623 | 1—G | 2 853 |
| 1—D | 2 791 | 1—H | 2 584 |
| 1—E | 2 665 | 1—J | 2 115 |

3. 预应力钢索张拉

预应力钢索张拉采用双控,即控制钢索的拉力、伸长值及钢结构变形值。预应力钢索张拉完成后,应立即测量校对。如发现异常,应暂停张拉,待查明原因,并采取措施后,再继续张拉。

4. 张拉操作要点

张拉设备安装：由于本工程张拉设备组件较多，因此在进行安装时必须小心安放，使张拉设备形心与钢索重合，以保证预应力钢索在进行张拉时不产生偏心。

预应力钢索张拉：油泵启动供油正常后，开始加压，当压力达到钢索设计拉力时，超张拉5%左右，然后停止加压，完成预应力钢索张拉。张拉时，要控制给油速度，给油时间不应低于0.5 min。

5. 预应力钢索张拉测量记录

张拉前可把预应力钢索在20%的预紧力作用下的长度作为原始长度，当张拉完成后，再次测量原自由部分长度，两者之差即为实际伸长值。

除了张拉长度记录，还应该将压力传感器测得压力和全站仪测得钢结构变形记录下来，以对结构施工期行为进行监测。

6. 张拉质量控制方法和要求

(1)钢结构滑移就位后进行钢结构的尺寸复核检查，预应力张拉索力和伸长值根据复核后尺寸作适当调整。

(2)在进行伸长值计算时，尽量采用索厂提供的弹性模量进行计算，验收时考虑索厂的弹性模量误差对伸长值的影响。

(3)张拉力按标定的数值进行，用伸长值和压力传感器数值进行校核。

(4)认真检查张拉设备及与张拉设备相接的钢索，以保证张拉安全、有效。

(5)张拉严格按照操作规程进行，控制给油速度，给油时间不应低于0.5 min。

(6)张拉设备形心应与预应力钢索在同一轴线上。

(7)实测伸长值与计算伸长值相差超过允许误差时，应停止张拉，报告工程师进行处理。

**(七)预应力钢索张拉时的温度影响**

由于钢索与钢结构的线膨胀系数相同，同处于露天情况下，两边的支座在张拉时可以滑动，温度对索力的影响几乎没有，因此可以在一天24 h内施工。

**(八)预应力钢索同步张拉的控制措施**

因为要在索体的两端同时张拉，因此控制张拉的同步是保证撑杆竖直及结构受力均匀的重要措施。控制张拉同步有两个步骤：第一在张拉前调整索体锚杯露出螺母的长度，使露出的长度相同，即初始张拉位置相同；第二在张拉过程中将每级的张拉力再次细分为4小级，在每小级中尽量使千斤顶给油速度同步，在张拉完成每小级后，所有千斤顶停止给油，测量索体的伸长值。如果同一索体两侧的伸长值不同，则在下一级张拉的时候，伸长值小的一侧首先张拉出这个差值，然后另一端再给油。如此通过每一个小级停顿调整的方法来达到整体同步的效果。

**(九)预应力张拉脚手架及张拉操作平台**

为了保证安装及张拉工作的顺利进行，在每根梁两端的每个张拉点需要有一个2 m见方的操作平台，作为张拉人员的工作空间并放置相关的张拉设备，在张拉点之间为了便于人员及设备的移动，需要铺设通道。

### (十)拉索施工质量控制程序

图 20-64 为拉索施工质量控制程序

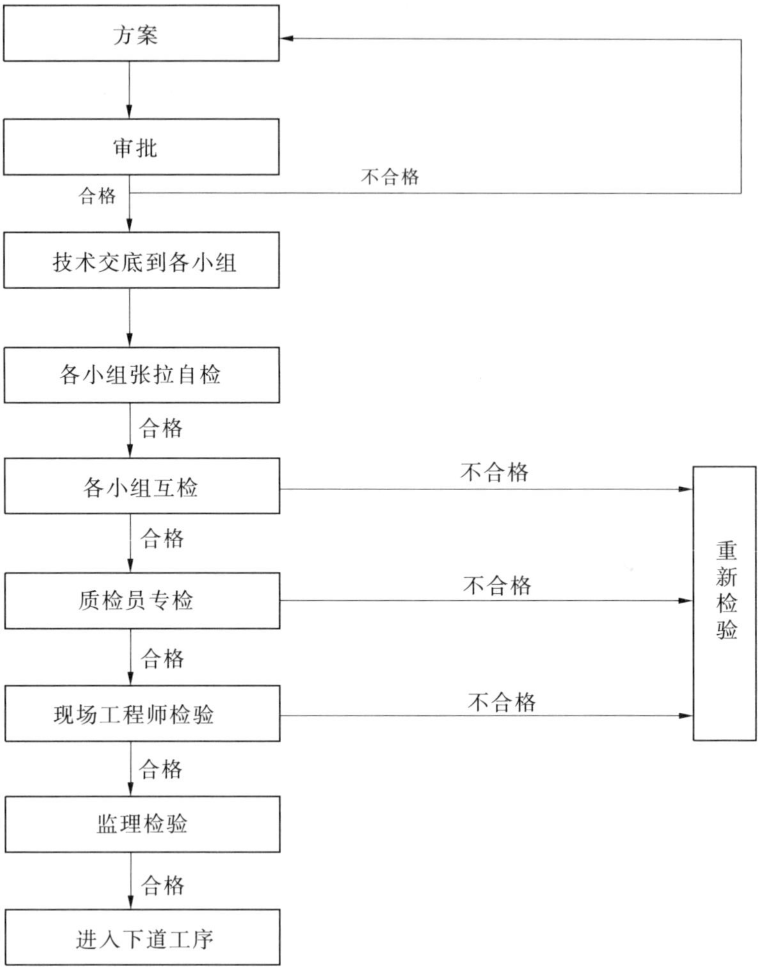


图 20-64　拉索施工质量控制程序

### (十一)拉索工程质量回访

在工程结构竣工后对施工质量进行回访,请建设单位、设计单位、监理单位和总包单位对预应力的施工质量、服务态度、相互配合等方面进行评定,并认真作好回访记录。

### (十二)拉索施工工期保证体系

(1)预应力钢索生产加工。预应力钢索及配件均按照设计图纸要求,确保生产加工周期满足工期要求。

(2)预应力钢索张拉。根据总体施工进度要求,合理有序地安排预应力钢索张拉进度。

(3)计划管理保证。在总包工期的宏观控制下,确定预应力钢结构施工进度。

(4)劳动力安排保证。根据总包工期要求,适时调整劳动力,并保证作业人员按时进场,做到不窝工,不延误工期。

(5)物资设备保证。保证材料供应,确保各种机械设备的正常运转,不因材料机械耽误施工,有足够的各类机械以保证生产的需求。

(6)技术措施保证。根据总包确定的施工流水段,组织切合实际的交叉作业,编制可行而又高效的施工方案和技术措施,采用合理的工艺流程,及时作好针对性的技术交底,使施工人员深刻领会,做到熟能生巧。

**(十三)拉索施工安全管理措施**

(1)与总包单位安全生产管理体系挂钩,同时建立自身的安全保障体系,由项目负责人全面管理,每个班组设安全员一名,具体负责预应力施工的安全。

(2)在进行技术交底时,同时进行安全施工交底。

(3)张拉操作人员必须持证上岗。

(4)张拉作业时,在任何情况下严禁站在预应力钢索端部正后方位置。操作人员严禁站在千斤顶后部。在张拉过程中,不得擅自离开岗位。

(5)油泵与千斤顶的操作者必须紧密配合,只有在千斤顶就位妥当后方可开动油泵。油泵操作人员必须精神集中,平稳给油回油,应密切注视油压表读数,张拉到位或回缸到底时需及时将控制手柄置于中位,以免回油压力瞬间迅速加大。

(6)油管接头处和张拉油缸端部严禁站人,应站在油缸两侧。

(7)预应力施工人员进入现场应遵守工地各项安全措施要求。

**(十四)拉索施工验收技术资料**

(1)预应力专项工程施工方案。

(2)预应力专项工程安全交底。

(3)预应力钢索合格证、材质检验报告。

(4)预应力分项工程质量检验评定。

(5)预应力钢索张拉机具标定书。

(6)预应力钢索张拉记录。

**(十五)张拉应急措施**

(1)张拉前的准备。检查支座约束情况,考虑张拉时结构状态是否与计算模型一致,以免引起安全事故;张拉设备张拉前需全面检查,保证张拉过程中设备的可靠性;在一切准备工作做完,且经过系统、全面的检查无误,现场安装总指挥检查并发令后,才能正式进行预应力索张拉作业;索张拉前,应严格检查临时通道以及安全维护设施是否到位,保证张拉操作人员的安全;张拉过程应根据设计张拉应力值张拉,防止张拉过程中出现预应力过大引起屋盖起拱;索张拉前,应清理场地,禁止无关人员进入,保证索张拉过程中人员安全;在预应力索张拉过程中,测量人员应通过测量仪器配合测量各监测点位移的准确数值。

(2)索张拉的风险主要有以下几种:①张拉设备故障,包括油管漏油,设备故障;②现场突然停电;③张拉过程不同步;④张拉后结构变形、应力、伸长值与设计计算不符;⑤张拉后支座位移发生较大偏移;⑥张拉后撑杆发生较大偏移。

(3)张拉设备故障。张拉过程中如油缸发生漏油、损坏等故障,在现场配备三名专门修理张拉设备的维修工,在现场备好密封圈、油管,随时修理,同时在现场配置两套备用设备,如果不能修理立即更换千斤顶。

(4)张拉过程断电。张拉过程中,如果突然停电,则停止索张拉施工。关闭总电源,查明停电原因,防止来电时张拉设备的突然启动,对屋架结构产生不利影响。同时在张拉时把锁紧螺母拧紧,保证索力变化跟张拉过程是同步的;在突然停电状态下,在短时间内,千斤顶还处于持力状态,并且油泵回油还需要一段时间,不会出现安全事故。处理好后在现场值班的电工立刻查找原因,以最快的速度修复。为了避免这种情况,在现场的二级箱要做到专用,三级箱按照要求安装到位。

(5)张拉过程不同步。由于张拉没有达到同步,造成结构变形,可以通过控制给泵油压的速度,使索力小的加快给油速度,索力大的减慢给油速度,这样就可以到达同一根索的索力相同的目的。

(6)张拉时结构变形、伸长值预警。

## 七、河道厅螺栓球节点网架施工方案

### (一)施工准备

首先,按图纸深化设计要求进行翻样。

翻样工作由专业施工队负责人总体负责,由技术部分部位、分阶段、分组分工负责,为确保翻样文件的完整、正确、及时,要求各组翻样完成后对调审核,然后请相关人员审校,报请工程指挥部审批,以保证各工艺段落的有序高效搭接。

### (二)材料采购

(1)按设计图纸结构设计说明螺栓球节点零件材料表中的要求购进材料。

(2)主要材料要定尺进料,便于套材,最大限度地提高材料使用率。所有原材料进厂后,均应检查其质量证明书及材质化验单是否齐全,且与本工程设计要求一致,并对主要材料进行复检。

(3)所采购高强度螺栓的性能等级应按螺栓直径大小分别选用,对于 M12 ~ M36 的高强度螺栓,其强度等级为 10. 9S;对于 M39 ~ M64 的高强度螺栓,其强度等级为 9. 8S。螺栓的形式和尺寸应符合 GB/T 16939 的要求。

(4)进货检验。进场钢材应经外观检查,钢材表面不得有锈蚀的坑点。验收后,按规定抽样进行进场试验,合格后方可用于工程上。

对进场的钢材按平面布置图位置和不同的品种、检验状态分别堆放,并用标识牌加以注明(型号、规格、数量、产地、进场日期、已检或待检等)。

### (三)网架制作加工工艺

作为网架工程的第一道工序,网架加工精度和加工质量的保证尤为重要。

精确可靠的加工精度是减小网架现场安装时产生装配应力的主要措施之一,我们将按照高于现行国家规范的原则制定加工精度要求,并以 ISO9002 质量体系认证程序的有效运行予以保证。

#### 1. 螺栓球的加工

毛坯由 $45^{\#}$钢加热模锻成型,锻造时,严格控制始锻及终锻的温度,以避免脱碳及过烧等质量隐患。

毛坯球的几何尺寸将得到严格保证：直径的偏差控制在 0 ~ +2 mm，圆度偏差≤2.0 mm，表面凹凸≤1.0 mm。螺栓球各方位的切冠、钻孔、攻丝在特制的专用模具上进行，并一次完成，可避免挪移时产生误差影响加工精度。各孔角度偏差 ±20′，铣平面与球中心距离偏差≤ ±0.1 mm，铣平面与球孔轴线垂直度偏差≤0.5% $r$（$r$ 为切冠面半径），同一轴线上两铣平面平行度偏差≤0.2 mm。

螺栓孔螺纹精度为《普通螺纹公差与配合》（GB 197—81）中 6H 级标准。

2. 杆件的加工

为防止积累误差，杆件下料应用机械方法（即用自动切割机下料），下料尺寸应考虑焊接收缩量、挠度要求、结构型式、杆件部位等因素，灵活掌握，并应依据焊接工艺评定加工焊接坡口。

杆件的长度偏差≤ ±1.0 mm，杆件不直度≤$L$/1 000，且不大于 5 mm。

杆件与封板、锥头的点焊拼装同样在专用模具上进行，预留焊接间隙，采用流动平焊施焊或半自动 $CO_2$ 保护焊。直径小于 114 mm 的杆件焊接时将高强螺栓退入杆件内，以免电焊处温度过高破坏材料晶相、影响高强螺栓的强度。外观合格后，进行超声波探伤，焊接质量必须达到《钢结构工程质量检验评定标准》（GB 50221—95）Ⅱ级的要求。外观合格后，进行超声波探伤。按照《螺栓球节点网架焊缝超声波探伤及质量分级法》（JG/T 3034.2—1996）评定。合格后的杆件打上焊工钢印号，清理后抛丸或喷砂除锈、喷漆、编号、打包。螺纹涂油后退入杆件内，螺栓孔用专用塑料堵头密封。

3. 加工完成的构件、配件应接受的检验

（1）网架杆件、焊缝的抗拉强度检测。钢管两端与封板或锥头的连接焊缝，属对接焊缝，应与母材等强，受拉杆件抽取 5%（至少 5 根）成品杆件进行焊缝的超声波探伤检查，其焊缝质量必须符合《钢结构工程施工质量验收规范》（GB 50205—2001）规定的Ⅰ级焊缝标准。取受力最不利杆件，以同规格杆件 300 根为一批，每批取 3 根为一组随机抽查，在拉力机上进行破坏试验，其抗拉强度安全系数 $K>1.8$。

主要检测设备：CTS－23 型超声波探伤机、拉力机。

（2）螺栓球的内螺纹、高强螺栓的承载力检验。取受力最不利的同规格螺栓球 600 只为一批（不足 600 只仍按一批计），每批取 3 只为一组，随机抽样进行螺栓球与杆件配合轴向抗拉试验，以杆件被拉断时的拉力值作为螺栓球的极限承载力值，必须达到《网架结构工程质量检验评定标准》（JGJ 78—91）中的规定。

主要检测设备：拉力机或压力机。

**（四）网架现场拼装**

进入现场，应首先做好网架支座的中间验收工作，现场索取土建施工单位柱顶标高、轴线实测记录，并作复测，确认符合设计要求方可进行安装交接工作。

结合现场情况在网架范围内按安全及结构要求搭设局部脚手架，脚手架应具有足够的刚度和强度，在架上搭设便于施工的作业平台，将需安装部位的杆件及部件运到脚手架上，螺栓球、杆件要分散平放，并堆放妥当，以免荷载过于集中而导致脚手架倒塌或发生高空坠物造成安全事故。

对照到货清单及安装图对材料进行清点，分类摆放。然后根据网架安装的先后顺序在脚手架上进行配料、拼三角架、推三角架的网架拼装。

网架起步安装，由安装队长统一指挥，按照确定的支座轴线，找准支座位置，装好相应的螺栓球和杆件。起步单元网架成形后，应做即时检测，严格进行几何尺寸调整，网格尺寸偏差严格控制在误差范围内。

按照下弦—腹杆—上弦的顺序进行单元拼装，在网架未形成几何不变体之前，每一下弦节点均用临时垫块支垫，每一节点处的螺栓必须拧紧到位。

安装完脚手架范围内的网架后，开始移动脚手架，并调整好位置。

以此类推，按以上程序继续向前推进安装网架，直至完成。

### （五）安装检验工艺

本工程安装检验项目执行 GB 50205—2001 中的相关规定，安装检验项目见表 20-16。

**表 20-16　安装检验项目**

| 序号 | 检验项目 | 检验标准 | 检验方法 |
|---|---|---|---|
| 1 | 结构拼装尺寸检查 | GB 50205—2001 | 尺寸测量 |
| 2 | 结构安装尺寸检查 | GB 50205—2001 | 尺寸测量 |
| 3 | 焊缝表面质量检查 | GB 50205—2001 | 测量及目视检查 |
| 4 | 焊缝内部质量检验 | GB 50205—2001 | 超声波探伤 |
| 5 | 防腐质量检查 | GB 50205—2001 | 测量及目视检查 |
| 6 | 结构整体验收 | GB 50205—2001 | 资料检查、测量、观感 |

### （六）网架工程的验收

（1）网架结构的制作、拼装和安装的每个工序均应进行检查验收，否则不得进行下一工序的施工；安装完成后必须进行交工检查验收。每道工序的检查验收均应作出记录，并应汇总存档。

（2）交工验收时，应检查网架的纵横向边长偏差、支承点的中心偏移和高度偏差。

（3）施工完成后，应测量网架的挠度值（包括网架自重的挠度及屋面工程完成后的挠度），并绘制挠度图存档。

（4）网架工程验收应具备下列文件：网架施工图、竣工图、设计更改文件、施工组织设计、所用钢材及其他材料的质量证明书和试验报告、网架的零部件产品合格证书和试验报告、网架拼装各工序的验收记录、焊工考试合格证明、焊缝质量检验资料、总拼就位后几何尺寸误差和挠度记录。

### （七）网架及构件的涂装

工厂加工的构件及现场加工的管件等均采用抛丸除锈，除锈等级 Sa2.5 级。然后喷涂环氧富锌底漆。喷砂除锈完成至底漆喷涂的时间间隔不得大于 3 h。涂装要求见表 20-17。

表 20-17　涂装要求

| 序号 | 涂装要求 | 设计值 | 备注 |
|---|---|---|---|
| 1 | 表面净化处理 | 无油、干燥 | GB 11373—89 |
| 2 | 抛丸喷砂除锈 | Sa2.5 级 | GB 8923—88 |
| 3 | 表面粗糙度 | $Rz$ 40 ~ 70 μm | GB 11373—89 |
| 4 | 环氧富锌底漆 | 50 μm(1×50) | 按相应标准 |
| 5 | 环氧云铁中间漆 | 120 μm(2×60) | 按相应标准 |
| 6 | 氯化橡胶面漆 | 90 μm(2×45) | 按相应标准 |

注：括号内数字表示涂装次数×每次涂装厚度。

## 八、网架结构涂装工艺

### (一)网架结构涂装工艺流程

网架结构涂装工艺流程见图 20-65。

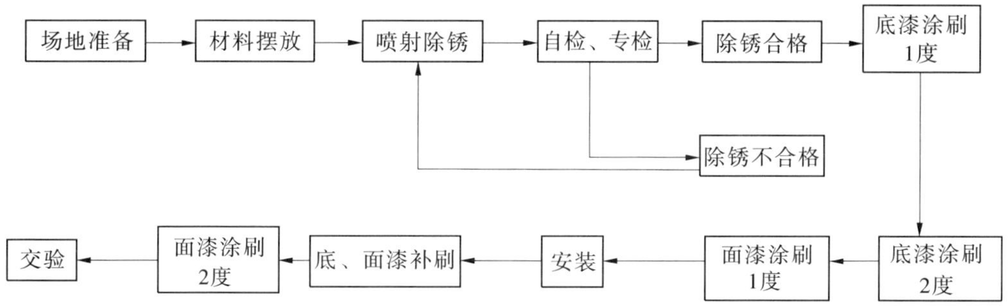


图 20-65　网架结构涂装工艺流程

### (二)材料控制

1. 材料检验

材料检验制度是保证工程质量的重要环节。因此，材料在正式入库前必须严格执行检查制度，经检查合格的材料方可办理入库手续。

材料检验的主要内容是：①材料的数量和品种应与订货合同相符；②每批材料必须具备生产厂家提供的质量证明书，且材料的质量证明书应与包装外面的记号符合。

2. 材料堆放

钢构件摆放时应注意下述事项：

堆放场地的地基要坚实，地面平整，排水良好。

堆放场地内备有足够垫木、垫块，使构件得以放平、放稳，以防构件因堆放方法不正确而产生变形。

钢结构产品不得直接置于地上，要垫高 200 mm 以上。

### (三)喷射除锈

钢材表面的除锈质量将直接影响成品构件的防腐涂装质量，无论油漆涂料的防腐性能如何优良，都是建立在较好的除锈后的金属基层基础上的，这样才能有效防止构件的二次锈蚀,保证结构的经久耐用和足够的使用年限。

喷射除锈前,厚的锈层应铲除,可见的油脂和污垢也应清除。

按本工程施工图纸技术说明,利用抛丸机进行喷射除锈施工作业,除锈等级为Sa2.5。

Sa2.5为近白级的喷射或抛射除锈:钢材表面无可见的油脂、污垢、氧化皮、铁锈和油漆涂层等附着物,任何残留的痕迹应仅是点状或条纹状的轻微色斑。

喷射完成的构件必须经专检验收合格后才能进行油漆的喷涂,喷射除锈后的钢构件应在24 h内完成底漆涂装。

评定钢材表面锈蚀等级和除锈等级应在良好的散射日光下或在照度相当的人工照明条件下进行,检查人员应具有正常的视力。待检查的钢材表面应与相应的照片进行对比,照片应靠近钢材表面,并以最近似标示的照片确定等级。

控制钢材表面温度与露点温度:钢材表面的温度必须高于空气露点温度3 ℃以上,方可进行喷射除锈施工。露点温度可根据环境温度和相对湿度从表20-18中查得。

**表20-18　露点值查对表**　　(单位:℃)

| 环境温度 | 相对湿度(%) | | | | | | | | |
|---|---|---|---|---|---|---|---|---|---|
| (℃) | 55 | 60 | 65 | 70 | 75 | 80 | 85 | 90 | 95 |
| 0 | -7.9 | -6.8 | -5.8 | -4.8 | -4.0 | -3.0 | -2.2 | -1.4 | -0.7 |
| 5 | -3.3 | -2.1 | -1.0 | 0.0 | 0.9 | 1.8 | 2.7 | 3.4 | 4.3 |
| 10 | 1.4 | 2.6 | 3.7 | 4.8 | 5.8 | 6.7 | 7.6 | 8.4 | 9.3 |
| 15 | 6.1 | 7.4 | 8.6 | 9.7 | 10.7 | 11.5 | 12.5 | 13.4 | 14.2 |
| 20 | 10.7 | 12.0 | 13.2 | 14.4 | 15.4 | 16.4 | 17.4 | 18.3 | 19.2 |
| 25 | 15.6 | 16.9 | 18.2 | 19.3 | 20.4 | 21.3 | 22.3 | 23.3 | 24.1 |
| 30 | 19.9 | 21.4 | 22.7 | 23.9 | 25.1 | 26.2 | 27.2 | 28.2 | 29.1 |
| 35 | 24.8 | 26.3 | 27.5 | 28.7 | 29.9 | 31.1 | 32.1 | 33.1 | 34.1 |
| 40 | 29.1 | 30.7 | 32.2 | 33.5 | 34.7 | 35.9 | 37.0 | 38.0 | 38.9 |

### (四)防腐涂装

1.一般要求

涂装前,油漆工应仔细阅读油漆说明、工艺,确认油漆牌号、颜色及涂漆层数、各涂层的干漆膜厚度等。

所用的油漆应有产品质量合格证,并符合设计要求。

当天使用的油漆涂料应在当天按照产品说明书要求配制,并不得随意添加稀释剂。

涂装时的环境温度及相对湿度应符合油漆涂料产品说明书的要求,当产品说明书无要求时,环境温度应为5~35 ℃,相对湿度不应大于85%。构件表面有结露、冰、水时不得涂装。

安装焊缝处应预留出30~50 mm暂不涂装,待安装结束后进行补涂。

涂装应均匀,涂层表面无明显起皱、流挂,附着良好。

需涂装的构件应摆放在防雨及地面清洁的地区,构件离开地面应在300 mm以上,以防止喷漆时灰尘扬起。

将需涂装的构件清理干净,构件上的死角及焊缝位置应采用手工法预涂,高强螺栓连接范围内不刷油漆。

需涂刷多遍油漆的构件，复涂前应检查前次油漆的干漆膜厚度，并对构件表面的漆雾、流挂、起皱进行打磨修理，合格后才能进行复涂。

涂装完毕后先进行自检，然后报专检验收，确认合格后作出检验记录。涂装完毕的构件油漆合格干燥后，由施工人员作出构件标识后方可归堆码放。

2. 涂装施工工艺

(1)涂装施工对环境条件的要求。环境温度应按照涂料产品说明书的规定执行；环境湿度一般应在相对湿度小于80%的条件下进行，具体应按照涂料产品说明书的规定执行；在雨、雾、雪和较大灰尘的环境下，必须采取适当的防护措施方可进行涂装施工。

(2)设计要求或钢结构施工工艺要求禁止涂装的部位，为防止误涂，在涂装前必须进行遮蔽保护。如地脚螺栓和底板、高强度螺栓摩擦面、与混凝土紧贴或埋入的部位等。

(3)涂料开桶前，应充分摇匀。开桶后，原漆应不存在结皮、结块、凝胶等现象，有沉淀应能搅起，有漆皮应除掉。

(4)涂装施工过程中，应控制油漆的黏度、稠度、稀度，兑制时应充分搅拌，使油漆色泽、黏度均匀一致。调整黏度必须使用专用稀释剂，如需代用，必须经过试验。

(5)根据设计图纸要求，构件在加工厂内涂刷环氧富锌底漆一道，厚度为50 μm，进入现场涂刷环氧云铁中间漆两道，厚120 μm，面漆为氯化橡胶面漆，涂刷两道90 μm，漆膜总厚度260 μm，寿命大于30年。

(6)涂装间隔时间根据各种涂料产品说明书确定。

(7)涂刷第一层底漆时，涂刷方向应该一致，接茬整齐。

(8)钢结构安装后，进行面漆二次涂装。涂装前，首先利用砂布、电动钢丝刷等工具将钢构件表面处理干净，然后按照设计要求规定对下列部位进行修补：①接合部的外露部位和紧固件等；②安装时焊接及烧损的部位；③组装符号和漏涂的部位；④安装时损伤的部位。

(9)涂装完成后，经自检和专检并记录。涂层有缺陷时，应分析并确定缺陷原因，并及时修补。修补的方法和要求与正式涂层部分相同。

**(五)涂装质量检查**

涂料的名称、型号、颜色及辅助材料必须符合设计的规定，产品质量应符合产品质量标准，并具有产品出厂合格证和检验报告。

表面预处理，应按设计的规定清理，并达到规定的预处理等级，应无焊渣、焊疤、灰尘、油污和水分等物。

涂膜的底层、中间层和面层的层数，应符合设计的规定。当涂膜总厚度不够时，允许增涂面漆。

涂膜的外观应均匀、平整、丰满和有光泽，其颜色应与设计规定或业主的要求相一致。

检测涂膜厚度时利用涂层测厚仪进行。涂膜厚度按检测平均值计算，平均值不得低于规定的厚度。

**(六)成品保护**

钢构件涂装后，应加以临时围护隔离，防止踏踩，损伤涂层。

钢构件涂装后，在 4 h 之内如遇大风或下雨，则应加以覆盖，防止沾染灰尘或水汽，避免影响涂层的附着力。

涂装后的钢构件需要运输时，应注意防止磕碰，防止在地面拖拉，防止涂层损坏。

涂装后的钢构件勿接触酸类液体，防止咬伤涂层。

**（七）安全环保措施**

防腐涂装施工所用的材料大多数为易燃物品，大部分溶剂有不同程度的毒性。为此，防腐涂装施工中防火、防爆、防毒是至关重要的，应予以十分关注和重视。

1. 防火措施

（1）防腐涂料施工现场或车间不允许堆放易燃物品，并应远离易燃物品仓库。

（2）防腐涂料施工现场或车间，严禁烟火，并有明显的禁止烟火的宣传标志。

（3）防腐涂料施工现场或车间，必须备有消防水源或消防器材。

（4）防腐涂料施工中使用擦过溶剂和涂料的棉纱、棉布等物品应存放在带盖的铁桶内，并定期处理掉。

（5）严禁向下水道倾倒涂料和溶剂。

（6）油漆和防腐材料的堆放要远离火源和电力设施。

2. 防爆措施

（1）当防腐涂料使用前需要加热时，应采用热载体、电感加热等方法，并远离涂装施工现场。

（2）当防腐涂料涂装施工时，严禁使用铁棒等金属物品敲击金属物体和漆桶，如需敲击应使用木制工具，防止因此产生摩擦或撞击火花。

（3）在涂料仓库和涂装施工现场使用的照明灯应有防爆装置，临时电气设备应使用防爆型的，并定期检查电路及设备的绝缘情况。在使用溶剂的场所，应禁止使用闸刀开关，要使用三项插头，防止产生电气火花。

（4）所有使用的设备和电气导线应良好接地，防止静电聚集。

（5）所有进入防腐涂料涂装施工现场的施工人员，应穿安全鞋、安全服装。

3. 防毒措施

（1）施工人员应戴防毒口罩或防毒面具。

（2）对于接触性侵害，施工人员应穿工作服、戴手套和防护眼镜等，尽量不与溶剂接触。

（3）当封闭作业时，应设置通风排气装置，减小有毒气体的浓度。

（4）高空作业时，应戴好安全带，并应对使用的脚手架或吊架等临时设施进行检查，确认安全后方可施工。

（5）施工用工具，不使用时应放入工具袋内，不得随意乱扔乱放。

## 第三节　临时用电施工方案

现场临时用电系统，根据 JGJ 46—2005 临时用电规范设计。根据表 20-19 内临时用电设备负荷统计，计算容量 1 375 kVA（将视在负荷换算到有功负荷，功率因数取 0. 75

后，有功负荷为 1 375 kVA）。甲方宜提供 1 500 kVA 电量，方可满足施工用电要求。详细布置见图 20-66。

表 20-19　临时用电设备负荷统计表

| 名称 | 型号 | 数量 | 功率(kW) | 总功率(kW) | 容量(kVA) | 总容量(kVA) |
|---|---|---|---|---|---|---|
| 喷砂机 | | 1 | 120 | 120 | | |
| 喷砂机 | | 1 | 20 | 20 | | |
| 电焊机 | BX－400 | 30 | | | 32 | 960 |
| 电焊机 | BX－500 | 30 | | | 38 | 1 140 |
| 钻床 | | 2 | 2.2 | 4.4 | | |
| 车床 | | 1 | 2.75 | 2.75 | | |
| 切割机 | | 2 | 1.2 | 2.4 | | |
| 无齿锯 | | 2 | 2 | 4 | | |
| 焊条烘箱 | | 1 | | | 2 | 2 |
| 空压机 | | 2 | 2.2 | 4.4 | | |
| 水泵 | | 2 | 2 | 4 | | |
| 总计 | | | | 161.95 | | 2 102 |

## 一、负荷计算

从变压器引出 3 根电源电缆，两根 3×185＋1×95＋1×50 电缆为 A、B 厅提供设备电源，两根电缆均长 600 m；另一根 3×95＋1×50＋1×16 电缆为喷砂设备及宿舍提供电源。

根据表 20-19，总计视在计算负荷（总需要供电设备容量）

$$P = 1.1(K_1 \times \sum P_1 \times \cos\psi + K_2 \times \sum P_2)$$

式中：$K_1$ 取 0.7；$K_2$ 取 0.5；$\sum P_1$ 为电动机额定功率；$\sum P_2$ 为电焊机额定容量；$\cos\psi$ 为电动平均功率因数，取 0.75。

$$\begin{aligned} P &= 1.1 \times (K_1 \times \sum P_1 \times \cos\psi + K_2 \times \sum P_2) \\ &= 1.1 \times (0.7 \times 161.95 \times 0.75 + 0.5 \times 2\ 102) \\ &= 1\ 250(\text{kVA}) \end{aligned}$$

为了简化计算，照明用电取施工用电 10%，则

$$P = 1.1 \times 1\ 250 = 1\ 375(\text{kVA})$$

电流计算

$$I = (P \times 1\ 000)/(1.732 \times 380) = (1\ 375 \times 1\ 000)/658 = 2\ 089(\text{A})$$

## 二、导线选择

主电源 500 kVA 变压器引出一根（BV－3×95＋2×50）电源电缆地埋敷设，供给现场

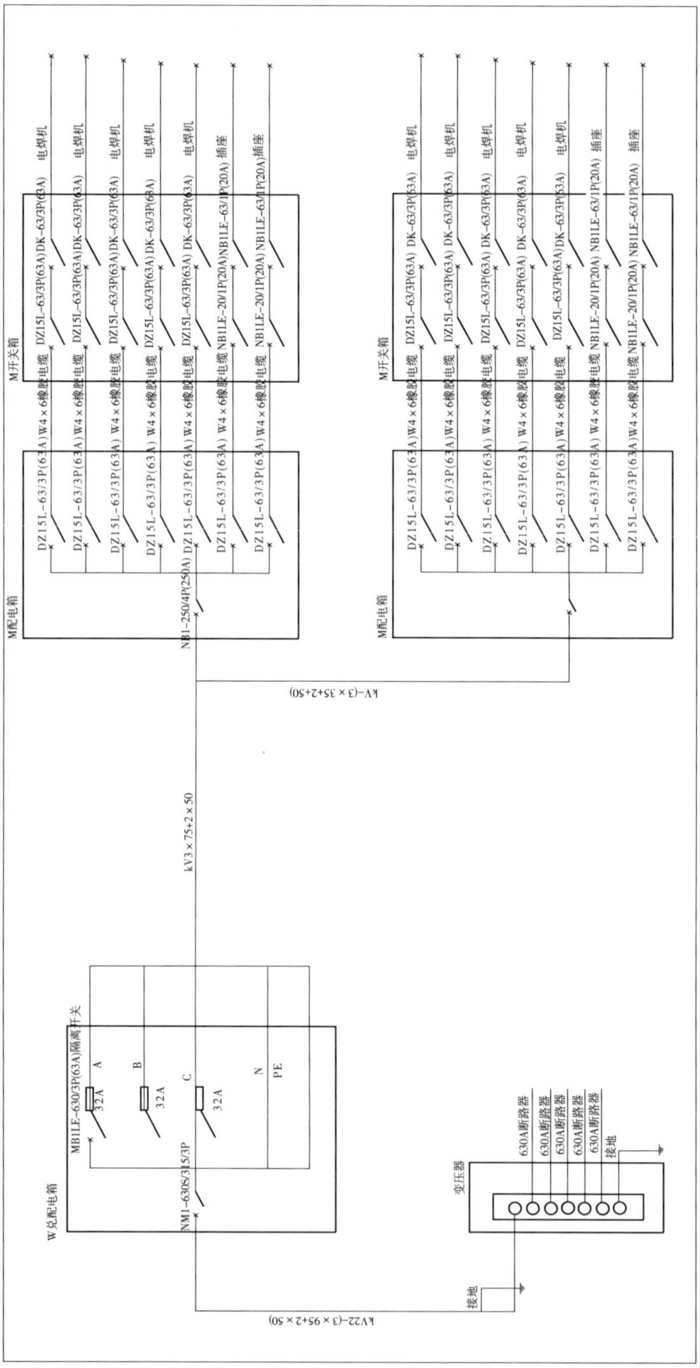


图 20-66　施工现场临时用电系统图

A 厅设备组。主电源 1 000 kVA 变压器一根(BV－3×75＋2×50)电源电缆地埋敷设,经过 C、D 配电箱供给喷砂区设备。1 000 kVA 变压器另外输出一条架空钢绞裸线线路,引至网架内环基础处改用一根(BV－3×75＋2×50)电源电缆地埋敷设,为现场 B 厅设备组提供电源。

详细情况见临时用电施工平面布置图(见图 20-67)。

## 三、设备配电

A 厅主电源配电箱(带计量)输出两条线路为设备组 1 和设备组 2 提供电源,设备组 1 和设备组 2 采用配电盘式开关控制电焊机及设备,安装区采用移动式开关箱控制设备。B 厅与 A 厅相同。

喷砂设备采用 600 A 配电箱(带计量)直接与设备开关箱连接。

宿舍照明由配电箱 C 引至开关箱 Z(100 A 带计量)。

## 四、安全用电技术措施

(1)工地配电必须按 TN-S 系统设置保护接零系统,实行三相五线制,杜绝疏漏。所有接零接地处必须保证可靠的电气连接。保护线 PE 必须采用绿/黄双色线。严格与相线、工作零线相区别,严禁混用。

(2)设置总配电箱,门向外开,配锁,并应符合下列要求:

①配电箱、开关箱应有防雨措施,安装位置周围不得有杂物,便于操作。

②由总配电箱引至工地各分配电箱电源回路,采用钢绞裸线架空或铠装电缆套钢管埋地敷设。

③埋地通过道路及上部有设施处,采用钢管保护,不准任意架空敷设。

④用电设备与开关箱间距不大于 3 m,与配电箱间距不大于 30 m,开关箱漏电保护器的额定漏电动作电流应选用 30 mA,额定漏电动作时间应小于 0.1 s,水泵及特别潮湿场所,漏电动作电流应选用 15 mA。

⑤配电箱、开关箱应统一编号,喷上危险标志和施工单位名称。

(3)作防雷接地的电气设备,必须同时作重复接地,同一台电气设备的重复接地与防雷接地可并联于基础防雷接地网,所有接地电阻值≤4 Ω。

保护零线不得装设开关或熔断器。保护零线的截面应不小于工作零线的截面。同时必须满足机械强度要求。

(4)正常情况时,下列电气设备不带电的金属外露导电部分应作保护接零:

①电机、局部照明变压器、电器、照明器具、手持电动工具的金属外壳。

②电气设备的传动装置的金属部件。

③配电箱(盘)与控制盘的金属框架。

④电力线路的金属保护管、物料提升机,均设接地装置。

(5)保护零线除必须在配电室或总配电箱处作重复接地外,还必须在配电线路的中间处和末端处再作重复接地。

(6)每台用电设备应有各自专用的开关箱,必须实行“一机、一闸、一漏”制(含插

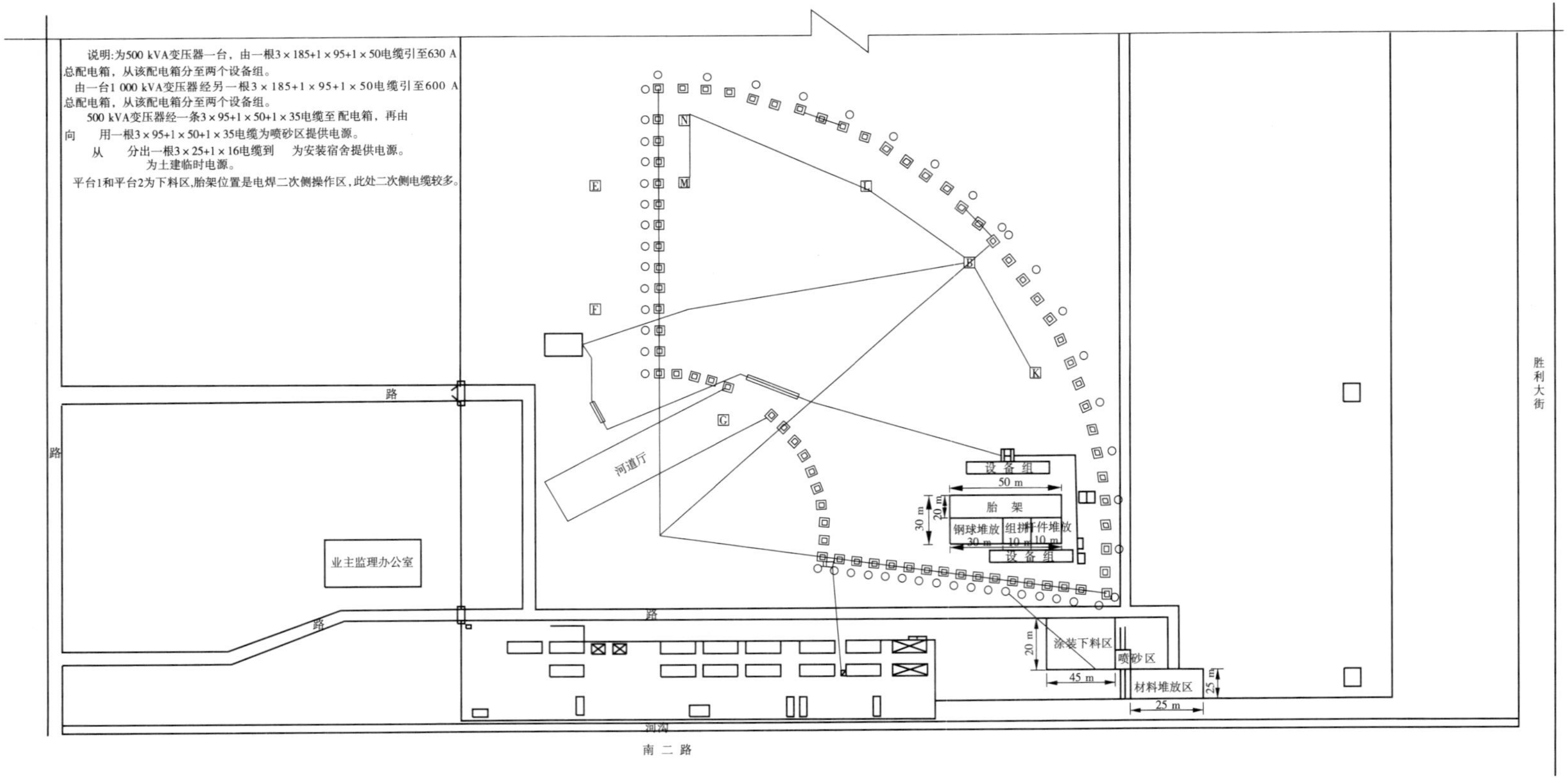


图 20-67　黄河口模型试验厅临时用电施工平面布置图

座)。配电箱、开关箱的进线口和出线口应设在箱体的下底面,严禁设在箱体的上顶面、侧面、后面或门处。移动式配电箱的进、出线必须采用橡胶套绝缘电缆。所有配电箱门应配锁,配电箱和开关箱应由现场电工专人管理。所有配电箱、开关箱应每天检查一次,维修人员必须是专业电工,检查维修时必须按规定穿戴绝缘鞋、手套,必须使用电工绝缘工具。

(7)手持式电动工具的外壳、手柄、负荷线、插头开关等,必须完好无损,使用前必须作空载检查,运转正常方可使用。潜水泵的负荷线必须采用YHS型防水橡皮护套电缆,不得承受任何外力。

(8)在潮湿和易触及带电体场所的照明电源不得大于24 V,在特别潮湿的场所,导电良好的、在地面工作的电源电压不得大于12 V。

使用行灯的电源电压不超过36 V,灯体与手柄应坚固,灯头无开关,灯泡外部有保护网。产生振动的机械设备的PE线的重复接地不少于两处。

(9)现场的物料提升机及外排架均应做防雷接地装置,接地电阻值≤4 Ω。现场照明灯具的金属外壳必须保护接零。单相回路的照明开关箱内必须装设漏电保护器。室外灯具距地面不得低于3 m,室内灯具不得低于2.4 m。钠灯、金属卤化物灯等1 000 W以上灯具的安装高度宜在5 m以上,灯线不得靠近灯具表面。投光灯的底座应安装牢固,按需要光轴方向将框轴拧紧固定。灯具内的接线必须牢固,灯具外的接线必须作可靠的绝缘包扎。

## 五、电气防火措施

### (一)电气防火技术措施

(1)合理配置、整定、更换各种保护电器,对电路和设备的过载、短路故障进行可靠的保护。

(2)在电气装置和线路周围不堆放易燃、易爆和强腐蚀介质,不使用火源。

(3)在总配电房配置干粉灭火器材,并禁止烟火。

(4)加强电气设备相间和相—地间绝缘,防止闪烁。

(5)合理设置防雷装置。

### (二)电气防火组织措施

(1)建立易燃、易爆物和强腐蚀介质管理制度。

(2)建立电气防火责任制,加强电气防火重点场所烟火管理制度,并设置禁止烟火标志。

(3)建立电气防火检查制度,发现问题及时处理。

## 六、现场电工岗位责任制

(1)对施工现场供电系统安全运行负全责。

(2)负责现场用电设备的安装拆除及维修工作。

(3)对现场用电负责分配、供给及使用的交底。

(4)对分包单位的用电,负责建档、指导、监督,对违反电气操作、使用的有权制止和停止供电。

(5)对违反电气规定乱接电器的行为进行制止并及时向现场主管领导汇报。

(6)对现场所有电气按时进行巡视检查、维修、登记工作。

(7)负责宣传安全用电和触电急救工作。

# 第二十一章 黄河口模型试验厅钢结构施工监测与健康监测

## 第一节 张弦钢网架预应力监测

为保证预应力钢结构的安装精度及结构在施工期间的安全,并使张拉完成后的预应力状态与设计要求相符,必须对张拉过程中结构的整体变形、上弦钢结构的应力及下弦钢索的索力进行监测,下面分别对这三方面的监测设备和监测方案进行介绍。

### 一、张拉过程中的监测

#### (一)结构的整体变形监测

在预应力钢索张拉过程中,结合计算结果,对结构的整体变形进行监测可以保证预应力施工期间结构的安全及预应力施加的质量。对钢结构及支座变形监测采用全站仪和位移计,如图 21-1和图 21-2 所示。

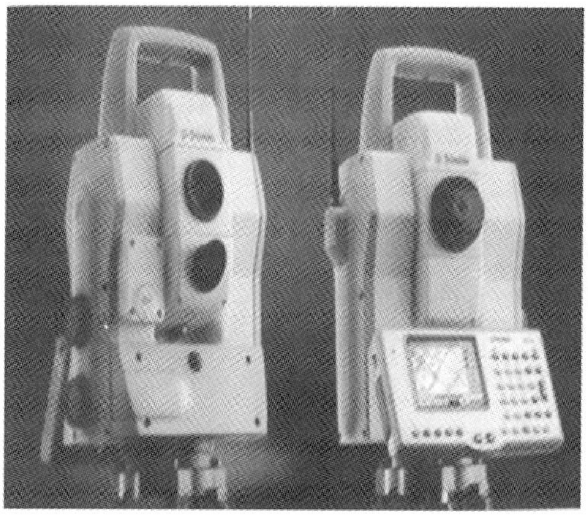

图 21-1 监测钢结构变形的全站仪

图 21-2 监测支座水平位移的位移计

屋面结构由互相联系的 8 榀张弦梁结构组成,我们拟对每榀张弦梁结构在施工期间的变形均进行监测,监测点布置如图 21-3 所示。

#### (二)上弦钢结构的应力监测

对上弦钢结构的应力监测采用振弦式应变计,如图 21-4 所示。

对钢结构应力监测选取有代表性的 1—E、1—G 轴张弦梁进行结构的应力监测,监测点布置如图 21-5 所示,每个测点在钢结构的上、下表面各布置一个传感器,共 12 个。

#### (三)下弦钢索的索力监测

本工程的下弦钢索共有 8 根,同时张拉 1 根,这样钢索的索力可以通过油压传感器进

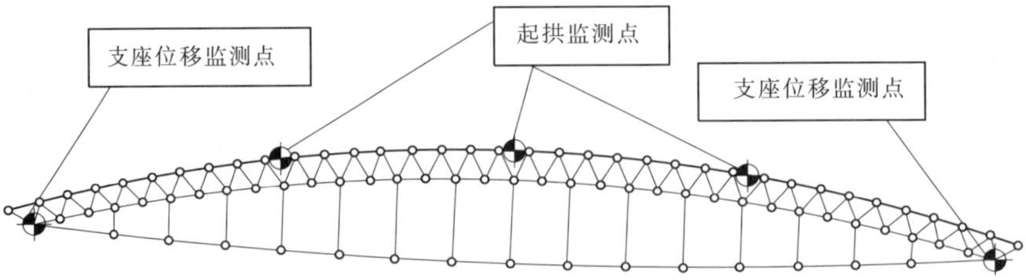


图 21-3　监测点布置

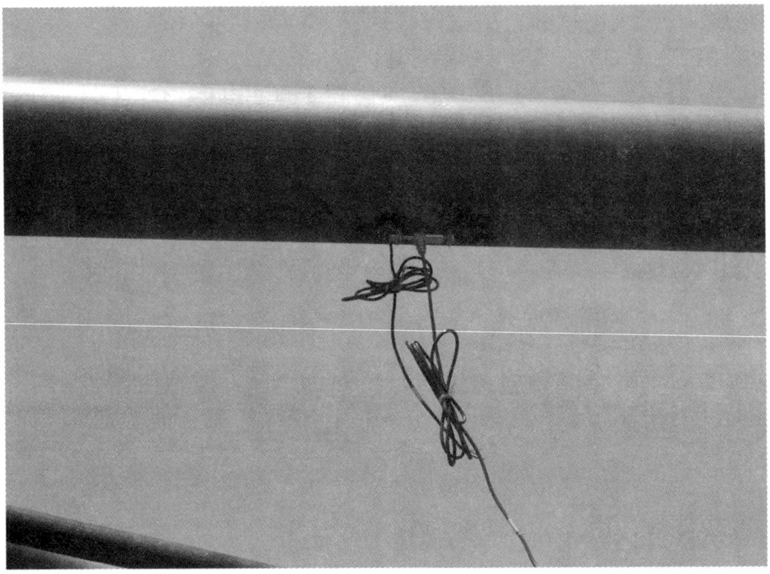

图 21-4　振弦式应变计

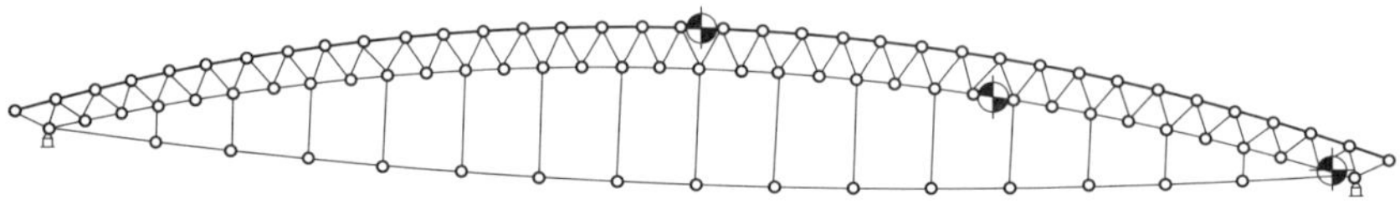

图 21-5　1—E、1—G 轴钢结构应力监测点

行监测。油压传感器安装于液压千斤顶油泵上，通过弦式仪器读数仪（见图 21-6）可随时监测到预应力钢索的拉力，以保证预应力钢索施工完成后的应力与设计单位要求的应力吻合。在对钢索施加预应力时，通过油压传感器可以随时监测到索力的变化。

## 二、张拉过程中的预警

若某根索张拉结束后未达到设计力，则可以通过施加预应力进行补偿。

如果结构变形、伸长值、应力与设计计算不符，超过 20% 以后，应立即停止张拉，同时报请设计院，找出原因后重新进行预应力张拉。

张拉过程中，在保证索力准确的前提下，加强对结构位形的监控，使张拉完成后的状态符合设计的要求。

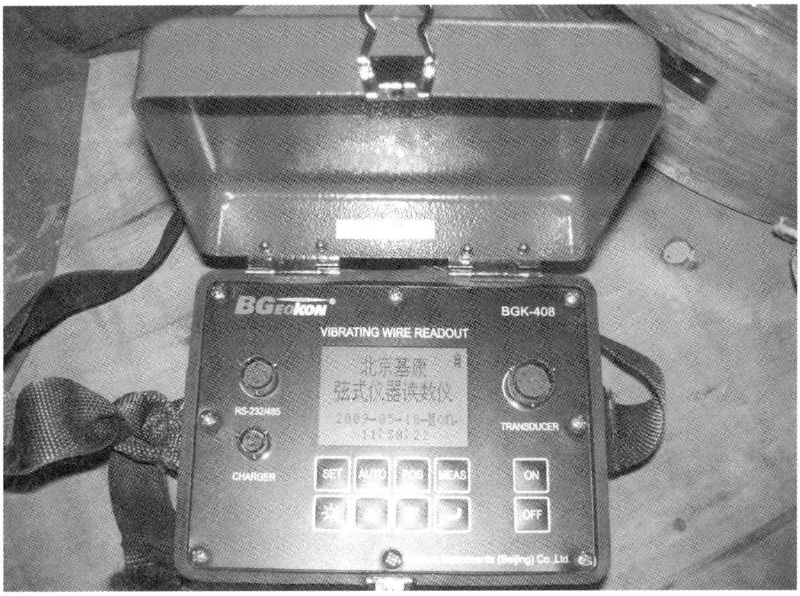


图 21-6　弦式仪器读数仪

## 三、张拉过程中的监控数据

在张拉过程中，对张拉力、偏移量及起拱值等全程进行监控，实际监测结果如表 21-1 ~ 表 21-5 所示。实际数据完全在设计的计算分析数据之内，可达到良好效果。

表 21-1　预应力钢索张拉测量记录（一级）

| 日期（年-月-日） | 时间 | 轴线 | 张拉力（kN） | 外弧纵向偏移量（mm） | | |
|---|---|---|---|---|---|---|
| | | | | 前（内） | 后（外） | 偏移值 |
| | | A 厅 | | | | |
| 2009-04-25 | 11:30 ~ 12:10 | 1—J | 1 100 | 100 | 150 | 25.00 |
| 2009-04-26 | 10:15 ~ 11:00 | 1—H | 1 200 | 100 | 150 | 25.00 |
| 2009-04-26 | 15:25 ~ 16:10 | 1—G | 1 200 | 110 | 140 | 15.00 |
| 2009-05-05 | 8:30 ~ 9:25 | 1—F | 1 200 | 105 | 145 | 20.00 |
| 2009-05-24 | 9:20 ~ 10:00 | 1—E | 1 100 | 100 | 150 | 25.00 |
| 2009-05-25 | 8:00 ~ 8:55 | 1—D | 1 200 | 105 | 145 | 20.00 |
| 2009-06-02 | 9:15 ~ 10:03 | 1—C | 1 200 | 110 | 140 | 15.00 |
| 2009-06-09 | 8:20 ~ 9:10 | 1—B | 1 200 | 115 | 135 | 10.00 |
| | | B 厅山墙 | | | | |

**表 21-2　预应力钢索张拉测量记录(二级)**

| 日期<br>(年-月-日) | 时间 | 轴线 | 张拉力<br>(kN) | 外弧钢支座纵向偏移量(mm) | | |
|---|---|---|---|---|---|---|
| | | | | 前(内) | 后(外) | 偏移值 |
| | | A 厅 | | | | |
| 2009-06-15 | 12:07～13:10 | 1—J | 1 863 | 120 | 130 | 5.00 |
| 2009-06-15 | 9:30～10:40 | 1—H | 2 321 | 120 | 130 | 5.00 |
| 2009-06-15 | 6:00～6:58 | 1—G | 2 590 | 140 | 110 | -15.00 |
| 2009-06-14 | 15:00～16:08 | 1—F | 2 600 | 150 | 100 | -25.00 |
| 2009-06-14 | 11:30～12:35 | 1—E | 2 485 | 160 | 90 | -35.00 |
| 2009-06-12 | 14:00～15:05 | 1—D | 2 448 | 140 | 110 | -15.00 |
| 2009-06-12 | 8:10～9:00 | 1—C | 2 168 | 160 | 90 | -35.00 |
| 2009-06-11 | 13:20～14:15 | 1—B | 2 152 | 150 | 100 | -25.00 |
| | | B 厅山墙 | | | | |

**表 21-3　预应力钢索张拉测量记录(三级)**

| 日期<br>(年-月-日) | 时间 | 轴线 | 张拉力<br>(kN) | 起拱值<br>(mm) | 外弧钢支座纵向偏移量(mm) | | |
|---|---|---|---|---|---|---|---|
| | | | | | 前(内) | 后(外) | 偏移值 |
| | | A 厅 | | | | | |
| 2009-06-28 | 6:10～6:40 | 1—J | 2 337 | 45 | 150 | 100 | -25.00 |
| 2009-06-28 | 8:10～8:40 | 1—H | 2 758 | 73 | 155 | 95 | -30.00 |
| 2009-06-28 | 10:20～10:55 | 1—G | 2 988 | 75 | 180 | 70 | -55.00 |
| 2009-06-28 | 15:05～15:33 | 1—F | 2 935 | 90 | 180 | 70 | -55.00 |
| 2009-06-28 | 17:00～17:25 | 1—E | 2 798 | 78 | 195 | 55 | -70.00 |
| 2009-06-28 | 19:30～20:10 | 1—D | 2 816 | 40 | 175 | 75 | -50.00 |
| 2009-06-29 | 6:20～6:55 | 1—C | 2 544 | 38 | 180 | 70 | -55.00 |
| 2009-06-29 | 8:30～8:58 | 1—B | 2 666 | 40 | 165 | 85 | -40.00 |
| | | B 厅山墙 | | | | | |

表 21-4　预应力钢索张拉测量记录(四级)

| 日期(年-月-日) | 时间 | 轴线 | 张拉力(kN) | 起拱值(mm) | 外弧钢支座纵向偏移量(mm) | | |
|---|---|---|---|---|---|---|---|
| | | | | | 前(内) | 后(外) | 偏移值 |
| | | A 厅 | | | | | |
| 2009-07-01 | 9:20~9:58 | 1—J | 2 123 | 130 | 195 | 55 | -70.00 |
| 2009-07-01 | 7:50~8:22 | 1—H | 2 767 | 178 | 200 | 50 | -75.00 |
| 2009-06-30 | 18:00~18:25 | 1—G | 3 062 | 187 | 225 | 25 | -100.00 |
| 2009-06-29 | 19:30~20:03 | 1—F | 3 038 | 190 | 230 | 20 | -105.00 |
| 2009-06-29 | 17:16~17:56 | 1—E | 2 930 | 184 | 245 | 5 | -120.00 |
| 2009-06-29 | 15:40~16:13 | 1—D | 3 066 | 135 | 225 | 25 | -100.00 |
| 2009-06-29 | 11:05~11:37 | 1—C | 2 905 | 146 | 225 | 25 | -100.00 |
| 2009-06-29 | 9:35~9:58 | 1—B | 3 285 | 150 | 190 | 60 | -65.00 |
| | | B 厅山墙 | | | | | |

表 21-5　预应力钢索张拉测量记录(微调)

| 日期(年-月-日) | 时间 | 轴线 | 张拉力(kN) | 起拱值(mm) | 外弧钢支座纵向偏移量(mm) | | |
|---|---|---|---|---|---|---|---|
| | | | | | 前(内) | 后(外) | 偏移值 |
| | | A 厅 | | | | | |
| 2009-07-01 | 10:00~10:05 | 1—J | 2 115 | 135 | 205 | 45 | -80.00 |
| 2009-07-01 | 11:05~11:28 | 1—H | 2 584 | 176 | 215 | 35 | -90.00 |
| 2009-07-01 | 15:01~15:25 | 1—G | 2 853 | 188 | 245 | 5 | -120.00 |
| 2009-07-01 | 16:16~16:37 | 1—F | 2 794 | 186 | 245 | 5 | -120.00 |
| 2009-07-01 | 17:31~18:03 | 1—E | 2 665 | 185 | 255 | -5 | -130.00 |
| 2009-07-01 | 18:59~19:37 | 1—D | 2 791 | 139 | 235 | 15 | -110.00 |
| 2009-07-01 | 20:13~20:35 | 1—C | 2 623 | 149 | 230 | 20 | -105.00 |
| 2009-07-02 | 7:50~8:25 | 1—B | 3 064 | 152 | 200 | 50 | -75.00 |
| | | B 厅山墙 | | | | | |

# 第二节　张弦钢网架结构健康监测

## 一、监测的背景

黄河口模型试验厅为黄河口模型试验基地内的主要建筑,一层,建筑面积 47 679 $m^2$,

分河道及海域两部分,为一类超大跨度空间结构建筑。屋面采用网壳张弦梁结构,最大跨度 148 m,该结构共有 8 榀张弦梁,是目前国内采用此结构类型最大跨度的建筑物,下弦拉索为 $\phi7\times337$。屋顶钢结构轴测图和单榀结构图分别见图 21-7 和图 21-8。

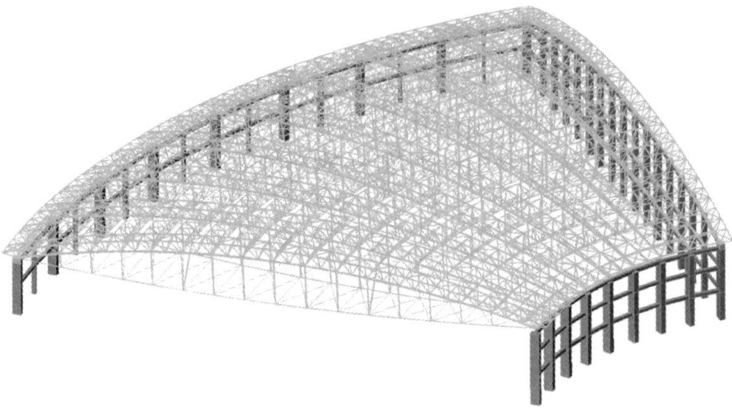

图 21-7 屋顶钢结构轴测图

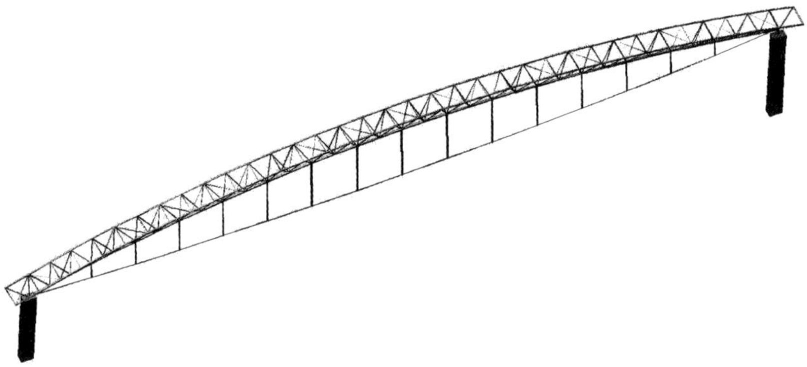

图 21-8 单榀结构图

## 二、监测的目的、意义及必要性

(1)张弦结构为近年来我国出现的一种新颖的建筑模式,结构型式先进,受力合理。同时这种结构型式为新兴结构型式,为确保本工程的安全先进和顺利实施,深入研究此类型结构在施工过程及正常使用时的受力和变形特点,有必要进行结构永久健康监测。

(2)黄河口模型试验厅在运营期间,将作为重要的国际和国内河口试验的基地,工程重要,不确定因素多。对结构进行永久健康监测,则可以监测在设计不可预见的荷载作用下结构的受力情况,从而保证该工程能够长久安全地为社会服务。

(3)黄河口模型试验厅的设计使用年限为 50 年,与此同时,目前基于各类结构材料和保护材料的使用寿命有限,如何保证黄河口模型试验厅在预期年限内安全服役,也是一个非常重要的课题。因此,在使用过程中对重要的结构杆件、钢索进行长期的监测(平时定期监测,重要活动时加强监测)是非常必要的,它可使屋盖结构始终处于有序的掌控之中,使用者可以根据构件的状态随时调整,必要时进行相应的处理,使屋盖结构始终处于健康状态。

## 三、监测方案

### (一)测点布置

黄河口模型试验厅为张弦结构,拉索和钢结构为主要受力构件,所以选取适当的测点对索力和钢结构应力进行安全监测就显得尤为重要。测点的选取是根据有限元软件的理论计算结果进行的。

本健康监测主要是在结构正常工作下进行的,所以理论计算的数据提取以屋面恒载、屋面活载作用下索力及钢结构应力分布为代表。在各阶段荷载作用下结构的应力分布是一致的,只是大小不同,对于布置测点来说,屋面恒载完全能够满足参照要求。图 21-9 和图 21-10 是施工完毕只有钢结构自重没有屋面工况下的计算结果。

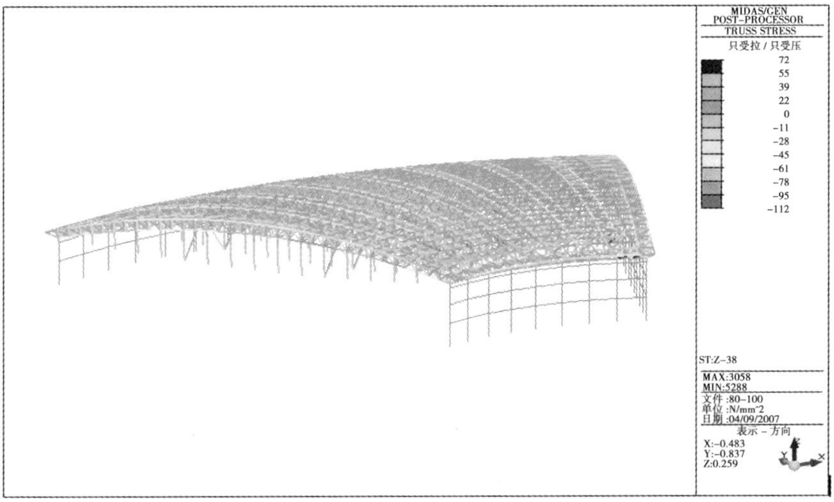


**图 21-9　施工完毕钢结构应力分布**　(单位:MPa)

由图 21-9 和图 21-10 可以看出,钢结构应力及索力最大值分布不均,在布置测点时不可能全部考虑到,经过对比分析,选取主要受力的张弦梁进行钢结构应力监测,拉索在一端布置锚索计进行索力监测。

布置时采用 DT80 作为采集设备,考虑了如下方案。

锚索计布置(见图 21-11)在具有代表性的 1—D 轴和 1—F 轴,共布置 2 榀,用 1 000 t 锚索计 2 个。

对钢结构应力选取有代表性的 1—D 轴、1—F 轴张弦梁进行结构的应力监测,监测点布置如图 21-12 所示,每个测点在钢结构的上、下表面各布置一个传感器,共 28 个。

### (二)监测仪器

黄河口模型试验厅永久健康监测所使用的监测仪器由两类组成:锚索测力计和振弦式应变仪。它们均为美国基康公司生产的仪器。

图 21-13 为 4000 弧焊型应变仪,将端块电弧焊或螺栓固定在钢结构表面监测钢结构

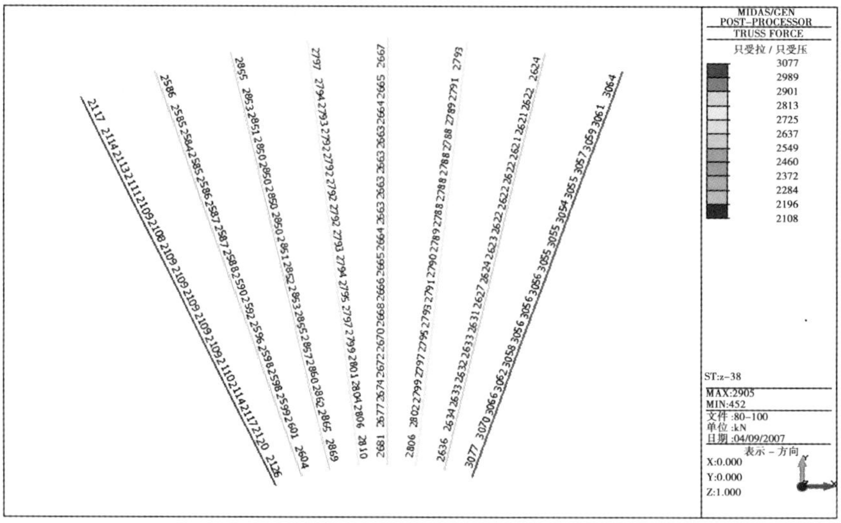


图 21-10　施工完毕后索力分布

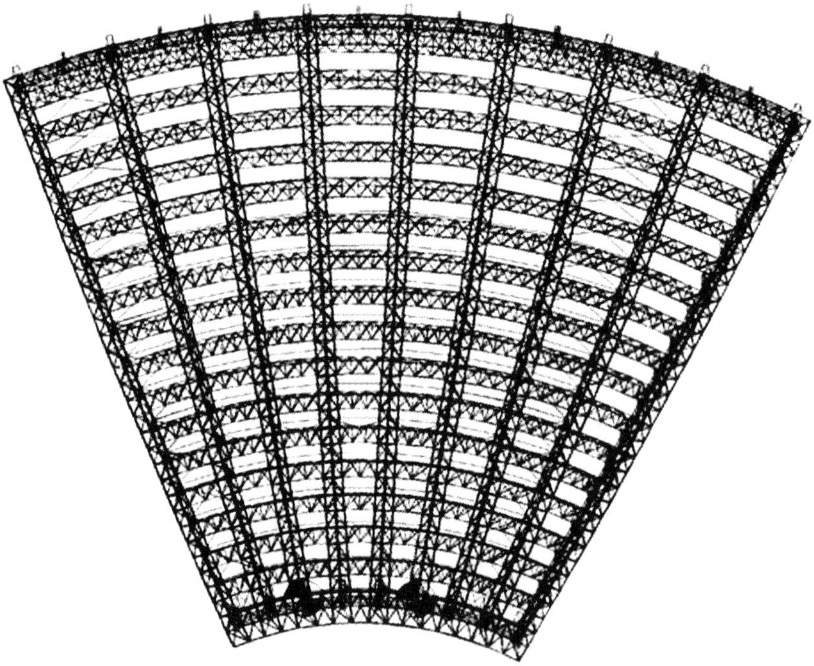

图 21-11　锚索计布置图

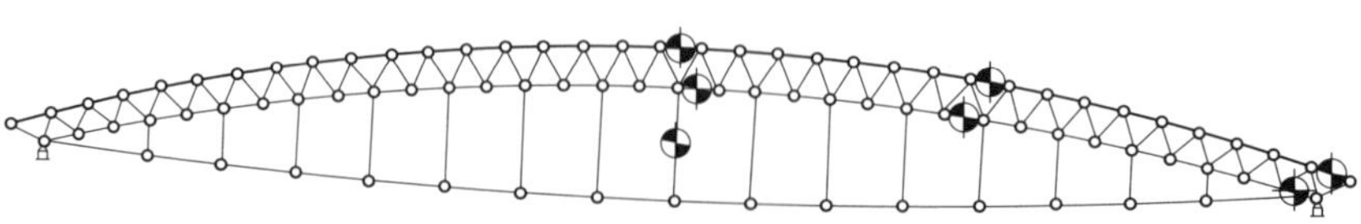

图 21-12　1—D 轴、1—F 轴钢结构应力监测点

的应变。该仪器标准量程为 3 000 με,灵敏度为 1.0 με。振弦式应变仪如图 21-14 所示。

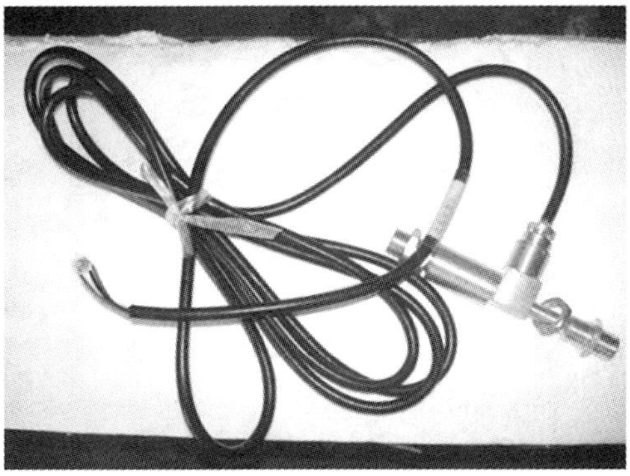

图 21-13　4000 弧焊型应变仪

图 21-14　振弦式应变仪

锚索计外形及安装方法如图 21-15 所示。在现场安装时,锚索计安装在缆索端头内,缆索的受力通过锚索计的读数反映出来。在结构的整个使用期间,缆索的受力始终处于监测之中。

图 21-15　锚索计外形及安装方法

**(三)数据采集系统**

1.数据采集仪器

由于建筑物永久健康监测的周期与建筑物使用年限相匹配,所使用的数据采集设备需要永久地放置在建筑物上,从而对数据采集设备提出了较高的要求。鉴于此,本工程永久健康监测拟使用澳大利亚 DATA TAKER 系列数据采集设备,该设备具有智能化、可编程、尺寸小、工作可靠稳定、使用寿命长、供电方式灵活、数据存储方便、通信方式多样等特点,完全能够满足本工程的永久健康监测。根据监测现场传感器的类型,选择 DATA TAKER 数据采集型号为 DT80G。根据现场布点情况,准备采用 1 台 DT80G 采集仪器和 1 台 CEM 扩展模块,如图 21-16 和图 21-17 所示。

DT80G 岩土型智能可编程数据采集仪器具有如下特点:钢结构适用于恶劣的环境;可以扩展到 100 个通道;可以独立工作或使用强大的内置通信接口组网,以期待的方式及地点访问数据;支持频率范围从 500 ~ 5 000 Hz 的振弦式传感器,独特的相位锁定环路滤波,可拆卸的螺口接线端便于操作。

图 21-16　DT80G 数据采集仪器

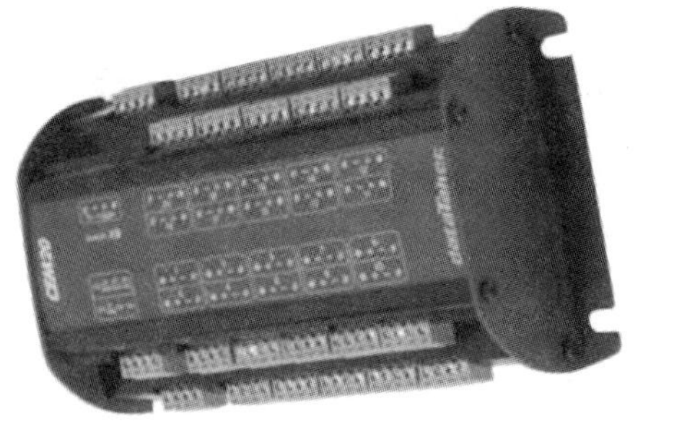

图 21-17　CEM 扩展模块

实时浏览数据和内部存储高达 500 万各数据点。数据存储和恢复可以通过 U 盘、FTP、手机、适合于 SCADA 的 Modbus、以太网或网页实现。网页服务器允许浏览器访问数据和文件,FTP 通过因特网或移动电话网络下载数据到办公室,而不需要特殊的主机软件。

2. 电源供电

可提供两种供电方式供实际选择:

(1)采用高精度 12 VDC 稳压电源,可为数据采集仪器及其内部电池和传感器供电。

(2)采用外部 6 V 可充电电池供电。

3. 数据传输

可提供三种数据传输方式供实际选择:

(1)现场通过 RS232 串口直接连接获取数据,如图 21-18 所示。

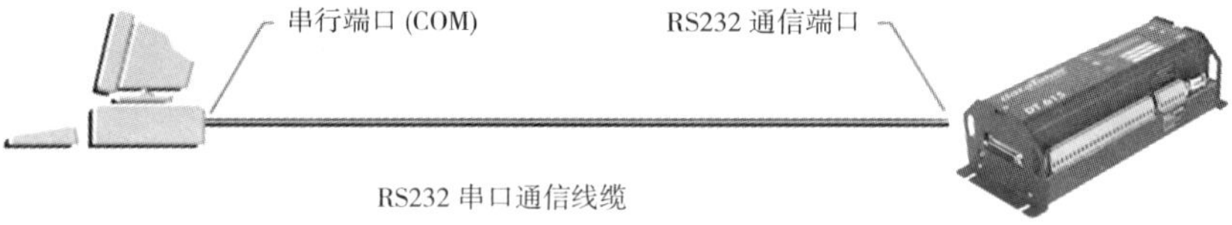


图 21-18　通过 RS232 串口的数据传输

这种方式用于现场便携式电脑直接通过智能数据采集仪获取数据,当便携式电脑无 RS232 串口时,可配置 USB 转 RS232 串口转换器。主机 RS232 串口通信有如下特点:全双工,波特率从 300 到 9 600 可调,光电隔离达 500 V,双向的 XON/XOFF 协议,选择高位协议带 16 位 CRC 检查。

(2)远程通过 PSTN 公共电话网拨号连接获取数据,如图 21-19 所示。

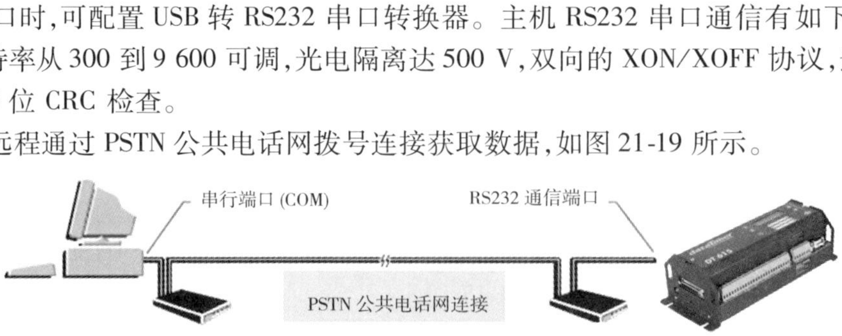


图 21-19　通过 RSTN 的数据传输

这种方式用于远程获取现场监测点的数据,通过 PSTN 公共电话网络,需要获取数据时,远程主计算机端拨号连接现场数据采集仪,数据采集仪接受拨叫请求后,则数据链路建立完毕,即可进行数据的交换。

(3)远程通过 CDMA 手机网络无线数据透明传输获取数据,如图 21-20 所示。

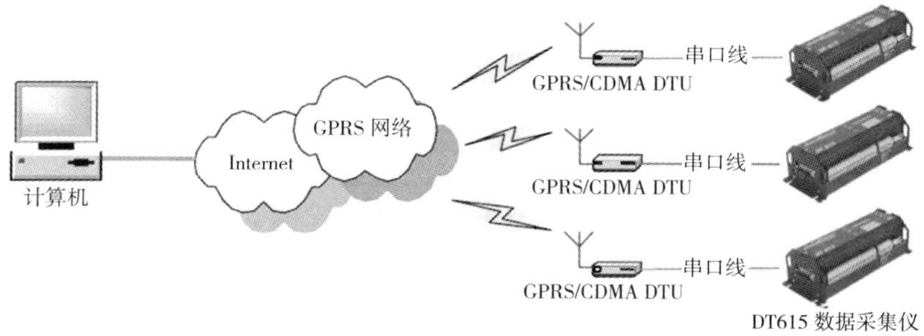


**图 21-20 通过 CDMA 的数据传输**

这种方式采用 CDMA 无线数据传输终端,可为用户提供高速、永远在线、透明数据传输的虚拟专用数据通信网络,利用手机 GPRS 网络平台实现数据信息的透明传输。支持根据域名和 IP 地址访问中心多种工作模式选择,支持串口软件升级和远程维护,使用方便、灵活。

CDMA 可以利用现有 CDMA 网进行实时数据传输,实现无线上网,无线接入,提供真正的广域无线数据网。CDMA 允许用户在端到端分组转移模式下发送和接收数据,而不需要利用电路交换模式的网络资源。CDMA 可以在高速运动时 1 峰值可以高达 153.6 kBPS,一般能够稳定在 80~100 kBPS。特别适用于间断、突发性和频繁、点多分散、中小流量的数据传输,也适用于偶尔的大流量数据传输。

**(四)保护机箱**

由于数据采集设备在建筑物内需放置很长时间,因此需要有可靠的措施对数据采集设备进行保护,拟采用的保护措施为防水保护机箱。根据测点个数及现场情况,选择两台防水保护机箱,集中放置在一个测试点处。

防水保护机箱一般用于固定的安装,可以用于室内或室外。机箱内板坚固,配有设备安装螺纹孔及标准 DIN 导轨可供仪器灵活配置。机箱提供一个基础的、功能化的保护机架。机箱主体和门是钢制的,内外都覆盖有坚韧的、本身具有抗腐蚀性的粉末涂层。机箱门有聚亚安酯封条,防止灰尘和雨水的进入。机箱门采用合页设计,可以很容易地进入内部。可以使用多种类型的锁,包括标准类型和钥匙锁类型。

**(五)数据分析与处理软件**

数据采集设备的可靠能够保证所得数据准确、稳定,但是同时还需要有相应的数据采集软件把数据采集设备采集的数据收集整理,显示为可读的数据。DATA TAKER 智能可编程数据采集器提供许多软件包用于界面控制智能数据采集仪。同时也可以根据工程开发出对应的界面友好操作系统,下面是国家体育馆拟采用的数据采集系统软件为采用工程监测专用的组态软件进行开发的 DTS-BJNIS 监测软件。数据分析与处理软件分别如图 21-21和图 21-22 所示。

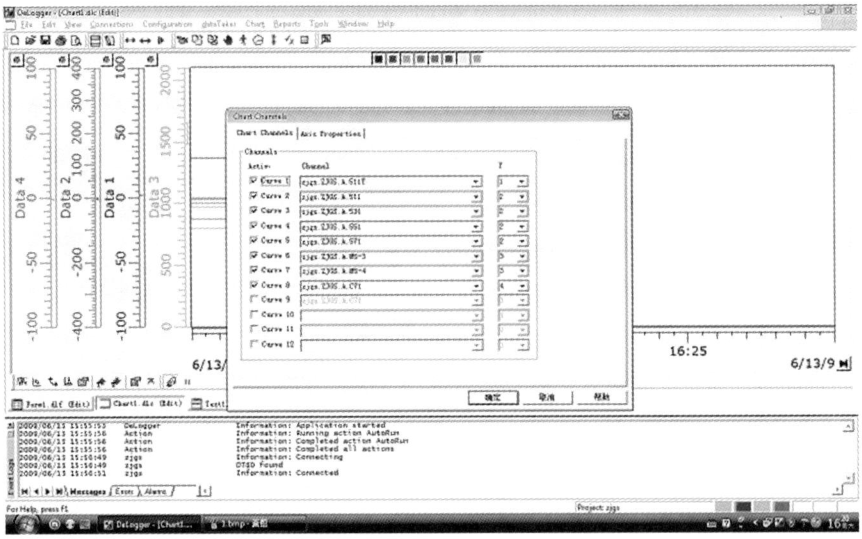

图 21-21　数据分析与处理软件一

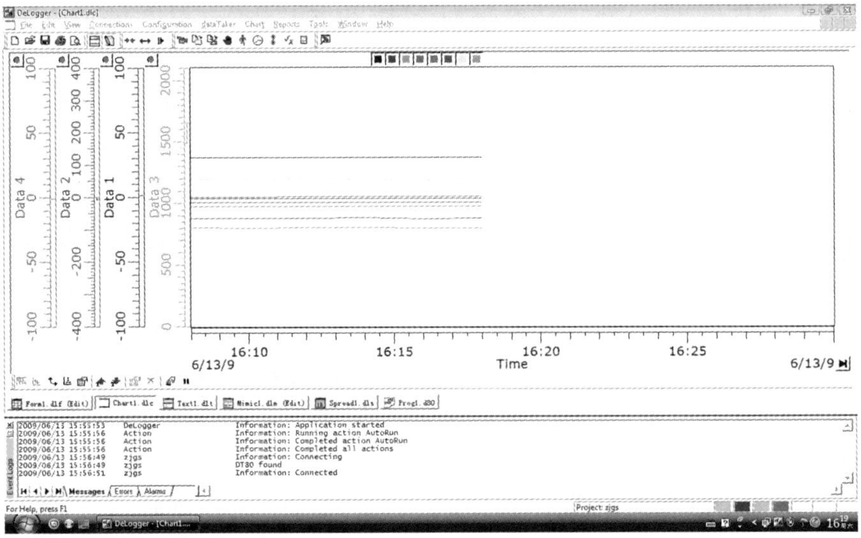

图 21-22　数据分析与处理软件二

## (六)系统性能分析

1. 系统寿命和稳定性

智能可编程数据采集器通过国际 CE 认证,该系统的工作温度范围为 -45 ~ 70 ℃,并能在恶劣环境下具有很高的稳定性,系统已成功应用于南、北极航线地面臭氧监测、美国太空总署和欧洲宇航局航天项目。系统的各个器件都选用了适用于恶劣环境的高可靠性产品,确保了系统的使用寿命和稳定性。

2. 抗干扰性

智能可编程数据远程单元通过自身的隔离装置解决了传感器和采集系统的接地回路问题,并被设计成能够抗噪音。在解决接地回路和抗噪音方面达到世界领先水平。通信串口具有抗 500 V 的光电隔离功能，通道之间也有很好的隔离。这些性能能确保在虹桥机场采集信号的精确度。

3. 远程监控

通过应用 CDMA 通信技术来实现虹桥机场监测数据自动采集，达到真正意义上的远程监控，可以确保通信数据的可靠性和实时性。公用电话网进行远程监控可以作为远程监控的辅助手段，充分保证系统的有效性。东营黄河模型厅工程钢结构屋盖健康监测仪器清单如表 21-6 所示。

**表 21-6　东营黄河模型厅工程钢结构屋盖健康监测仪器清单**

| 序号 | 仪器名称 | 规格 | 数量 | 单位 | 生产厂家 |
|---|---|---|---|---|---|
| 1 | 钢索锚索计 | 1000 t | 2 | 台 | 基康 |
| 2 | 振弦应变计 | 4000 型 | 30 | 套 | 基康 |
| 3 | 静力水准仪 | 量程 600 mm | 3 | 台 | 基康 |
| 4 | 锚索计引线 | 1000 t 锚索计 | 100 | m | 基康 |
| 5 | 振弦应变计引线 | 4000 型引线 | 1 900 | m | 基康 |
| 6 | 静力水准仪连接管 | 3 根水管为一套 | 210 | 套·米 | 基康 |
| 7 | 采集仪器 | DT80G | 1 | 台 | 数泰 |
| 8 | 扩展模块 | CEM20 | 2 | 台 | 数泰 |
| 9 | 发射模块 | CDMA | 1 | 台 | 数泰 |
| 10 | 保护机箱 | | 1 | 台 | 数泰 |

# 第二十二章　工程各项保证措施

## 第一节　季节性施工措施

由于本工程工期比较短、质量要求高,因此必须做好季节性施工措施,以确保工程的安全、质量和工期。冬、雨季施工应按照国家及地方安全操作规程执行,项目部质安人员应加强安全教育,认真对各专业及各工种的施工、操作人员进行安全技术交底。

### 一、雨季施工安全技术措施

(1)雨季施工应加强现场排水工作,在现场周围做好排水明沟,采用水泵强制排水和自由流散的方式排除现场,确保施工生产的顺利进行。

(2)重型机械通行的路面要碾压坚实,并在通行前预备道木等,做好防陷措施。

(3)机械设备、配电箱应设防雨及防潮设施并加锁,派专人负责管理,防止漏电伤人。

(4)电缆不得明设,需按规定架空或埋地,且不得浸泡在水中或污泥里,过路时应加设套管防护。

(5)为防止漏电伤人,脱皮的焊把线禁止在施工现场内使用。

(6)对易受潮材料应放在地势较高的部位,地面设架空层;对受潮湿易锈蚀的钢材应搭设防雨棚加以防护。

(7)掌握好中、短期天气预报,合理安排施工,雨天安排室内作业。

(8)当出现大风雨等恶劣天气时,应立即停止室外作业,可自行移动的设备应及时撤离施工现场,对于6级以上大风必须马上停止高空作业。

(9)在雨季到来之前,要做好现场高大设备或设施的防雷保护工作。

(10)雨季施工,应保证施工人员的防雨水具的需要,尤其注意施工用电防护。降雨时,除特殊情况及特殊工位外,应停止高空作业,并将高空人员撤到安全地带,拉断电闸。

### 二、冬季施工安全技术措施

(1)施工生产设备和设施进行越冬维护,消防设备及给排水管道应进行防冻保温处理,保证冬季正常使用。

(2)施工(生产)现场、宿舍、食堂,要有取暖设备,职工要喝到开水,吃到热饭菜。

(3)固定场所的施工机械要搭设防寒棚,要进行全面检查、维修,确保冬期施工。

(4)当外界温度低于 -20 ℃时,不得进行钢材的焊接;雪天或施焊现场风力过大时,焊接前应采取遮蔽措施;焊接后冷却前,接头应避免碰到冰雪;钢材负温电弧焊宜采取分层控温施焊,层间温度宜控制在 150～350 ℃。

(5)冬季焊接施工时,根据环境温度和焊件材质,确定预热温度,下雪天应停止露天施焊,否则搭设防护棚。

(6)大风、大雪天气不得进行吊装作业,加工预制应在车间内进行,并采取取暖措施。

(7)当环境温度低于5 ℃时,不得进行防腐涂装施工。

(8)作业人员必须穿防滑鞋,作业场地应平整,雪天过后必须将作业场地的积雪清理干净。

(9)乙炔、氧气表若有冻结情况,应用热水溶化,不准明火烘烤。

(10)做好冬季防冻劳保用品的发放、使用和监督工作,确保职工身心健康。

# 第二节 工程质量保证措施

按GB/T 19001.2000和ISO9001.2000标准建立的质量体系已经中质协质量体系认证中心通过认证,它所涵盖的各个要素反映了企业的组织目标和业主的期望与要求。通过贯标认证,质量体系得到全员的贯彻执行,并变为每个员工的自觉行动,从而规范了我们的管理行为。把工程的质量管理工作做得有条有理,确保工程达到优良工程,实现一流工程施工管理水平。

项目质量控制管理机构见图22-1。

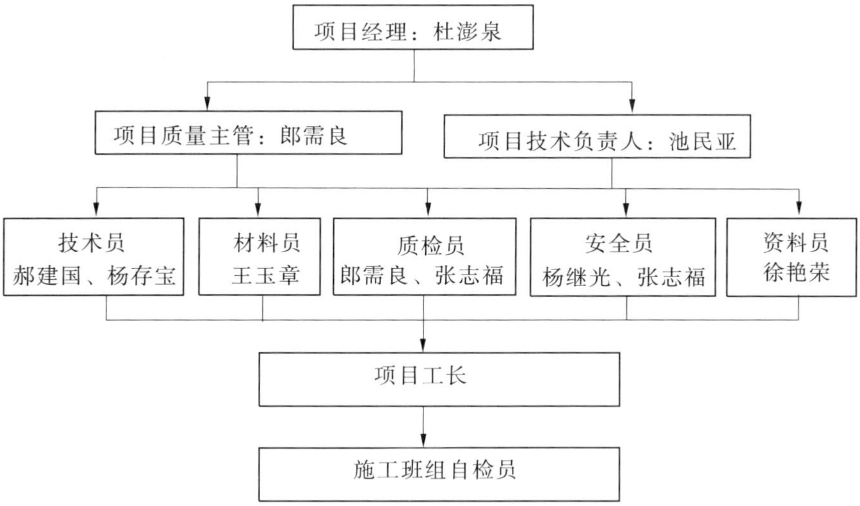


图22-1 项目质量控制管理机构

## 一、施工过程中的质量控制

### (一)文件控制程序

(1)施工项目质量体系的文件控制执行公司制定的《文件控制》程序。

(2)项目经理部应设立资料员,建立项目受控文件台账,并管理项目施工文件及质量记录。

(3)项目质量体系文件及施工文件资料的编制、审核、批准及文件的标识、收发、更改等执行公司《文件控制》程序规定。

**(二)记录控制程序**

(1)工程记录共分为两类:质量管理体系运行记录和工程质量记录。

(2)质量管理体系运行记录执行公司《质量手册》、程序文件以及管理制度的规定。

(3)工程质量记录由项目经理部资料员负责收集、整理、保存,要求与工程进度同步,填写一定要及时。

**(三)合同管理程序**

(1)项目经理部成立后,由二级单位主管经营工作的领导向项目管理人员进行合同交底并记录。交底内容应包括工程概况,工期、质量、安全要求,工程造价、付款方式及其他。

(2)施工过程中,对于一般不至于影响工期和原定施工组织设计的变更或设计修改以及零星委托,由项目经理部作好记录并组织实施,填写《现场变更核定单》,并由顾客代表或设计人员签字确认。

(3)当发生重大设计变更,需修改原定施工组织设计时,项目经理部应立即将变更信息反馈给上级主管部门,由主管领导及时组织相关部门进行评审,并填写《合同修订评审表》,与顾客协商一致后实施。同时与顾客修订相应合同条款或签订补充合同,进行变更签订工作。

**(四)人力资源管理程序**

(1)全体管理人员和特种作业人员必须持证上岗,并将全部资料复印后交资料员存档才允许进行施工,消除人的不稳定因素,避免因为人员的技术素质而影响本工程的质量。

(2)制定项目经理、技术负责人、技术员、质检员、安全员、材料员等岗位的岗位职责,做到职责分明、层层落实、责任到人。

(3)项目经理部应按照程序规定对劳务供方进行日常监督管理,并定期对劳务供方进行考核,提出考核意见。

(4)对关键工序实行考核,考核合格后方可上岗,引入竞争上岗制度,保证施工人员的质量责任心。

**(五)施工生产设备及检验、测量和试验设备管理程序**

(1)项目经理部的机械管理员负责对所持有的全部机具进行保养和维修,保证机具的良好运行状况。

(2)施工机具的调配应保持相对使用的固定性,并保留一定的机具作为备用,这样可以保证施工班组的正常使用。

(3)上级主管部门为项目经理部提供经检验合格的计量器具,计量员对所持有的计量器具建立使用台账,必须记录各计量器具的检验有效期,防止计量器具过期使用。

**(六)物资采购及管理程序**

(1)项目经理部材料员按照质量体系程序文件的要求对所采购的材料进行验证或复检,保证用于本工程的材料质量符合国家标准规范并可满足施工图纸的要求。检验工作结束后,应按规定填写物资进货检验记录表。

(2)全部材料进场均按照规定向监理公司报验,报验合格通过后方可使用,同时必须严格执行本公司制定的ISO9001《物资采购及管理》程序。

(3)材料保管员根据公司相关管理规定对全部材料的储存、保管、领用、维护进行管理,对进入施工现场的全部材料均要求进行产品标识,防止不合格的材料用于本工程。

**(七)项目管理程序**

1.施工技术控制措施

(1)施工技术管理人员必须熟悉图纸和有关资料,明确设计意图、规范及相应的技术措施。严格贯彻各项规章制度,主要包括以下内容:①图纸会审;②技术交底;③技术复核;④样板引路;⑤施工挂牌;⑥过程三检;⑦质量否决;⑧成品保护。

(2)在影响过程质量的关键点、关键部位设置质量管理控制节点。按PDCA循环过程开展质量管理小组活动。

(3)建立高效、灵敏的质量信息反馈体系,形成一个反应迅速、畅通无阻的封闭式信息系统。

(4)设置专人专职进行工程资料的收集整理工作,分阶段将技术分析总结反馈给项目领导班子,以便项目迅速作出反应。

(5)建立现场施工人员质量职责挂牌制,加强操作人员责任心,一旦发生问题,责任马上落实到人。

(6)按照公司质量保证体系文件,加强对施工过程中的工程质量管理,特别是要加强对特殊过程和关键过程的工程质量管理。在本工程施工中,钢结构的全熔透焊接过程作为特殊过程来进行控制,以确保本工程的质量目标。

2.施工过程控制措施

(1)施工过程中的标识应通过印章、钢印和记录来实现。

(2)当需要对中间产品的不同种产品加以区分时,由操作人员用油漆在产品上标注记号,记号应标在明显且不易在搬运中擦掉的地方。

(3)有特殊要求的焊接过程,应在规定的位置,由焊工打上自己的钢号,工长负责予以记录。

(4)随着施工的进展,项目技术负责人、工长按要求及时组织过程检验和试验,工长、质量检查员分别作好记录。

3.搬运、储存和防护控制措施

(1)材料和半成品的现场搬运应做好保护措施,不得损伤被搬运产品。

(2)半成品的垂直搬运,应合理选择吊点,吊装起升应由合格的操作工进行,起升应平稳。

(3)钢构件在搬运时,应采取必要的加固措施,防止产生变形。

(4)材料和半成品的现场储存,应由保管员和施工班组分类进行标识,以免错用。标识方法由项目部统一规定。

(5)现场材料、半成品、产品应摆放合理整齐,并做隔离处置,防止后续施工对其造成损伤。

(6)土建结构在其验收合格前,不得摆放钢构件或材料,以防损坏。

**(八)不合格品控制及纠正措施**

(1)不合格品应由质量员挂牌标识,以免错用。一般和轻微不合格品,由工长组织评审和处置,严重不合格品由技术负责人组织评审和处置。

(2)不合格品的处置方法:①进行返工以达到规定要求;②返修或不经返修作为让步接受;③拒收或报废。

(3)出现一般不合格品或重复出现类似的轻微不合格品,项目部技术负责人应及时组织工长、技术员进行分析并制订纠正和预防措施。

(4)项目部每月组织一次质量分析会,由技术负责人主持,项目工长、技术员、质检员、施工队长等有关人员参加。

(5)质量分析会的内容以预防产生不合格品为主,通过分析产生不合格品的原因及施工中存在的质量隐患,制订预防措施。

**(九)预防措施**

根据本工程项目特点分析存在的质量通病问题及原因,明确质量通病的预防措施,确定各部门人员的职责。

1. 原因分析

原因分析如图22-2所示。

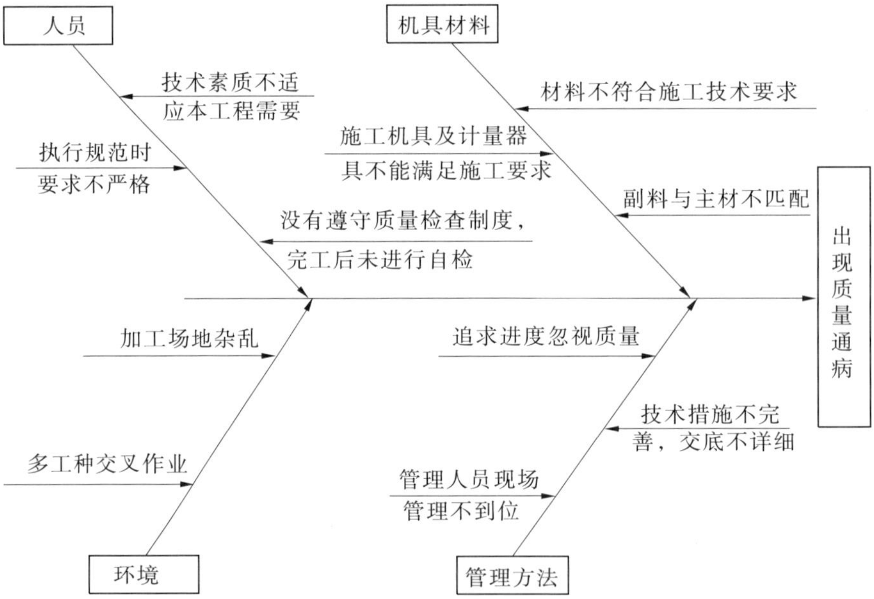


**图22-2　原因分析**

2. 管理对策

1)人员管理

人员管理见图22-3。

2)机具材料管理

机具材料管理见图22-4。

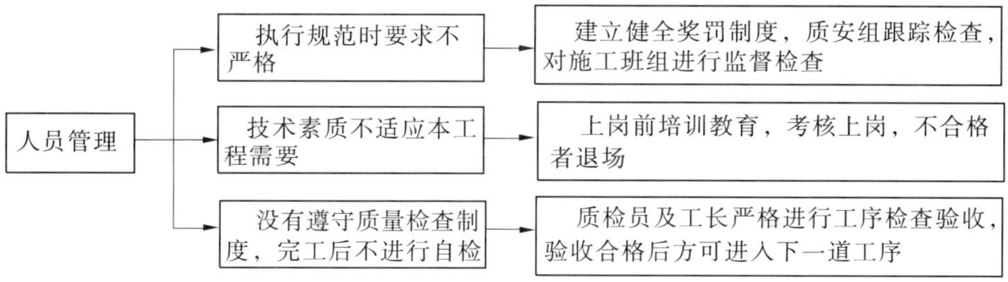


图 22-3　人员管理

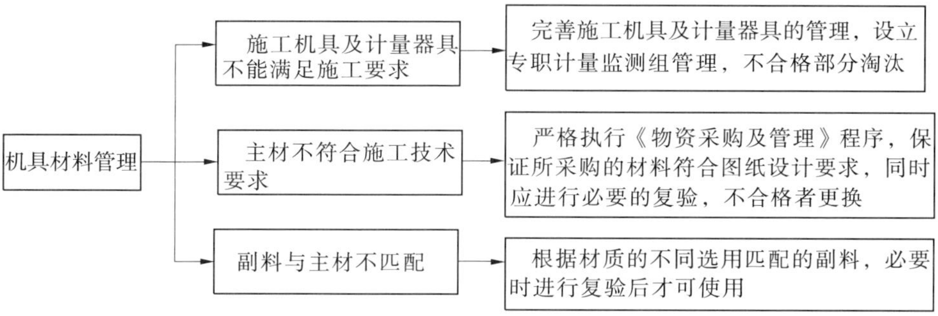


图 22-4　机具材料管理

3)施工环境管理

施工环境管理见图 22-5。

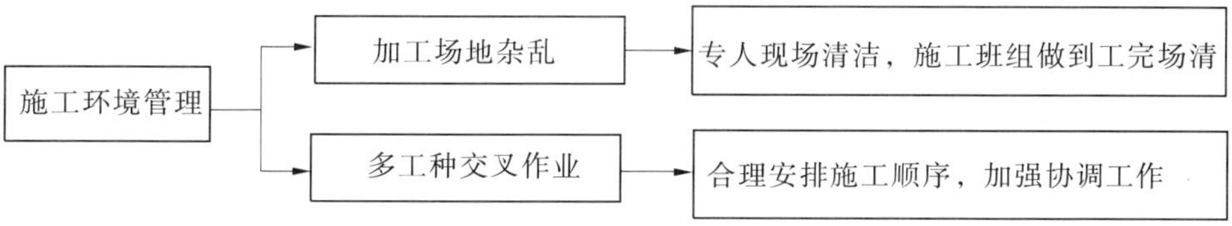


图 22-5　施工环境管理

4)管理方法

管理方法见图 22-6。

## 二、质量控制程序

(1)项目质量控制，在政府部门、业主和单位上级领导的指导督促下，项目经理部在项目经理的领导下，由项目技术负责人具体负责质量管理工作。

(2)根据确保工程质量达到优良的质量目标，制订出总体质量控制节点和各节点的质量控制程序及措施，严格按程序办事。

(3)定期召开现场碰头会，由项目技术负责人对当天质量工作情况作出分析和总结，找出问题并提出解决问题的办法，以工作质量保证工程质量。

(4)施工中合理安排上下道工序的衔接，严格执行自检、互检、专检制度，以分部分项工程的施工质量保证整体工程质量。

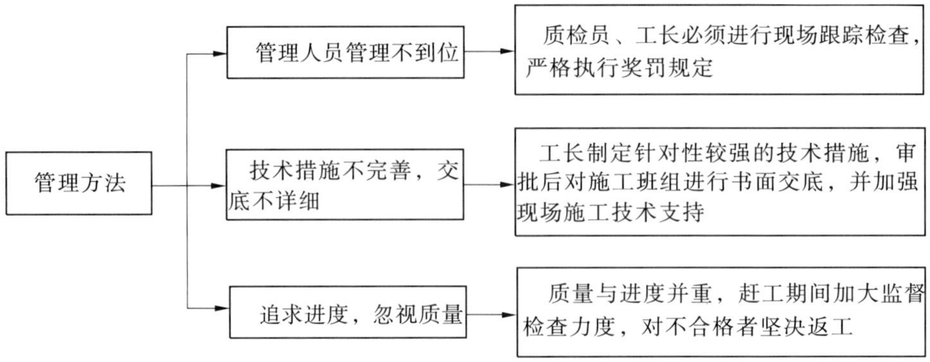


图 22-6　管理方法

(5)各级质检人员要跟踪检查,发现问题立即纠正,坚决行使质量否决权。

(6)严格计量工作,校准合格的计量器具要配备齐全,确保施工中计量准确;同时严把进场材料、成品和半成品验收、检验、试验关。

## 三、工程质量控制环节

### (一)工程质量控制最为关键和薄弱的环节

1. 图纸二次深化设计、加工和安装详图设计的质量控制

只有图纸深化设计和加工安装详图的深度和设计质量达到完善的程度,才能为施工提供切实可行的依据。

2. 材料选型的质量控制及其质量标准的确定

钢结构的材料选型及其质量标准的确定是满足加工、焊接和安装施工质量的前提。

3. 对加工制造厂的监造

对于钢结构加工制造进行强有力的监造,控制加工质量,确保钢结构工程顺利安装,质量达到优良。

### (二)施工现场质量管理和实施控制

为确保质量目标的实现,在工程现场质量管理和实施方面采取如下做法:

(1)建立完善的项目经理部的质量保证体系和质量责任制,分解质量目标,根据创优目标的具体质量要求按单位工程—分部工程—分项工程—施工工序进行层层分解,把质量责任落实到最基层。

(2)制定切实可行的各项管理制度,包括图纸会审和技术交底制度、现场质量管理制度、装修材料样品制度、首检定标制度、工序管理制度、方案资料管理制度、质量教育和讲评制度等,并严格贯彻实施。

(3)严格质量程序化管理,包括项目质量计划、文件和资料控制程序,物资管理程序,产品标识和可追溯程序,过程控制程序,检验试验程序,不合格控制程序,纠正和预防措施程序,质量记录程序,以严格的程序规范各项质量管理工作。

(4)强化质量过程控制,包括过程控制计划、质量检验计划、验收质量控制实施细则、分承包方过程质量管理程序、过程标识制度、特殊(重要)工序质量控制计划、月度预控计

划、月质量报表、质量分析报告、成品保护等。

(5)实施过程中严格实行三级检查制度(简称三检制);严格实行合理工序安排和管理;不合格的材料设备绝对禁止使用,达不到标准要求的工序彻底返工,毫不留情。这些对于质量控制非常重要。

(6)检验程序:班组自检→专职质检人员小组→总承包质检小组→现场监理。

**(三)质量控制的重点**

(1)深化设计和加工安装详图设计的设计质量。

(2)原材料的质量控制。

(3)材料切割和下料。

(4)网架组装和焊接。

(5)拼装、运输和安装构成中构件侧向变形和扭曲变形的控制。

(6)空间网架曲率的控制。

(7)结构自重产生的变形控制。

(8)拼装和安装的焊接质量控制。

(9)安装螺栓质量控制。

(10)测量的质量控制。

(11)成品保护。

## 第三节 职业健康安全保证措施

根据国家有关职业健康安全的法律、法规、OHSAS18000 标准、国家和行业的相关技术标准、上级主管部门的相关要求和公司辨识,并评价出的重大危险源清单、安全防护、安全操作、设施安全、防范运动物伤害、安全用电、易燃易爆场所,编制对重大危险源的《职业健康安全管理方案/措施》。

### 一、职业健康安全施工管理机构

(1)建立以项目经理为组长,包括项目技术负责人、各专业工长和专职安全员组织的职业健康安全管理小组,对施工现场日常施工进行巡视,坚决杜绝违章指挥和违章作业,保证员工及国家的生命财产安全。

(2)职业健康安全施工管理机构见图 22-7。

### 二、职业健康安全生产管理制度

(1)建立职业健康安全生产责任制,执行谁负责生产谁就负责职业健康安全的制度,责任到人。

(2)做好职工入场教育和岗位教育,每月一次安全教育,班组长坚持每周一对职工进行上岗职业健康安全教育工作。

(3)施工中认真执行各工种的安全操作规程和各项安全规程,严禁违章作业和违章指挥。

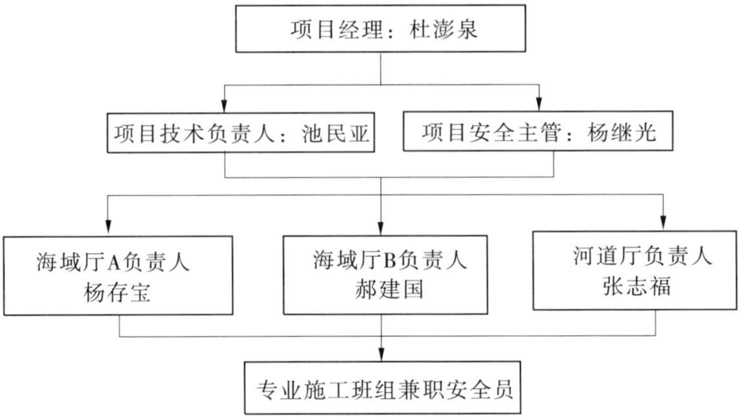


**图 22-7　职业健康安全施工管理机构**

(4)建立职业健康安全检查制度,采取旬检查和不定期检查相结合,由项目经理组织安全员、工长、班组长进行安全检查,不断提高和加强职工职业健康安全意识,落实各项职业健康安全制度、措施,及时报告和杜绝事故隐患。

(5)认真执行《安全生产管理制度》和当地政府有关安全生产的方针、政策、法令,按要求进行施工现场的安全监察工作。

(6)安全员经常巡视施工现场,对各种防护进行随时随地的检查,发现违章指挥和冒险作业者,除教育外,还应按有关安全奖罚条款进行处罚。遇有重大事故隐患或险情时,有权责令暂时停工,并立即汇报有关部门和领导及时处理,待隐患排除后方可施工。

(7)检查督促施工现场从事特殊工种人员持证上岗。

(8)发生安全事故后,除保护好现场外,迅速将事故简要报告给有关部门,按照四不放过(事故没有分析不放过、对主要责任人没有处理意见不放过、本人和群众没有受到教育不放过、没有防范措施不放过)的原则进行追查处理。认真积累安全活动记录,上报有关部门安全报表和安全资料,定期进行安全统计分析。

(9)制定消防保卫专项保证措施,建立消防保证体系及领导小组,确保施工现场的消防和保卫工作符合国家和当地政府部门的规定。

## 三、职业健康安全技术保证措施

本工程由于工期紧、高空作业多,土建、安装等施工单位同期施工,会出现大面积、多专业、多人数同时进行交叉施工的场面,所以防火、防坠落 、防触电将是本工程重点的防范对象。针对现场的特点,为切实做好施工安全工作,特此制定相关的防火、防坠落、防触电等职业健康安全技术措施。

### (一)防火措施

(1)贯彻“谁主管,谁负责”的原则,各级施工负责人要对自己主管工作的防火安全负责;各班组负责人以至每个职工都要对自己管辖工作范围内的防火安全负责,做到横向到边、纵向到底、纵横结合,形成一个整体性、全方位的防火网络。

(2)向项目部职工宣传“预防为主、防消结合”的消防工作方针和“谁主管、谁负责”

的消防工作原则，向职工广为宣传消防法规，着重宣传防火知识和灭火知识。做好职工使用灭火器材的培训工作，使职工掌握消防器材的操作使用和维护保养知识。

（3）施工现场的防火要求和管理：①施工现场的平面布置图、施工方法和施工技术，均要符合消防安全要求，明确划分用火作业、堆放易燃可燃物料的场地；②开工前应将消防器材和设施配备齐全，仓库、宿舍、工棚必须设置足够的消防设施，施工现场的各动火点必须配备相应的灭火器材；③动火地点与氧气瓶、乙炔瓶的距离不得少于10 m，与其他易燃易爆物品的距离不得少于30 m；④电焊、气割作业时，氧气、乙炔瓶间距不得少于5 m，气瓶不准卧放，乙炔瓶要有防回火装置。

**（二）防触电措施**

（1）电气设备和线路必须绝缘良好，电线不得与金属物等导体绑在一起，严禁电源线路拖地拉接。

（2）实行三相五线制，做好接地接零保护，并保证线路材质、接头、架设高度符合要求。

（3）用电设备必须做到一机一闸一漏保，开关单独一箱，并选用匹配的开关及满足电流要求的保险丝，严禁滥用铜线或铁丝代替保险丝。

（4）一切线路接设必须按安全技术规程进行，应有足够的安全距离，不足时，应采用停电办法或采取隔离防护措施。

（5）在高压线下方，不得起重、吊装、搭设工棚以及堆放易燃易爆材料等，以防意外事故发生。

（6）手持电动工具应有保护接地或接零，安装有漏保开关，电源线不能破皮漏电；电焊机等用电设备要有防雨措施，焊钳与焊把线必须绝缘良好。

**（三）防坠落措施**

本工程施工面积大，作业高度高，发生高处坠落可能性极大，因此施工前制订周密的防护措施，防患于未然是十分必要的。

（1）从事高空作业人员要定期体检，凡患高（低）血压、心脏病、贫血病、癫痫病、精神病及其他不适于高空作业疾病的人员，不得从事高空作业。

（2）高空作业一律佩戴安全带，安全带应高挂低用，同时做好施工现场的“三宝”、“四口”、“五临边”的防护工作。

（3）实行施工现场高空作业审批制度，由项目工长、施工班组长提出意见由项目经理部安全生产责任人审批。

（4）协调好各工种施工，避免出现交叉作业。当出现交叉作业时，上下施工班组要事先协商好施工位置，地面班组施工人员必须戴好安全帽。

（5）高空作业人员的工具要随时装入工具袋，防止甩出伤人；零星碎料要堆放好，必要时应采取防护措施，防止坠落伤人。

（6）地面操作人员必须戴安全帽，应尽量避免在高空作业的正下方停留或通过，也不得在起重机的吊杆下和正在吊装的构件下停留或通过。

（7）构件安装后，必须检查连接质量，正确无误后才能摘钩或拆除临时固定工具，以防构件掉下伤人。

**(四)夜间作业安全措施**

(1)夜间作业区域必须有足够亮度的照明,“四口”、“五临边”、管沟等危险区域设置显眼的红灯信号示警。

(2)地下室或潮湿场所按规定使用安全电压。

(3)夜间施工时尽量避免高空作业。

**(五)吊装作业安全措施**

所有施工人员进入现场,必须戴安全帽,高空作业人员必须配戴安全带,穿防滑鞋。

吊装时应由起重工统一指挥,其他任何人不得随意指挥,起重工必须经过专门培训,考试合格并取得上岗证书后方可进行指挥。

当多台吊车同步作业时,起重工应站在能够兼顾全局作业的合适地点,所发信号应事先统一,并做到准确、洪亮和清楚。

吊装前应对所用吊索具进行全面的配套检查,确保牢固可靠后方可投入使用,用毕应及时进行妥善的保管。

吊装时,所有施工作业人员严禁在起重臂和吊起的重物下停留和行走。

患有恐高症、高血压、心脏病或身体不适的施工人员,严禁从事高空作业。

当遇有恶劣天气影响施工安全时,应立即停止高空作业、吊装作业及室外作业等。

没有安全防护措施,禁止在高空吊装完毕的构件上行走或作业。

高空作业所需材料要保证堆放平稳,手头工具应随时装入工具袋内,传递时严禁上下抛掷。

## 第四节　消防保证措施

施工现场防火消防工作也是施工管理的重要环节,要认真落实“预防为主、防消结合”的方针,从思想上、组织上、装备上做好火灾的预防工作。建立防火责任制、将防火安全的责任落实到每个建筑施工现场、每一个施工人员,明确分工,划分区域,不留防火死角,真正落实防火责任。

在对即将参加施工及管理的工作人员进行安全教育的基础上,制定相应的安全纪律,并定期进行安全检查,有助于施工过程中各项工作的顺利进行。

### 一、消防班子组成

为了能应变施工现场出现的任何消防隐患和消防事故,项目部专门组织了现场消防应急组。施工现场各班组长及人员必须认真学习消防管理条例及服众消防应急组人员在检查中发现的消防隐患提出的整改意见。配合好项目部把施工现场消防安全工作做好。

### 二、防火危险源的确定

防火源根据施工现场实际情况,以及能更好地保证施工现场的消防安全,其主要划分三区块:生产区、生活区和仓库区。

**(一)生产区**

(1)电焊机使用时所造成的焊花。控制好外脚手架上的脚手片。

(2)施工现场氧气、乙炔的使用。

(3)电焊及气焊。

(4)配电房内的总配电箱及电缆。

(5)方木及垫木堆放。

(6)油漆、稀料。

**(二)生活区**

食堂的柴油灶,管理人员的煤气灶使用。

**(三)仓库区**

(1)易燃物品(各种润滑油、油漆等)单独放开。

(2)易爆物品(氧气和乙炔)分开放好。

(3)各电线、电缆工具及材料分开堆放。

## 三、消防安全管理

施工现场三区块根据消防源制定管理措施和实施方法。

**(一)生产区**

(1)外架灭火器配备,每个区域配 2 个灭火器。

(2)灭火器必须全部灌满。

(3)每个区域放 2 个灭火器。

(4)每幢房子均设一根单独消防水管,每层设一个接口。

(5)有楼层的房间每 2 层设一个消防水带和水枪头,专人负责监管工作。

(6)现场设一个总的消防专用水池(20 t)。

(7)电焊机组及各大型机械均配 1 个灭火器。

(8)方木及废料堆放处设置 2 个灭火器且用警示牌示警。

(9)施工在门口配备 5 个灭火器。

(10)总配电间门口必须设置 1 个灭火器,警示牌示警,还须设置一个砂箱。

(11)各幢楼的安全通道口需设置 1 个灭火器。

(12)施工场地设置一条应急通道。

**(二)生活区**

(1)宿舍楼每幢设置 2 个灭火器,办公室设置 4 个灭火器。

(2)管理人员小食堂设 1 个灭火器。

(3)职工人员食堂设置 2 个灭火器。

(4)所有的灭火器必须用保险栓拴牢。

**(三)仓库区**

(1)仓库根据要求在室内各配备了 2 个灭火器,挂放高度为 1.2 m,外面各 2 个灭火器,仓库存门口张贴“严禁烟火”等警示牌,且专人负责仓库的监管工作。

(2)电焊、气割等工作均不得在仓库里进行。施工时配备消防器材。

## 四、应急措施

施工现场或生活区、仓库发生消防事故，项目部将启动消防应急措施。杜澎泉负责现场的全面领导，负责施工现场内、外部各项工作的协调。杨继光、赵毓平负责施工现场人员的管理和保护设施及时到位，池民亚负责现场物资调配及人员组织和部署。郝建国、杨存爆负责现场水、电、通道三通等工作，赵毓平、张志福负责现场保护和详实纪录归档工作，丁连福、宋学志负责事后的后勤工作及巡查工作。最终各负责人员向项目经理汇总情况，由项目经理向上级部门汇报。

为了使施工现场消防得到更有效的管理，确保施工现场消防安全，项目部人员认真执行及履行自己的主要职责把施工现场的消防管理做好。详细分工见公司职业健康体系文件中《消防应急响应预案组织机构》。黄河口模型试验厅现场消防图见图22-8。

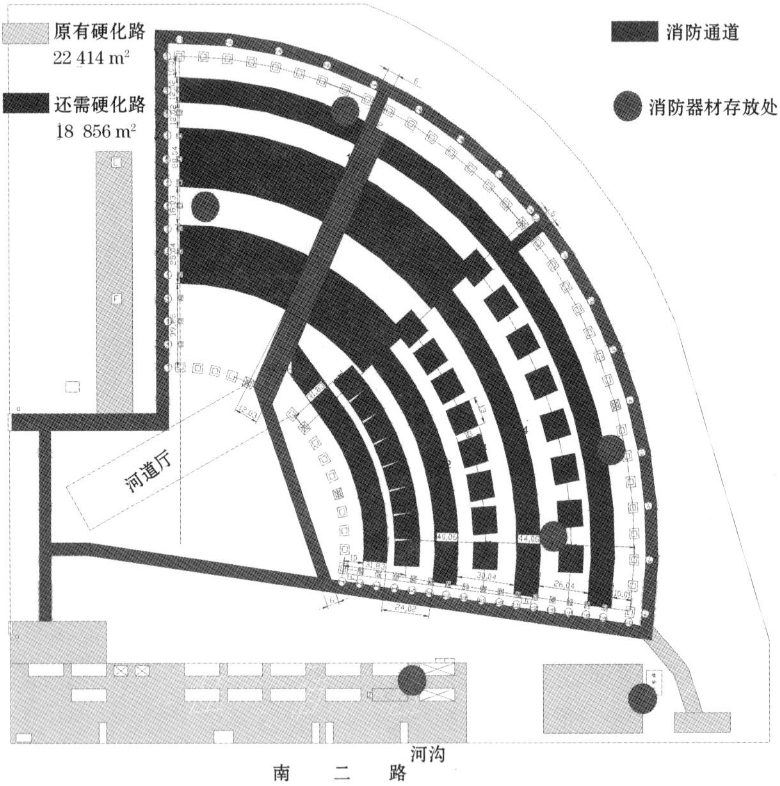


图22-8　黄河口模型试验厅现场消防图

# 第五节　环境保护及文明施工保证措施

施工现场按山东省有关建设工程文明施工规定与要求进行严格管理，将施工的有关规定，及时转化为质量要求，做好施工现场的文明施工和环境保护，施工过程中不影响居民生活，规范施工行为。

严格按CI标准布置和管理现场,现场周围全封闭围护。大门口要设旗牌7个(工程概况、组织、机构、场容场貌、料具管理、环境卫生、综合治理和消防工作等),使工地有一个管理有序、责任明确、环境优美的良好环境。

环境保护、文明施工对我们施工的钢结构工程来说,是一个系统的工程,涵盖在每一道施工工序中,因此必须从每道工序着手,确定环境保护及文明施工的监视、检测控制对象,切实做好该项工作。

## 一、人员要求

(1)作业人员施工前应接受有害废弃物的排放及防锈知识的环境培训,防止操作不当使环境影响恶化。

(2)作业人员应经过培训,掌握相应机械设备的操作规程,避免因人的误操作或不按照操作规程操作和保养造成机械设备漏油、设备部件报废、机械设备事故、浪费资源、噪声超标,污染施工场所周边的环境。

(3)树立环境保护意识,文明施工。

(4)作业人员应戴好防护眼镜、防护口罩,避免吸入铁屑和扬尘,影响身体健康。

## 二、材料要求

(1)材料进场应认真检查其质量证明文件,防止因材料质量不合格而造成成品构件的报废,浪费材料和能源。

(2)油漆等易燃易爆品应分隔单独存放,保持干燥、通风,远离火源及高温,且控制堆放高度,防止倾倒,以免造成资源损失和污染环境。

## 三、设备设施要求

(1)电动机具应保持完好状态,并有安全接地装置,防止增加设备耗电,发生火灾及人员伤亡事故。

(2)设备接油盘宜采用0.5~1.0 mm铁皮,防止设备意外漏油污染土地、地下水。

## 四、过程控制

(1)除锈作业前,必须检查环境条件,4级及以上大风天气时,停止室外除锈作业,避免产生扬尘扩大对环境的污染。除锈过程应在规定的设有挡风设施及硬化的地面上进行,避免铁锈等固体废弃物污染空气、土地、水源等。

(2)有关人员每天检查施工作业面的废弃物清理、回收和分类存放情况,准备单独或专门集中处理。

(3)除锈作业尽量安排在白天进行,以免影响居民的正常休息,并检查督促围挡和消声设施,预防或减少噪声传播。

(4)当在夜间进行焊接施工时,应设置挡光设施,可用轻质防火板等做成,以免造成光污染。废弃的焊条必须由专门的容器进行收集,严禁与其他垃圾混放,收集到一定数量时交专门的处理厂处理。

(5)现场临时设施为了保持良好的工作,设置标准办公室,做到规范化和统一化,树立一个现代化建筑企业管理水平的形象。

(6)创建 CI 达标示范工程,现场做好卫生防疫工作。

(7)经常保持场容达标,现场有节水、节电措施,不准常流水和常明灯。

## 第六节　施工现场排水措施

黄河口模型试验厅工程场地平整情况良好,距绝对标高 ±0 约 -2 m 处,四周为路边的河道,进入雨季容易存水,因此要做好排水工作。

### 一、施工现场排水

(1)施工现场应按标准实现现场硬化处理。

(2)根据施工总平面图、规划和设计排水方案及设施,利用自然地形确定排水方向,按规定坡度挖好排水沟。

(3)设置连续、通畅的排水设施和其他应急设施,防止泥浆、污水、废水外流或堵塞下水道和排水河沟。

(4)若有现场临近高地处,应在高地的边缘(现场上侧)挖好截水沟,防止积水流入现场。

(5)汛期前做好傍山施工现场边缘的危石处理,防止滑坡、塌方威胁工地。

(6)雨期指定专人负责,及时疏浚排水系统,确保施工现场排水畅通。

### 二、施工现场运输道路

(1)临时道路起拱 5%,两侧做宽 300 mm、深 200 mm 的排水沟。

(2)对路基易受冲刷部分,铺石块、焦渣、砾石等渗水防滑材料,或设涵管排泄,保证路基的稳固。

(3)雨期指定专人负责维修路面,对路面不平或积水现象应及时修复、清除。

### 三、边坡基坑支护

(1)雨季前应清除沟边多余弃土,减轻坡顶压力。

(2)雨后应及时对坑、槽、沟边坡和固壁支撑结构进行检查,并派专人对深基坑进行测量,观察边坡情况,如发现边坡有裂缝,疏松,支撑结构折断、走动等危险征兆,应立即采取措施解决。

(3)因雨水发生坡道打滑等情况时,应停止土石方机械作业施工。

(4)雷雨天气不得露天进行施工作业。

(5)加强对基坑周边的监控,配备足够的潜水泵等排水设施,确保排水及时,防止基坑坍塌。

## 四、脚手架工程

(1)遇大雨、高温、雷击和6级以上大风等恶劣天气,停止脚手架搭设和拆除作业。

(2)大风、大雨等天气后,组织人员检查脚手架是否有摇晃、变形情况,遇有倾斜、下沉、连墙件松脱、节点连接位移和安全网脱落及开绳等现象,应及时进行处理。

(3)落地式钢管脚手架立杆底端应当高于自然地坪50 mm,并夯实整平,留出一定散水坡度,在周围设置排水措施,防止雨水浸泡脚手架。

(4)悬挑架和附着式升降脚手架在汛期来临前要有加固措施,将架体与建筑物按照架体的高度设置连接件或拉结措施。

(5)吊蓝脚手架在汛期来临前,应予拆除。

## 五、施工用电

(1)严格按照《施工现场临时用电安全技术规范》(JGJ 46—2005)落实临时用电的各项安全措施。

(2)各种露天使用的电气设备应选择在较高的干燥处放置。

(3)总配电箱、分配电箱、开关箱应有可靠的防雨措施,电焊机应加防护雨罩。

(4)雨期前应检查照明和动力线有无混线、漏电现象,电杆有无腐蚀、埋设松动等,防止触电。

(5)雨期要检查现场电气设备的接零、接地保护措施是否牢靠,漏电保护装置是否灵敏,电线绝缘接头是否良好。

(6)暴雨等险情来临之前,施工现场临时用电除照明、排水和抢险用电外,其他电源应全部切断。

(7)施工现场高出建筑物的塔吊、外用电梯、井字架、龙门架以及较高金属脚手架等高架设施,如果在相邻建筑物、构筑物的防雷装置保护范围以外,应按规范设置防雷装置。

## 六、宿舍、办公室等临时设施

(1)选址必须在安全可靠的地点,避开滑坡、泥石流、山洪、坍塌等灾害地段。

(2)工地宿舍设专人负责,进行昼夜值班,每个宿舍配备不少于2个手电筒。发现险情时,要清楚记得避险路线、避险地点和避险方法。台风来临之际,严禁工人到海边游玩或观景看浪。

(3)采用彩钢板房应有产品合格证,用做宿舍和办公室的,必须根据设置的地址及当地常年风压值等,对彩钢板房的地基进行加固,并使彩钢板房与地基牢固连接,确保房屋稳固。

(4)当地气象部门发布强对流(台风)天气预报后,所有在砖砌临建宿舍住宿的人员必须全部撤出到达安全地点。临近海边、基坑、砖砌围挡墙及广告牌的临建住宿人员必须全部撤出。在以塔机高度为半径的地面范围内的临建设施内的人员也必须全部撤出。

(5)施工现场宿舍、办公室等临时设施,在汛期前应整修加固完毕,保证不漏、不塌、不倒,周围不积水,严防水冲入室内。大风和大雨后,应当检查临时设施地基和主体结构情况,发现问题及时处理。

**注 1**:对于雨、汛期施工现场临时建筑的安全管理和隐患排查,应随时进行。现场临时排水设施及排水坑、沟详见图 22-9。

**注 2**:本措施要点列举的各项措施,是根据现行建筑安全技术标准规范,在雨、汛期安全工作中需要着重突出的部分,做好雨、汛期建筑安全生产工作,除应按本措施要点强化防护和检查工作外,还应全面贯彻国家和行业有关安全生产的各项法律、法规、规章和技术标准规范。

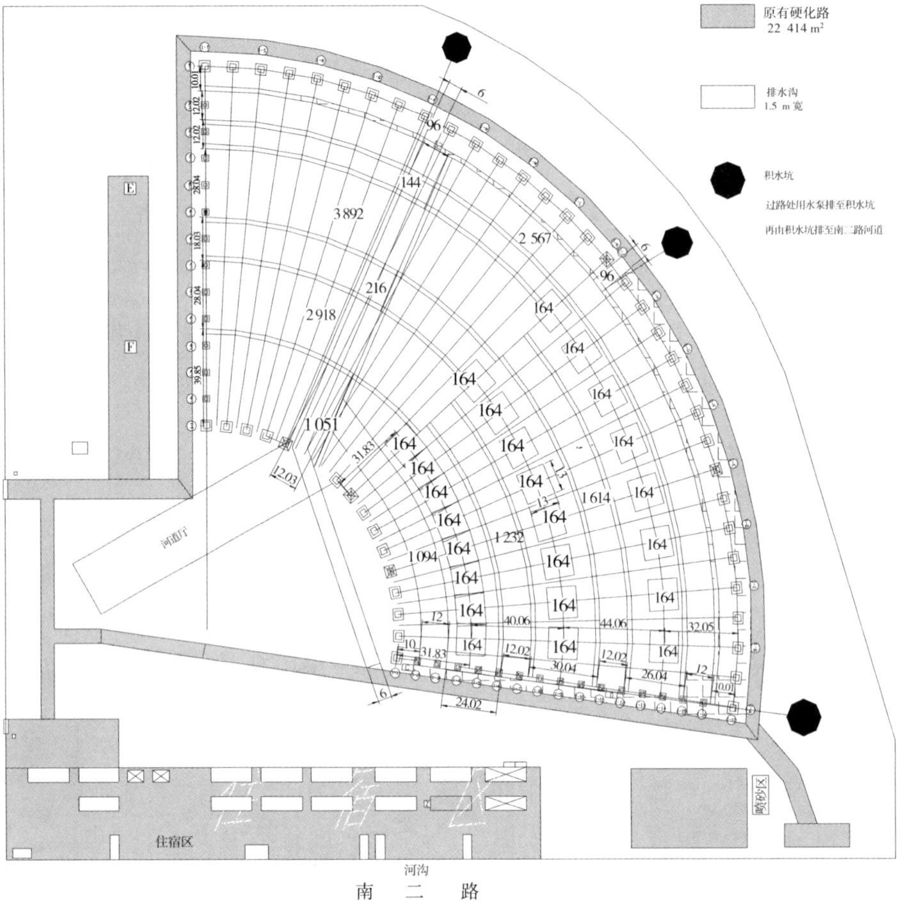


**图 22-9 黄河口模型试验厅场地排水图**

# 第七节 工期保证措施

(1)认真组织图纸会审,将图纸中的问题超前解决。

(2)根据工期进度计划,拟定分项或分部形象进度,抓住影响工期的关键工序,关死分阶段工期后门,倒排工期,制订月、旬进度计划,以“日保旬、旬保月、月保总工期”为原则，加强调度职能，按期完成竣工的目标。

（3）投入足够数量的机械设备、设施材料及周转工具，精选优良设备，加强维护和保养，确保有效运转。

（4）每天召开生产碰头会，检查当天进度完成情况，确保关键路线上的各工序逐日完成，布置以后的进度工作，做好施工现场各工种之间的协调、上下工序之间的交接工作。

（5）建立每周例会制度，举行与业主和监理单位的联席办公会议，及时解决生产中出现的影响工程进度的关键性问题。

（6）强化施工管理，抓住主导工序，利用优化的网络计划管理，做好各项工作的合理穿插及综合平衡。

（7）统一调度，做到人员及时到位、机械及时到位、材料供应及时到位。

（8）随时掌握实物量的进度情况，调查那些不合理安排，促使施工进度按主要控制进度线进行。

（9）采用新工艺、新技术加快施工进度。

## 第八节　工程施工技术资料管理

工程施工过程中及时收集和整理各种资料，必须做到工程进度与工程技术资料同步，资料管理由专人负责，严格执行按 ISO9001 标准编写的《文件控制》和《记录控制》工作程序。

（1）原材料、半成品、成品的构件必须有出厂质量证明或试验单。对钢材、水泥、焊条、管材等主要材料还要取样做复检，并有合格证明。

（2）使用的新材料、新产品、新工艺、新技术应有鉴定，产品要有质量标准，使用说明和工艺要求，使用前应按质量标准进行检验。

（3）工程施工验收记录。工程施工过程中应经设计、监理、甲方和质检站等有关部门验收的分部分项工程，必须经验收合格后，方可进行隐蔽和下道工序施工，并及时办理验收资料，资料内必须有各有关单位负责人签字或盖章。

（4）施工管理资料。必须与工程进度同步办理并整理所有工程技术管理资料，尤其是技术复核、设计变更、材料代换、技术核定等资料，为工程顺利施工提供依据，为竣工验收打下基础。

## 第九节　工程竣工回访保修管理

工程竣工交验后，建立工程质量及功能使用情况回访制度。

工程交验半年后进行第一次回访，了解工程在质量和功能使用方面所存在的问题，并记录在案，尽快组织有关人员进行维修和处理，直至全部整修完毕。

工程交验一年后进行第二次回访，了解工程存在的问题，如有问题，短期内整修完毕以保证业主顺利使用。

每次回访均要作好回访记录，对存在的问题认真做好处理方案并存档。

# 第二十三章　黄河口模型试验厅钢结构工程质量控制

## 第一节　编制依据

(1)建设工程监理规范（GB 50319—2000）
(2)工程委托监理合同（HHKMXT 2006—1）
(3)工程监理规划
(4)工程施工图及其他设计文件
(5)本工程施工采用的规范、标准：
①网架结构设计与施工规程(JGJ 7—91)
②网架结构工程质量检验与施工标准的要求(JGJ 78—91)
③建筑钢结构工程施工质量验收规范(GB 50205—2001)
④建筑钢结构焊接技术规程（JGJ 81—2002）
⑤钢网架螺栓球节点(JGJ 75.1—91)
⑥钢网架检验与验收标准(JGJ 75.3—91)
⑦钢网架焊接球节点(JGJ 75.2—91)
⑧钢焊缝手工超声波探伤方法和探伤结果分级(GB 11345—1989)
⑨低合金焊条(GB/T 5118—1995)
⑩碳钢焊条（GB/T 5117—1995）
⑪厚度方向性能钢板（GB/T 5313—1985）
⑫气体保护电弧焊用碳钢、低合金钢焊丝（GB/T 8110—2008）
⑬涂装前钢材表面锈蚀等级和除锈等级（GB 8923—1988）
⑭钢结构防火涂料应用技术规程（CECS 24:90）
⑮碳素结构钢(GB 700—88)
⑯高焊接性能和韧性的通用铸钢件(DIN 17182—1992)

## 第二节　工程概况与工程结构特点

### 一、工程概况

工程概况见表 23-1。

表 23-1　工程概况

| 工程名称 | 黄河口模型试验厅工程 | 建设单位 | 黄河河口管理局 |
|---|---|---|---|
| 建设用途 | 水利模型试验 | 设计单位 | 黄河勘测规划设计有限公司<br>龙安泛华建筑工程顾问有限公司 |
| 建设地点 | 南二路北、胜利大街西 | 监理单位 | 东营开元建设监理<br>有限责任公司 |
| 建筑面积 | 45 332.98 $m^2$ | 施工单位 | 中国建筑第六工程局 |
| 开工日期 | 2006 年 11 月 16 日 | 竣工日期 | 2007 年 9 月 16 日 |
| 结构类型 | 网架及张弦桁架结构 | 基础类型 | 钻孔灌注桩 |
| 层 数 | — | 最大建筑檐高 | 24.30 m |
| 耐火等级 | 二级 | 抗震设防烈度 | 7 度 |

### 二、工程结构特点

(1)海域厅建筑面积 41 496.45 $m^2$，最大跨度 148 m，内圆弧长 143.676 m，外圆弧长 396.818 m；分 A、B 两厅。

(2)海域 A 厅屋盖采用焊接球节点与螺栓球混合节点网架，在 1—6a 轴设有 2 个混凝土柱，两柱间距为 90.496 m。具有跨度大、层面多、网壳曲面等特点。主体三层，焊接球分为不加肋(HJ 系列)、加单肋、加平行肋、十字肋(HD30 ~ HD35)四种。钢管分为高频焊管、无缝管。

一、二层局部弧形网架顶面标高与 B 厅一致。螺栓球网架位于内、外弧及侧面处。

(3)海域 B 厅屋面为抽空四角锥张弦网架。主要由 148 m 长主桁架及其相互连接次梁组成。焊接球分为不加肋(HJ 系列)、加肋(HD 系列)。索采用 $\phi$7 mm × 337 mm 挤包双保护层扭铰型钢索。该厅屋面设置四组天窗，由三层螺栓球网架组成。

(4)河道厅建筑面积 2 758.8 $m^2$，屋面为内外弧形螺栓球节点网架，跨度 24 m。

## 第三节　事前控制内容

(1)钢结构工程焊接制作、安装单位应具备以下条件：

①应具有国家认可的企业资质和焊接质量管理体系。

②应具有相应资格的焊接技术责任人员、焊接质检人员、无损探伤人员等。

③焊接技术责任人员应由中、高级焊接技术人员担任。

④应具备与本工程的焊接技术难易程度相适应的焊接方法、焊接设备、检验设备和试验设备。

(2)钢结构工程焊接有关人员的资格规定：

①焊接技术责任人员应接受过专门的焊接技术培训，取得中级以上技术职称并有一

年以上焊接生产或施工实践经验。

②焊接质检人员应接受过专门的技术培训，有一定的焊接实践经验和技术水平，并具有质检人员上岗资质证。

③焊工应经考试合格并取得资格证书并在有效期内，其施焊范围不得超越资格证书的规定。

检查数量：全数检查。

检验方法：检查焊工合格证及其认可范围、有效期。

（3）施工组织设计和专项施工方案的审查内容如下：

①施工单位所提出的施工方案是否可行。

②对保证工程质量是否有可靠性措施。

③重点分部是否编制了施工工法文件，是否有防止工程质量通病的技术措施和保证工程质量的质量预控措施。

④是否编制了工程施工的标准化流程和网络图。

（4）检查施工单位制作安装质量检验所用的器具、仪器、仪表的精度必须经计量部门鉴定合格，并严格掌握在周检期内使用。

（5）检查施工单位的各种规章制度特别是质量检验制度是否完善。

## 第四节　事中控制内容

### 一、原材料控制

#### （一）原材料验收流程

1. 钢结构原材料质量的管理

钢结构的原材料质量是保证整体工程质量的前提，所以监理部一定严把材料进场关，原材料进场验收合格后，施工单位进行取样，送东营市建筑质量检测站或其他建筑质量检测中介机构进行物理性能和化学成分及机械性能复验，合格后方允许其进行下道工序施工，否则监督其将不合格的原材料退出现场。

2. 主要设备材料采购验收流程

主要设备材料采购验收流程见图23-1。

3. 材质核定流程

材质核定流程见图23-2。

#### （二）工程图纸设计要求

（1）建筑钢结构用钢材及焊接填充材料的选用应符合设计要求，并应具有钢厂和焊接材料厂出具的质量证明书或检验报告，其化学成分、力学性能和其他质量要求必须符合国家现行标准规定。钢材选用焊接结构用钢，海域B厅屋盖张弦网架$\phi$480与$\phi$299的圆管采用Q345b无缝钢管，其余圆管采用Q235b高频焊管与无缝钢管。海域B厅屋盖主桁架（径向）焊接空心球接点的材料采用Q345b钢，其余采用Q235b钢。

（2）焊接材料：Q235钢材采用E43焊条。Q345钢材焊条选用E50系列。

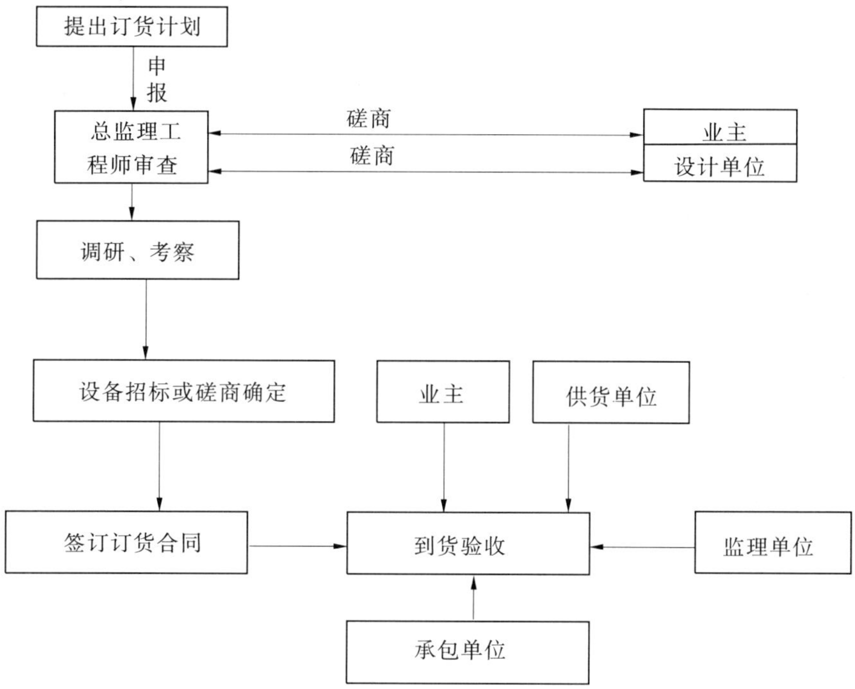


**图 23-1　主要设备材料采购验收流程**

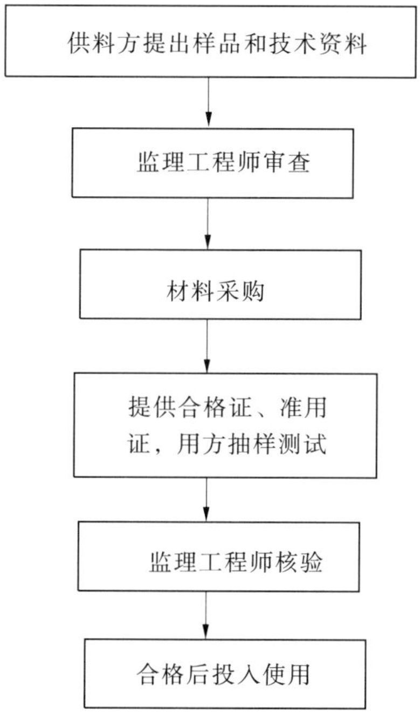


**图 23-2　材质核定流程**

(3)Q235b 钢材,屈服强度 $f_y=235\ \mathrm{N/mm^2}$;Q345b 钢材,屈服强度 $f_y=345\ \mathrm{N/mm^2}$。结构钢材的屈强比不应小于 1.2,应有明显的屈服台阶,伸长率应大于 20%。

(4)所有钢材均应按照国家标准和设计要求进行拉伸试验、弯曲试验、V 形缺口冲击试验、Z 向性能和熔炼分析,还应满足可焊性要求。

(5)所有材料应有化学成分及机械性能检测报告,进厂后必须进行复验并提供报告,方可使用。

(6)所有钢构件必须由制造厂打上钢标签于构件两端,每端两处(正反面)。

**(三)施工质量验收规范规定**

1. 钢材表面外观质量要求

(1)当钢材的表面有锈蚀、麻点或划痕等缺陷时,其深度不得大于该钢材厚度允许偏差的 1/2。

(2)钢材端边或断口处不应有分层、夹渣等缺陷。

(3)钢材表面的锈蚀等级应符合现行国家标准《涂装前钢材表面锈蚀等级和除锈等级》(GB 8923)规定的 C 级及 C 级以上。

2. 钢管外径和壁厚允许偏差

钢管外径和壁厚允许偏差见表 23-2。

**表 23-2　钢管外径和壁厚允许偏差**

| 钢管尺寸 | | 允许偏差(mm) | |
|---|---|---|---|
| | | 普通级 | 较高级 |
| 外径(mm) | ≤50 | ±0.50 | ±0.25 |
| | ≥50 | ±1% | ±0.5% |
| 壁厚(mm) | ≤4 | ±12.5% | ±10% |
| | 4~20 | ±(15~12.5)% | |
| | >20 | ±12.5% | |

3. 高强度螺栓的性能等级和力学性能

(1)8.8 级——用于大六角头高强度螺栓,其制作用钢材牌号为 45 号钢、35 号钢,热处理后硬度为 HRC21~29。

(2)10.9 级——用于扭剪型高强度螺栓时,其制作用钢号为 20MnTiB 钢、大六角头高强度螺栓也可达到 10.9 级,其制作钢材牌号为 20MnTiB 钢、40B 钢及 35VB 钢。热处理后硬度为 HRC32~36。

高强度螺栓的允许偏差见表 23-3。

**表 23-3　高强度螺栓的允许偏差**　(单位:mm)

| 公称直径 | 12 | 16 | 20 | 22 | 24 | 27 | 30 |
|---|---|---|---|---|---|---|---|
| 允许偏差 | ±0.43 | | ±0.52 | | | ±0.84 | |

(3)高强度螺栓不存在任何淬火裂纹,必须进行发黑处理。

4. 原材料验收

(1)钢结构连接用高强度大六角头螺栓连接副、扭剪型高强度螺栓连接副、钢网架用高强度螺栓、普通螺栓、铆钉、自攻钉、拉铆钉、射钉、锚栓(机械型和化学试剂型)、地脚锚栓等紧固标准件及螺母、垫圈等标准配件,其品种、规格、性能等应符合现行国家产品标准和设计要求。高强度大六角头螺栓连接副和扭剪型高强度螺栓连接副出厂时应分别随箱带有扭矩系数和紧固轴力(预拉力)的检验报告。

检查数量:全数检查。

检验方法:检查产品的质量合格证明文件、中文标志及检验报告等。

(2)焊接球:

①焊接球及制造焊接球所采用的原材料,其品种、规格、性能等应符合现行国家产品标准和设计要求。

检查数量:全数检查。

检验方法:检查产品的质量合格证明文件、中文标志及检验报告等。

②焊接球焊缝应进行无损检验,其质量应符合设计要求。

检查数量:每一规格按数量抽查5%,且不应少于3个。

检验方法:超声波探伤或检查检验报告。

③焊接球直径、圆度、壁厚减薄量等尺寸及允许偏差应符合《钢结构工程施工质量验收规范》(GB 50205—2001)的规定。

检查数量:每一规格按数量抽查5%,且不应少于3个。

检验方法:用卡尺和测厚仪检查。

④焊接球表面应无明显波纹及局部凹凸不平不大于1.5 mm。

检查数量:每一规格按数量抽查5%,且不应少于3个。

检验方法:用弧形套模、卡尺和观察检查。

焊接球加工的允许偏差见表23-4。

**表23-4　焊接球加工的允许偏差**　　(单位:mm)

| 项目 | 允许偏差 | 检验方法 |
|---|---|---|
| 直径 | $\pm 0.005d$<br>$\pm 2.5$ | 用卡尺和游标卡尺检查 |
| 圆度 | 2.5 | 用卡尺和游标卡尺检查 |
| 壁厚减薄量 | $0.13t$,且不应大于1.5 | 用卡尺和测厚仪检查 |
| 两半球对口错边 | 1.0 | 用套模和游标卡尺检查 |

注:$d$表示直径,$t$表示壁厚。

(3)螺栓球:

①螺栓球及制造螺栓球节点所采用的原材料,其品种、规格、性能等应符合现行国家产品标准和设计要求。

检查数量:全数检查。

检验方法:检查产品的质量合格证明文件、中文标志及检验报告等。

②螺栓球不得有过烧、裂纹及褶皱。

检查数量:每种规格抽查5%,且不应少于5只。

检验方法:用10倍放大镜观察和表面探伤。

③螺栓球螺纹尺寸应符合现行国家标准《普通螺纹基本尺寸》(GB 196—81)中粗牙螺纹的规定,螺纹公差必须符合现行国家标准《普通螺纹公差与配合》(GB 197—2003)中6H级精度的规定。

检查数量:每种规格抽查5%,且不应少于5只。

检验方法:用标准螺纹规。

④螺栓球直径、圆度、相邻两螺栓孔中心线夹角等尺寸及允许偏差应符合表23-5规定。

检查数量:每一规格按数量抽查5%,且不应少于3只。

检验方法:用卡尺和分度头仪检查。

**表23-5 螺栓球加工的允许偏差** (单位:mm)

| 项目 | | 允许偏差 | 检验方法 |
| --- | --- | --- | --- |
| 圆度 | $d \leq 120$ | 1.5 | 用卡尺和游标卡尺检查 |
| 同一轴线上两铣平面平行度 | $d > 120$ | 2.5 | |
| | $d \leq 120$ | 0.2 | 用百分表V形块检查 |
| | $d > 120$ | 0.3 | |
| 铣平面距球中心距离 | | ±0.2 | 用游标卡尺检查 |
| 相邻两螺栓孔中心线夹角 | | ±30′ | 用分度头检查 |
| 两铣平面与螺栓孔轴线垂直度 | | $0.005r$ | 用百分表检查 |
| 球毛坯直径 | $d \leq 120$ | +2.0<br>−1.0 | 用卡尺和游标卡尺检查 |
| | $d > 120$ | +3.0<br>−1.5 | |

注:$d$表示直径,$r$表示半径。

(4)封板、锥头和套筒:

①封板、锥头和套筒及制造封板、锥头和套筒所采用的原材料,其品种、规格、性能等应符合现行国家产品标准和设计要求。

检查数量:全数检查。

检验方法:检查产品的质量合格证明文件、中文标志及检验报告等。

②封板、锥头、套筒外观不得有裂纹、过烧及氧化皮。

检查数量:每种抽查5%,且不应少于10只。

检验方法:用放大镜观察检查和表面探伤。

(5)金属压型板:

①金属压型板及制造金属压型板所采用的原材料,其品种、规格、性能等应符合现行国家产品标准和设计要求。

检查数量:全数检查。

检验方法:检查产品的质量合格证明文件、中文标志及检验报告等。

②压型金属泛水板、包角板和零配件的品种、规格以及防水密封材料的性能应符合现行国家产品标准和设计要求。

检查数量:全数检查。

检验方法:检查产品的质量合格证明文件、中文标志及检验报告等。

③压型金属板的规格尺寸及允许偏差、表面质量、涂层质量等应符合设计要求和《钢结构工程施工质量验收规范》(GB 50205—2001)的规定。

检查数量:每种规格抽查5%,且不应少于3件。

检验方法:观察和用10倍放大镜检查及尺量。

(6)涂装材料:

①钢结构防腐涂料及稀释剂和固化剂等材料的品种、规格、性能等应符合现行国家产品标准和设计要求。

检查数量:全数检查。

检验方法:检查产品的质量合格证明文件、中文标志及检验报告等。

②钢结构防火涂料的品种和技术性能应符合设计要求,并应经过具有资质的检测机构检测符合国家现行有关标准的规定。

检查数量:全数检查。

检验方法:检查产品的质量合格证明文件、中文标志及检验报告等。

③防腐涂料和防火涂料的型号、名称、颜色及有效期应与其质量证明文件相符。开启后,不应存在结皮、结块、凝胶等现象。

检查数量:按桶数抽查5%,且不应少于3桶。

检验方法:观察检查。

## 二、施工质量过程控制

### (一)施工质量过程控制程序

(1)施工中要严格、及时地进行质量观察、现场检查、量测和试验。重要的分部分项工程要跟班进行旁站监理。

(2)在工序交接上要做到:上道工序完成后,施工单位要进行自检,专检合格后,由现场监理工程师进行检验,合格认可后方能进行下道工序。其工作流程图如图23-3所示。

(3)样板工程检查验收:网架及张弦桁架结构安装精度要求高,焊缝集中,焊接收缩变形量大,角度和几何尺寸不易保证,因此在制作加工、组装、焊接变形的校正等方面难度较大。所以,杆件、小单元的组装在大批量施工前,要先作出样板,经检查认可后,作为大批量施工的标准,以避免批量性误差的出现。

(4)工程中的设计变更由业主与设计单位洽商,发给监理单位,由总监理工程师审核签署意见,发往施工单位执行。

(5)严格行使质量监督权。监理工程师为了保证工程质量,对施工单位出现下列情况时可以指令施工单位停工整改:

①未经检验就进行下道工序作业的。

②工程质量得不到保证,未采取有效改正措施,或采取一定措施效果不好,继续作业的。

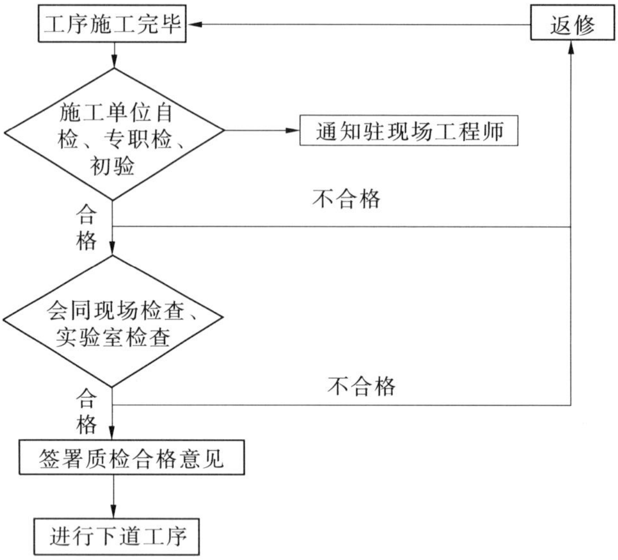


图23-3　工作流程图

③擅自采用未经认可或批准的材料。

④擅自变更设计。

⑤擅自转包工程。

⑥没有可靠性的质量保证贸然施工，自己出现质量下降征兆的。

⑦其他违背规范规程的。

(6)记好工程监理日记，特别是有关工程质量动态影响因素情况。

(7)严格质量程序化管理，强化工程质量的过程控制，以严格的程序规范各项质量管理工作，规范施工单位的施工行为，提高施工单位的质量意识，确保工程质量。

(8)技术联系流程。技术联系流程如图23-4所示。

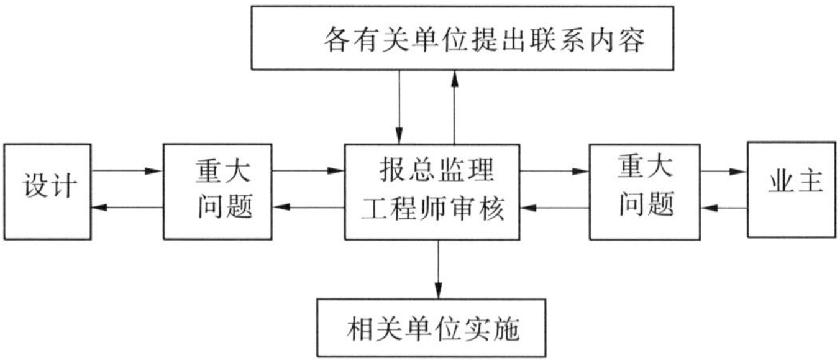


图23-4　技术联系流程

(9)施工阶段质量控制流程如图23-5所示。

**(二)焊接工程质量控制**

(1)要求施工单位根据焊缝质量等级要求编制检查方案，由技术负责人批准并报监理工程师备案。检查方案应包括检查批的划分、抽样检查的抽样方法、检查项目、检查方

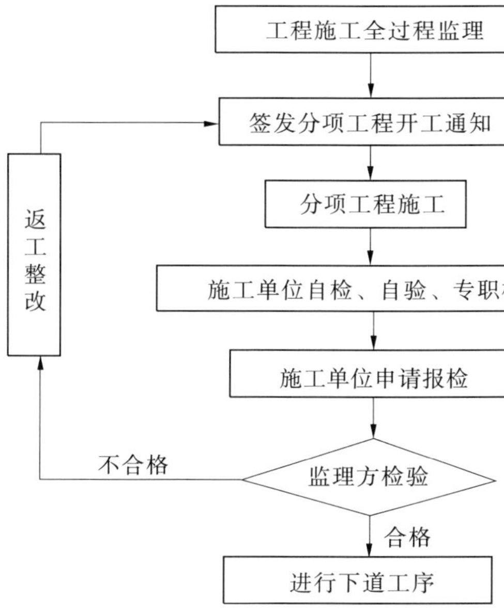


**图 23-5　施工阶段质量控制流程**

法、检查时机及相应的验收标准等内容。

(2)全数检查焊接材料的品种、规格、性能等是否符合现行国家产品标准和设计要求,检查焊接材料的质量合格证明文件、中文标志及检验报告等,并根据规范规定进行见证取样复验,复验结果应符合现行国家产品和设计要求。

(3)焊条外观不应有药皮脱落、焊心生锈等缺陷;焊剂不应受潮结块。

检查数量:按量抽查 1%,且不应少于 10 包。

检验方法:观察检查。

(4)本工程钢结构焊接质量的检验等级:

①焊接球焊缝为一级焊缝。

②焊接球节点网架所有杆件均加套管焊接,焊缝均为一级焊缝。

③螺栓球节点网架所有杆件与锥头、封板均为二级焊缝。

④其余角焊缝的外观质量标准为三级焊缝。

**(三)外观检查**

(1)网架全部焊口都要进行 100% 的外观检查,检查内容包括外表缺陷和焊角高度,飞溅和熔渣要彻底清除,焊缝应成形美观,圆滑过渡,凸高点用机械方法除掉。

(2)焊缝内部检验。设计规定为一级焊口的焊缝内部进行 100% 的超声波探伤,评定等级为Ⅱ级,检验等级为 B 级。设计规定为二级焊口的焊缝内部进行 20% 的超声波探伤,评定等级为Ⅲ级,检验等级为 B 级。

**(四)施工要求**

(1)焊接材料控制:

①焊接材料主要包括焊条、焊丝、焊剂和保护气体等。

②焊接材料的复验:焊接材料必须要具有正确、齐全的出厂合格证和炉批号。制造厂

家要尽量定点采购，并按规定进行抽样复验。

（2）焊接工艺：

焊接球焊缝的焊接工艺，必须通过焊接试验，经工艺评定合格后，方可制定相应焊缝的焊接工艺规程。产品施焊必须严格执行工艺规程，并由检验员确认。

（3）焊接技能：

①焊工必须经考试合格并取得合格证书。持证焊工必须在其考试合格项目及其认可范围内施焊。

检查数量：全数检查。

检验方法：检查焊工合格证及其认可范围、有效期。

②焊工合格证必须具有与焊工所施焊的焊缝相对应的合格项目。

③在焊缝所规定的位置，打上施焊焊工的钢印。

（4）焊接检验：检验是实现焊接质量控制和焊缝质量的关键。

①焊接材料：焊接工艺和焊工技能的关键环节，必须要由检验员认可。

②焊接工艺规定的检验项目，如焊缝表面要求、无损探伤检查、机械性能试验等必须达到合格标准。

③碳素结构钢应在焊缝冷却到环境温度、低合金结构钢应在完成焊接 24 h 以后，进行焊缝探伤检验。

（5）设计要求：全焊透的一、二级焊缝应采用超声波探伤进行内部缺陷的检验，超声波探伤不能对缺陷作出判断时，应采用射线探伤，其内部缺陷分级及探伤方法应符合现行国家标准《钢焊缝手工超声波探伤方法和探伤结果分级法》（GB 11345—2007）或《钢熔化焊对接接头射线照相和质量分级》（GB 3323—1995）的规定。焊接球节点网架焊缝、螺栓球节点网架焊缝及圆管 T、K、Y 形节点相关线焊缝，其内部缺陷分级及探伤方法应分别符合国家现行标准《焊接球节点钢网架焊缝超声波探伤方法及质量分级法》（JBJ/T 3034.1）、《螺栓球节点钢网架焊缝超声波探伤方法及质量分级法》（JBJ/T 3034.2）、《建筑钢结构焊接技术规程》（JGJ 81—2002）的规定。

检查数量：全数检查。

检验方法：检查超声波或射线探伤记录。

焊缝不同质量级别的检查方法见表 23-6。

（6）焊缝表面不得有裂纹、焊瘤等缺陷。一级、二级焊缝不得有表面气孔、夹渣、弧坑裂纹、电弧擦伤等缺陷，且一级焊缝不得有咬边、未焊满、根部收缩等缺陷。

检查数量：每批同类构件抽查 10%，且不应少于 3 件；被抽查构件中，每一类型焊缝按条数抽查 5%，且不应少于 1 条；每条检查 1 处，总抽查数不应少于 10 处。

检验方法：观察检查或使用放大镜、焊缝量规和钢尺检查，当存在疑义时，采用渗透或磁粉探伤检查。

（7）焊缝感观：应达到外形均匀、成型较好，焊道与焊道、焊道与基本金属间过渡较平滑，焊渣和飞溅物基本清除干净。

检查数量：每批同类构件抽查 10%，且不应少于 3 件；被抽查构件中，每种焊缝按数量各抽查 5%，总抽查处不应少于 5 处。

**表 23-6　焊缝不同质量级别的检查方法**

| 焊缝质量级别 | 检查方法 | 检查数量 | 备注 |
| --- | --- | --- | --- |
| 一级 | 外观检查 | 全部 | 有疑点时用磁粉复验 |
| | 超声波检查 | 全部 | |
| | X 射线检查 | 抽查焊缝长度的 2%，至少应有一张底片 | 缺陷超出规范规定时，应加倍透照，如不合格，应 100% 透照 |
| 二级 | 外观检查 | 全部 | |
| | 超声波检查 | 抽查焊缝长度的 50% | 有疑点时用 X 射线透照复验，如发现有超标缺陷，应用超声波全数检查 |
| 三级 | 外观检查 | 全部 | |

检验方法：观察检查。

二级、三级焊缝外观质量见表 23-7。

**表 23-7　二级、三级焊缝外观质量**　（单位：mm）

| 项目 | 允许偏差 | |
| --- | --- | --- |
| 缺陷类型 | 二级 | 三级 |
| 未焊满（指不足设计要求） | $\leqslant 0.2+0.02t$，且 $\leqslant 1.0$ | $\leqslant 0.2+0.04t$，且 $\leqslant 2.0$ |
| | 每 100.0 焊缝内缺陷总长 $\leqslant 25.0$ | |
| 根部收缩 | $\leqslant 0.2+0.02t$ 且 $\leqslant 1.0$ | $\leqslant 0.2+0.04t$ 且 $\leqslant 2.0$ |
| | 长度不限 | |
| 咬边 | $\leqslant 0.05t$，且 $\leqslant 0.5$；连续长度 $\leqslant 100.0$，且焊缝两侧咬边总长 $\leqslant 10\%$ 焊缝全长 | $\leqslant 0.1t$，且 $\leqslant 1.0$，长度不限 |
| 弧坑裂纹 | — | 允许存在个别长度，且 $\leqslant 5.0$ |
| 电弧擦伤 | — | 允许存在个别电弧擦伤 |
| 接头不良 | 缺口深度 $0.05t$，且 $\leqslant 0.5$ | 缺口深度 $0.1t$，且 $\leqslant 1.0$ |
| | 每 1 000.0 焊缝不应超过 1 处 | |
| 表面夹渣 | — | 深 $\leqslant 0.2t$ 长 $\leqslant 0.5t$，且 $\leqslant 20.0$ |
| 表面气孔 | — | 每 50.0 焊缝长度内允许直径 $\leqslant 0.4t$，且 $\leqslant 3.0$ 的气孔 2 个，孔距 $\geqslant 6$ 倍孔径 |

注：表内 $t$ 为连接处较薄处的板厚。

（8）所有的对接焊缝应加衬板与引弧板，引弧板长度不应小于 100 mm，焊后切除铲平。

**（五）焊缝连接构造要求**

（1）当焊接两种不同强度的钢材时，可采用与低强度钢材相适应的焊接材料。

（2）在对接焊缝的连接处，当焊件的宽度不同或厚度相差 4 mm 以上时，应分别在宽度方向从一侧或两侧做成不大于 1/4 的斜角。

（3）在对接焊缝的两端应设置弧板，焊后切除，并用砂轮或其他方法将焊缝端部表面加工平整。

（4）对接和 T 形接头的焊缝应在焊件的两端配置引入和引出板，其宽度不大于 80 mm，长度不小于 100 mm，其材质和坡口形式应与焊件相同。

**（六）焊接顺序**

焊接次序合理，减小变形，如桁架先焊下弦，后焊上弦，先由跨中向两侧对称施焊，后焊两端。

**（七）焊缝抽样规则**

焊缝处数的记数方法：当工厂制作焊缝长度小于等于 1 000 mm 时，每条焊缝为 1 处；当长度大于 1 000 mm 时，将其划分为每 300 mm 为 1 处；现场安装焊缝每条焊缝为 1 处。检验批的划分一般为：

（1）按焊接部位或接头形式分别组成批。

（2）工厂制作焊缝可以同一车间按一定的焊缝数量组成批。多层框架结构可以每节柱的所有构件组成批。

（3）现场安装焊缝可以分区段组成批，多层框架结构可以每层（节）的焊缝组成批。

（4）批的大小宜为 300 ~ 600 处。

抽样检查的焊缝如不合格率小于 2% 时，该批验收应定为合格；不合格率大于 5% 时，该批验收应定为不合格；不合格率为 2% ~ 5% 时，应加倍抽检。

一、二级焊缝质量等级及缺陷分级见表 23-8。

**表 23-8　一、二级焊缝质量等级及缺陷分级**

| 焊缝质量等级 | | 一级 | 二级 |
|---|---|---|---|
| 内部缺陷<br>超声波探伤 | 评定等级 | Ⅱ | Ⅲ |
| | 检验等级 | B 级 | B 级 |
| | 探伤比例 | 100% | 20% |
| 内部缺陷<br>射线探伤 | 评定等级 | Ⅱ | Ⅲ |
| | 检验等级 | AB 级 | AB 级 |
| | 探伤比例 | 100% | 20% |

注：探伤比例的计数方法应按以下原则确定：①对工厂制作焊缝，应按每条焊缝计算百分比，且探伤长度应不小于 200 mm，当焊缝长度不足 200 mm 时，应对整条焊缝进行探伤；②对现场安装焊缝，应按同一类型、同一施焊条件的焊缝条数计算百分比，探伤长度应不小于 200 mm，并应不少于 1 条焊缝。

全焊透的三级焊缝可不进行无损检测。

**（八）无损探伤检验工作**

无损探伤检验工作应在焊后跟踪展开，防止高空返修。

## 三、紧固件连接工程质量控制

(1)高强度大六角头螺栓连接副终拧完成1 h后、48 h内应进行终拧扭矩检查,检查结果应符合《钢结构工程施工质量验收规范》(GB 50205—2001)的规定。

检查数量:按节点数抽查10%,且不应少于10个;每个被抽查节点按螺栓数抽查10%,且不应少于2个。

检验方法:

①检查初拧后在螺母与相对位置所画的终拧起始线和终止线所夹的角度是否达到规定值。

②在螺尾端头和螺母相对位置画线,然后全部卸松螺母,在按规定的初拧扭矩和终拧角度重新拧紧螺栓,观察与原画线是否重合。终拧转角偏差在10°以内为合格。

(2)高强度螺栓连接副的施拧顺序和初拧、复拧扭矩应符合设计要求和国家现行行业标准《钢结构高强度螺栓连接的设计施工及验收规程》(JGJ 82—91)的规定。

检查数量:全数检查资料。

检验方法:检查扭矩扳手标定记录和螺栓施工记录。

(3)高强度螺栓连接副终拧后,螺栓丝扣外露应为2~3扣,其中允许有10%的螺栓丝扣外露1扣或4扣。

检查数量:按节点数抽查5%,且不应少于10个。

检验方法:观察检查。

(4)高强度螺栓连接摩擦面应保持干燥、整洁,不应有飞边、毛刺、焊接飞溅物、焊疤、氧化铁皮、污垢等,除设计要求外摩擦面不应涂漆。

检查数量:全数检查。

检验方法:观察检查。

(5)高强度螺栓应自由穿入螺栓孔。高强度螺栓孔不应采用气割扩孔,扩孔数量应征得设计同意,扩孔后的孔径不应超过$1.2d$($d$为螺栓直径)。

检查数量:被扩螺栓孔全数检查。

检验方法:观察检查及用卡尺检查

(6)大六角头高强度螺栓连接副组装时,螺栓头下垫圈有倒角的一侧应朝向螺栓头。

(7)螺栓球节点网架总拼完成后,高强度螺栓与球节点应紧固连接,高强度螺栓拧入螺栓球内的螺纹长度不应小于$1.0d$($d$为螺栓直径),连接处不应出现有间隙、松动等未拧紧情况。

检查数量:按节点数抽查5%,且不应少于10个。

检验方法:①普通扳手及尺量检查。②用小锤敲击法进行普查,防止漏拧。③进行扭矩检查,抽查每个节点螺栓数的10%,但不少于1个。即先在螺母与螺杆的相对位置划一条细线,然后将螺母拧松约60°,再拧到原位置(即与原位置重合)时测得的扭矩,该扭矩与检查扭矩的偏差在检查扭矩的±10%范围以内即为合格。

## 四、杆件加工质量控制

(1)钢管杆件下料前的质量检验:外观尺寸、品种、规格应符合设计要求。杆件下料应慎重调整尺寸,特别是留足焊接收缩量,防止下料以后带来批量性误差。

(2)同规格的杆件采用对接焊时,焊缝均应进行无损探伤检验,且每根杆件只允许有一条对接焊缝。对接杆件总数不应超过杆件总数的 20%,并不得集中布置。该类杆件执行先对接焊后再进行二次下料的方法。

(3)钢管杆件与封板、锥头的连接按设计要求进行等强连接。焊接质量满足设计要求。

(4)杆件下料后应检查是否弯曲,如有弯曲应加以校正。杆件下料后应开坡口,焊接球杆件壁厚在 5 mm 以下,可不开坡口,螺栓球杆件必须开坡口。

(5)钢管杆件与封板拼装要求:杆件与封板拼装必须有定位胎具,保证拼装杆件长度一致。杆件与封板定位后点固,检查焊道深度与宽度,杆件与封板双边应各开 30°坡口,并有 2 ~5 mm 间隙,保证封板焊接质量。封板焊接应在旋转焊接支架上进行,焊缝应焊透、饱满,均匀一致,不咬肉。

(6)钢管杆件与锥头拼装要求:杆件与锥头拼装必须有定位胎具,保证拼装杆件长度一致。杆件与封板定位后点固,检查焊道深度与宽度,杆件与封板双边应各开 30°坡口,并有 2 ~5 mm 间隙,保证焊缝焊透。锥头焊接应在旋转焊接支架上进行,焊缝应焊透、饱满、均匀一致、不咬肉。

(7)螺栓球网架用杆件在小拼装前应将相应的高强度螺栓埋入,埋入前对高强度螺栓逐条进行硬度试验和外观质量检查,有疑义的高强度螺栓不能埋入。

(8)钢管杆件加工的允许偏差应符合表 23-9 的规定。

**表 23-9　钢管杆件加工的允许偏差**

| 项目 | 允许偏差(mm) |
|---|---|
| (加工)长度 | ±1.0 |
| 端面对管轴的垂直度 | 0.005$r$ |

(9)对建筑结构安全等级为一级,跨度为 40 m 及以上的公共建筑钢网架结构,且设计有要求时,应按下列项目进行节点承载力试验,其结果应符合以下规定:

①焊接球节点应按设计指定规格的球及其匹配的钢管焊接成试件,进行轴心拉、压承载力试验,其试验破坏荷载值大于或等于 1.6 倍设计承载力为合格。

②螺栓球节点应按设计指定规格的球最大螺栓孔螺纹进行抗拉强度保证载荷试验,当达到螺栓的设计承载力时,螺孔、螺纹及封板仍完好无损为合格。

检查数量:每项试验抽查 3 个试件。

检验方法:在万能试验机上进行检验,检查试验报告。

## 五、网架和张弦网架安装施工质量控制

(1)网架安装前要求施工单位对建筑物的定位轴线(即基准轴线)、支座轴线和支承

面标高等进行检查，作出检查记录；监理人员应对其重点复核，支承面的允许偏差见表 23-10。

**表 23-10　支承面的允许偏差**　（单位：mm）

| 项目 | | 允许偏差 |
|---|---|---|
| 支承面 | 标高 | 0<br>-3.0 |
| | 水平度 | $L$/1 000（$L$ 为短边长度） |
| 预留孔中心偏移 | | 10.0 |
| 检查数量 | 按柱基数抽查 10%，且不小于 3 个 | |

（2）钢网架小拼单元安装允许偏差应符合表 23-11 的规定。

**表 23-11　钢网架小拼单元安装允许偏差**

| 项目 | | 允许偏差（mm） |
|---|---|---|
| 节点中心偏移 | | 2.0 |
| 焊接球节点与钢管中心的偏移 | | 1.0 |
| 杆件轴线的弯曲矢高 | | $L_1$/1 000 且不大于 5.0 |
| 锥体型小拼单元 | 弦杆长度 | ±2.0 |
| | 锥体高度 | ±2.0 |
| | 上弦杆对角线长度 | ±3.0 |

注：$L_1$ 为杆件长度。

（3）钢网架中拼单元安装允许偏差应符合表备 23-12 的规定。

**表 23-12　钢网架中拼单元安装允许偏差**

| 项目 | | 允许偏差（mm） |
|---|---|---|
| 单元长度 $L$≤20 mm 时，拼接边长度 | 单跨 | ±10.0 |
| | 多跨连续 | ±5.0 |
| 单元长度 $L$>20 mm 时，拼接边长度 | 单跨 | ±20.0 |
| | 多跨连续 | ±10.0 |

（4）本工程的施工难点、重点为海域厅 B 区每榀桁架的高空对接，与预应力拉索施工其跨度大（148 m），高度高（最高点 31 m），呈弧形，每榀约 160 t。

①对施工单位拼装采用的脚手架支撑系统的搭设方案进行审查，尤其对其进行的承载力验算进行复核。确保其稳定性、安全可靠性。

②对施工单位提供的安装施工方案进行审查。尤其对吊装前的准备工作情况进行检查，确保吊装过程万无一失。吊装前的准备工作情况主要包括以下几种：

（a）吊装技术准备情况。

(b)构件准备情况。

(c)吊装接头准备情况。

(d)吊装机具、材料,人员准备情况。

(e)道路临时设施准备情况。

(f)吊装方法选择情况。

(g)吊装起重机的选择情况及吊装起重机司机的资格及面貌、状态情况。

③对施工单位提供的索体安装、张拉专项方案进行审查。

(5)预应力拉索施工质量控制。张弦梁结构是用撑杆连接抗弯受压构件和抗拉构件,并通过在抗拉构件上施加预应力以减轻压弯构件负担而形成的自平衡体系。一般由拱梁(抗弯受压)、弦(抗拉)以及撑杆组合而成,属于组合张拉结构。它充分发挥了钢索抗拉强度高和拱形结构抗压性能好的特点。

本工程张弦梁上部为钢桁架,下部为扭绞型高强度冷拔镀锌钢丝($\phi 7 \times 337$),强度1 670 MPa,外包双层 PE 保护套,中部为撑杆。从1—A 轴一侧开始,将各根索依次编号,直至1—J 轴的8 号索。各索的初始拉力分别为:3 150 kN、2 800 kN、2 600 kN、2 550 kN、2 550 kN、2 500 kN、2 500 kN、2 450 kN。

拉索施工的总体程序为:放索及索球安装→安装牵引索、牵引提升千斤顶就位→张拉牵引索→张拉索。

①放索。施工拟采用立式转盘放索,在放索过程中因索盘自身的弹性和牵引产生的偏心力,索盘转动会使转盘瞬时产生加速,危及工人安全,因此监理单位一定要监督施工单位设置转盘刹车装置。

②张拉牵引索。张拉牵引索,索头引入支座,索球逐个卡入撑杆下端。在牵引索提升千斤顶就位后,桁架两端即可开动油泵,基本与张拉牵引索同步,将拉索提升。在提升过程中,以跨度中间的索球位置为控制目标,在提升索体并接近各撑杆下端时,将固定端的索头就位。从中间向两端逐个将索球与撑杆连接。在张拉牵引索前,监理人员对已拼装完成的拱架的关键点要与施工人员一起进行监控,测读初始值,并作好书面记录。安装中监控索的中点为关键,随时调整。监理人员要做好旁站。

③预应力拉索的张拉。预应力拉索的张拉工艺为两端张拉,张拉前严格检查索夹定位情况。此阶段的张拉监理人员要控制:跨度、节点和矢高以及索力。张拉时要统一指挥,按张拉给定的控制技术参数进行精确控制,并把每次张拉的读数形成书面资料。张拉过程中,桁架脱架,要注意控制桁架的稳定性,通过缆风绳上安装葫芦控制其松紧,确保桁架稳定;同时要注意主桁架在脱架时的挠度,设计给出值为:25 mm(1 ~2 号索)、40 mm(3 ~4 号索)、50 mm(5 ~8 号索)。

④张拉控制。张弦桁架的形状是否满足建筑要求的结构外形是工程验收的主要内容。张弦梁的外形分为多种情况:胎架拼装时、张拉时、形成整体结构时(屋面施工结束)。此时监理人员要注意观察和实测,以控制结构跨度为主、索力为辅。

(6)钢网架结构安装完成后,其节点及杆件表面应干净,不应有明显的疤痕、泥沙和污垢。螺栓球节点应将所有接缝用油腻子填嵌严密,并应将多余螺孔封口。

检查数量:按节点及杆件数抽查5%,且不应少于10 个节点。

检验方法:观察检查。

(7)钢网架结构安装完成后,其安装的允许偏差应符合表 23-13 的规定。

检查数量:除杆件弯曲矢高按杆件数抽查 5% 外,其余全数检查。

**表 23-13　钢网架结构安装的允许偏差**　(单位:mm)

| 项目 | 允许偏差 | 备注 |
|---|---|---|
| 纵向、横向长度 | $L/2\ 000$,且不应大于 30.0<br>$-L/2\ 000$,且不应小于 $-30.0$ | 用钢尺实测 |
| 支座中心偏移 | $L/3\ 000$,且不应大于 30.0 | 用钢尺和经纬仪实测 |
| 周边支承网架相邻支座高差 | $L/400$,且不应大于 15.0 | 用钢尺和水准仪实测 |
| 支座最大高差 | 30.0 | |
| 多点支承网架相邻支座高差 | $L_1/800$,且不应大于 30.0 | |

## 六、钢结构涂装工程控制

### (一)防腐涂装要求

1. 防腐涂装图纸要求

(1)在制作前钢材表面进行抛丸除锈处理,并达到 Sa2.5 级标准。

(2)钢材经除锈处理后应立即喷涂环氧富锌底漆 50 μm,环氧云铁中间漆 2 道,120 μm,氯化橡胶面漆 2 道 90 μm,漆膜总厚度 260 μm。

2. 施工质量要求

各种防腐材料应符合国家有关技术指标的规定,应具有产品出厂合格证。防腐涂料的品种、规格及颜色选用应符合设计要求。

### (二)涂装前钢材表面锈蚀等级和除锈等级标准

(1)锈蚀等级:

钢材表面分 A、B、C、D 四个锈蚀等级。

①A 级全面地覆盖着氧化皮而几乎没有铁锈的钢材表面。

②B 级已发生锈蚀,并且部分氧化皮已经剥落的钢材表面。

③C 级氧化皮已因锈蚀而剥落或可以刮除,并有少量点蚀。

④D 级氧化皮已因锈蚀而全面剥离,并且已普遍发生点蚀。

(2)喷射或抛射除锈等级:

①Sa1——轻度的喷射或抛射除锈。钢材表面应无可见的油脂或污垢,并且没有附着不牢的氧化皮、铁锈和油漆涂层附着物。附着物是指焊渣、焊接飞溅物和可融性盐等。附着不牢是指氧化皮、铁锈和油漆涂层等能以金属腻子刀从钢材表面剥离掉,即可视为附着不牢。

②Sa2——彻底的喷射或抛射除锈。钢材表面无可见的油脂和污垢,并且氧化层皮、铁锈等附着物已基本清除,其残留物应是牢固附着的。

③Sa2.5——非常彻底的喷射或抛射除锈。钢材表面无可见的油脂、污垢、氧化层、铁

锈和油漆涂层等附着物,任何残留的痕迹应仅是点状或条纹状的轻微色斑。

④Sa3——钢材表面洁净的喷射或抛射除锈。钢材表面应无可见的油脂、污垢、氧化皮、铁锈和油漆涂层等附着物,该表面应显示均匀的金属光泽。

(3)构件表面不应误涂、漏涂,涂层不应脱皮和返锈等。涂层应均匀、无明显皱皮、流坠、针眼和气泡等。

检查数量和方法:全数观察检查。

(4)薄涂型防火涂料的涂层厚度应符合有关耐火极限的设计要求。厚涂型防火涂料涂层的厚度,80%及以上面积应符合有关耐火极限的设计要求,且最薄处厚度不应低于设计要求的85%。

检查数量:按同类构件数抽查10%,且均不应少于3件。

检验方法:用涂层厚度测量仪、测针和钢尺检查。

(5)薄涂型防火涂料涂层表面的裂纹宽度不应大于0.5 mm,厚涂型防火涂料涂层表面的裂纹宽度不应大于1 mm。

检查数量:按同类构件数抽查10%,且均不应少于3件。

检验方法:观察和用尺量检查。

施工图中注明不涂装的部位不得涂装,安装焊缝处应留出30~50 mm暂不涂装。

## 第五节　事后控制内容

(1)根据施工单位申请,先进行工程分部分项阶段的验收,在施工单位自验合格的基础上,由项目总监组织各专业监理工程师,会同业主方的有关人员进行复验,复验合格后,定下正式日期向业主方提出验收报告,由业主方组织有关单位人员参加验收,如复验不合格,把存在的问题通知施工方,限期改进,再进行复验,直至合格。

(2)阶段验收完成后,组织单位工程、单项工程、项目的竣工验收,在接到施工单位验收申请后,项目总监理工程师负责组织有关监理工程师,会同业主方有关人员进行初验,初验合格后,由总监理工程师在相应的工程竣工验收单上签署意见,明确正式验收时间,向业主提出竣工验收报告,由业主组织邀请有关单位参加验收,正式验收合格后,方可办理移交手续。

(3)整理工程技术文件资料,并编目建档。检查督促施工单位,整理好各种资料,技术资料按以下内容和顺序进行整理:技术交底资料,材料质量产品检验资料,施工试验报告资料,施工记录资料,施工自检报验资料。

# 附　录

黄河河口物理模型试验基地在立项、审批和建设过程中，各级行了许多文件、函、传真电报和会议纪要，现列出供参考。

## 一、水利部文件

1. 关于“模型黄河”工程规划的批复 …………………………… 水规计[2003]565 号
2. 关于黄河口模型试验基地工程规划报告的批复 …………… 水规计[2004]434 号
3. 关于黄河口模型建设项目建议书的批复 …………………… 水规计[2005]424 号
4. 关于报送黄河口模型建设项目初步设计审查意见的报告 … 水总规[2006]494 号

## 二、黄河水利委员会文件、函、会议纪要

5. 关于“模型黄河”工程规划的请示 …………………………… 黄规计[2003]115 号
6. 关于黄河河口模型试验基地建设用地批复 ………………… 黄规计[2003]248 号
7. 关于黄河河口实体模型试验基地建设项目建议书的请示…… 黄规计[2004]12 号
8. 关于成立黄河河口研究院的通知…………………………… 黄人劳[2004]27 号
9. 关于黄河口模型试验基地工程规划的请示 ………………… 黄规计[2004]169 号
10. 转发水利部关于黄河口模型试验基地工程规划报告的批复的通知 ……………………………………………………… 黄规计[2004]202 号
11. 关于黄河口模型建设项目建议书的请示 …………………… 黄规计[2005]12 号
12. 关于黄河口模型建设项目初步设计的请示 ………………… 黄规计[2006]30 号
13. 关于黄河河口模型试验厅初步设计的批复 ………………… 黄规计[2006]31 号
14. 关于尽快落实黄河口模型试验基地建设投资的函………… 黄规计函[2006]6 号
15. 关于黄河河口模型试验厅初步设计的批复 …………… 黄规计规函[2006]10 号
16. 关于加强黄河河口模型建设项目建设管理的意见………… 黄规计综[2006]4 号
17. 关于黄河口模型建设项目初步设计的批复………………… 黄规计[2007]9 号
18. 关于黄河河口模型试验厅缺口投资的请示 ………………… 黄规计[2007]38 号
19. 关于黄河河口近期治理防洪工程建设资金筹措方案的报告 ……………………………………………………… 黄规计[2007]43 号
20. 关于下达 2007 年部属水利建设投资计划的通知…………… 黄规计[2007]45 号
21. 关于成立黄科院黄河口模型领导小组的通知 …………… 黄科研管[2007]10 号
22. 关于尽快办理黄河口模型试验基地土地手续的函 ……… 黄规计函[2008]62 号
23. 黄委领导交办事项督查通知单………………………………… 督字[2008]4 号
24. 关于抓紧开展黄河河口模型试验基地建设有关工作的函 …………………………………………………… 黄规计综便[2008]32 号

25. 关于黄河河口物理模型试验厅建设有关工作的通知 … 黄规计综便[2009]09 号
26. 研究河口模型试验厅建设问题……………………… 会议纪要 16 号,20060320
27. 研究河口模型试验基地建设和亚行项目有关问题…… 会议纪要 28 号,20060425
28. 听取山东河务局工程建设情况汇报…………………… 会议纪要 36 号,20060525
29. 研究黄河口模型厅及模型建设工作 ………………… 会议纪要 6 号,20070205
30. 与东营市政府座谈黄河河口地区生态用水及河口治理重点工程项目建设有关问题…………………………………… 会议纪要 67 号,20080703

## 三、山东河务局文件、函、电报、纪要

31. 关于建设黄河河口物理模型试验基地用地的请示 ……… 鲁黄规计[2003]17 号
32. 关于商请出资建设河口物理模型试验基地的函 …………… 鲁黄办[2003]37 号
33. 关于请求批准黄河河口物理模型试验基地建设用地的请示 ………………………………………………… 鲁黄规计[2003]80 号
34. 转发黄委关于黄河河口模型试验基地建设用地批复的通知 ………………………………………………… 鲁黄规计[2004]2 号
35. 关于成立黄河河口模型建设管理领导小组的通知 ………… 鲁黄办[2004]18 号
36. 关于加快黄河河口物理模型试验基地建设前期工作的意见 ………………………………………………… 鲁黄规计[2004]57 号
37. 关于黄河口模型试验基地工程建设可行性研究报告的请示 ………………………………………………… 鲁黄规计[2004]120 号
38. 转发省发改委关于黄河口模型试验基地一期工程可行性研究报告批复的通知 ………………………………… 鲁黄规计[2005]7 号
39. 关于黄河河口物理模型建设项目进展情况的报告 ……… 鲁黄规计[2005]20 号
40. 关于黄河河口模型试验厅初步设计报告的请示 ………… 鲁黄规计[2005]56 号
41. 关于黄河口模型建设项目初步设计的请示 ……………… 鲁黄规计[2006]5 号
42. 关于明确“河口模型”建设单位的通知 ……………………… 鲁黄办[2006]18 号
43. 关于尽快落实黄河口模型试验基地建设投资的函 ………… 鲁黄办[2006]20 号
44. 转发黄委关于黄河河口模型试验厅初步设计的批复的通知 ………………………………………………… 鲁黄规计[2006]23 号
45. 关于黄河河口物理模型试验基地建设计划的通知 ……… 鲁黄规计[2006]25 号
46. 关于商请减免黄河河口模型试验厅建设地方行政事业收费的函 ………………………………………………… 鲁黄办[2006]30 号
47. 关于黄河河口物理模型试验基地建设工程有关问题的报告 ………………………………………………… 鲁黄规计[2006]46 号
48. 关于黄河河口物理模型试验厅建设有关问题的请示 …… 鲁黄规计[2006]60 号
49. 关于黄河河口物理模型试验基地建设有关问题的请示 ………………………………………………… 鲁黄规计[2006]68 号
50. 转发黄委规划计划局关于加强黄河河口模型建设项目建设管理的

意见的通知 …………………………………………………… 鲁黄规计[2006]85 号
51. 关于黄河河口模型厅初步设计调整概算的请示 ………… 鲁黄规计[2007]6 号
52. 转发黄委关于黄河口模型建设项目初步设计的批复的通知
…………………………………………………………… 鲁黄规计[2007]13 号
53. 关于黄河口模型试验厅建设资金有关问题的请示 ………… 鲁黄财[2007]18 号
54. 关于下达 2007 年部属水利建设投资计划的通知 ……… 鲁黄规计[2007]25 号
55. 关于黄河口模型辅助设施和配套工程施工详图的批复
…………………………………………………………… 鲁黄规计[2007]51 号
56. 关于黄河河口物理模型建设进展情况及有关问题的请示
…………………………………………………………… 鲁黄规计[2007]55 号
57. 关于黄河河口物理模型建设资金问题的紧急请示 ……… 鲁黄规计[2007]69 号
58. 关于报送《黄河口模型试验基地工程项目建议书》的请示
…………………………………………………………… 鲁黄规计[2008]15 号
59. 转发关于抓紧开展黄河河口模型试验基地建设有关工作的函的通知
…………………………………………………………… 鲁黄规计[2008]58 号
60. 关于黄河河口物理模型试验厅建设有关情况的报告 …… 鲁黄规计[2008]71 号
61. 关于黄河河口物理模型厅建设资金问题的紧急请示 …… 鲁黄规计[2009]31 号
62. 关于黄河口模型试验基地工程建设(一期)可行性研究补充报告的请示
…………………………………………………………… 鲁黄规计[2009]34 号
63. 关于黄河口模型试验厅初步设计报告的请示 …………… 鲁黄规计[2009]43 号
64. 关于抓紧落实黄河口模型建设管理专题会议精神强力推进模型建设进程的通知
…………………………………………………………… 鲁黄电[2005]189 号
65. 关于确定黄河河口物理模型建设工程招标代理机构的批复
…………………………………………………………… 鲁黄电[2006]155 号
66. 关于黄河口模型试验厅招标公告有关问题的批复 ……… 鲁黄电[2006]183 号
67. 关于黄河口模型试验厅项目招标评分办法的批复 ……… 鲁黄电[2006]201 号
68. 关于黄河河口模型试验厅项目招标评分办法的紧急请示
…………………………………………………………… 鲁黄电[2006]253 号
69. 关于黄河河口近期治理防洪工程建设资金筹集方案的函
………………………… 鲁黄规计函[2006]34 号(附黄规计规函[2006]10 号)
70. 关于黄河河口近期治理防洪工程建设资金筹集方案的函
…………………………………………………………… 鲁黄规计函[2006]35 号
71. 关于报送《黄河口模型厅初步设计调整概算报告》的请示
…………………………………………………………… 鲁黄规计函[2007]5 号
72. 关于委托编制黄河口模型试验基地一期工程建设可行性研究补充报告
及初步设计的函 ……………………………………… 鲁黄规计函[2009]16 号
73. 研究河口近期可研、河口模型厅建设有关问题 ………… 会议纪要[2008]20 号

## 四、黄河河口管理局文件、函、电报

74. 关于征求《黄河河口物理模型建设工程实施方案》意见的函 ………………………………………………………… 黄河口河务函[2004]1 号
75. 关于成立黄河河口管理局黄河河口物理模型试验基地建设项目筹建领导小组的通知 ………………………………………… 黄河口办[2004]4 号
76. 关于要求将黄河口模型试验基地建设项目纳入招商引资任务考核的函 ………………………………………………………… 黄河口办函[2004]7 号
77. 关于黄河河口物理模型试验基地建设用地的请示 …… 黄河口河务[2004]15 号
78. 关于公布黄河口模型试验基地筹建办公室组成人员的通知 ………………………………………………………… 黄河口办[2004]18 号
79. 关于黄河河口实体模型试验基地建设意见的请示 …… 黄河口河务[2004]22 号
80. 关于黄河河口物理模型试验基地管理机构设置的请示 ………………………………………………………… 黄河口人劳[2004]28 号
81. 关于黄河河口物理模型试验基地建设情况的报告 …… 黄河口河务[2004]30 号
82. 关于申请黄河口模型试验基地用电负荷的函 ………… 黄河口办函[2005]3 号
83. 关于报送黄河口模型试验厅初步设计报告的请示 …… 黄河口河务[2005]34 号
84. 关于申请黄河口模型试验基地用电负荷的函 ………… 黄河口办函[2006]9 号
85. 关于成立黄河河口物理模型建设工程项目办公室的通知 ………………………………………………………… 黄河口人劳[2006]36 号
86. 关于确定黄河河口物理模型建设工程招标代理机构的请示 ………………………………………………………… 黄河口电[2006]63 号
87. 关于黄河河口模型试验基地前期规划费用的请示 …… 黄河口河务[2006]27 号
88. 关于黄河河口物理模型建设工程资金缺口问题的请示 ………………………………………………………… 黄河口河务[2006]28 号
89. 关于缓缴黄河河口物理模型试验厅建设工程“建筑企业养老保障金”的函 ………………………………………………………… 黄河口办函[2006]10 号
90. 关于尽快解决黄河口模型试验厅建设施工有关问题的函 ………………………………………………………… 黄河口办函[2006]15 号
91. 关于黄河口模型试验厅建设工程投资调整的请示 …… 黄河口河务[2006]33 号
92. 关于黄河口模型试验厅项目施工招标情况的报告 …… 黄河口河务[2006]35 号
93. 关于黄河口模型试验厅项目招标情况的报告 …………… 黄河口电[2006]92 号
94. 关于黄河口模型试验厅建设资金有关问题的请示 ……… 黄河口电[2007]8 号
95. 关于报送黄河口模型建设项目—辅助设施和配套工程施工详图的请示 ………………………………………………………… 黄河口河务[2007]30 号
96. 关于确认黄河口模型试验厅施工详图有关问题的函 …… 黄河口电[2007]56 号
97. 关于黄河河口物理模型基地建设有关事项的请示 ……… 黄河口办[2007]10 号
98. 关于黄河河口物理模型建设工程实施进展情况的报告

…………………………………………………………………… 黄河口河务[2007]44 号
99. 关于黄河河口物理模型基地建设工程有关问题的报告
…………………………………………………………………… 黄河口办[2007]17 号
100. 关于黄河口模型试验厅工程建设资金管理情况的报告
…………………………………………………………………… 黄河口河务[2008]3 号
101. 关于尽快办理黄河口物理模型基地建设用地使用手续的请示
…………………………………………………………………… 黄河口办[2008]8 号
102. 关于黄河口模型试验厅工程资金管理有关问题的请示
…………………………………………………………………… 黄河口电[2008]53 号
103. 关于尽快启动黄河口物理模型配套设施和附属工程建设的请示
…………………………………………………………………… 黄河口办[2008]24 号
104. 关于尽快办理黄河口物理模型基地建设用地使用手续的请示
…………………………………………………………………… 黄河口办[2008]25 号
105. 关于召开黄河河口物理模型试验厅工程建设协调会的通知
…………………………………………………………………… 黄河口电[2008]108 号
106. 关于尽快办理黄河河口物理模型基地建设用地使用手续的请示
…………………………………………………………………… 黄河口办[2008]32 号
107. 关于尽快办理黄河河口物理模型基地建设用地使用手续的函
…………………………………………………………………… 黄河口办函[2008]10 号
108. 关于尽快解决黄河口模型试验厅建设资金的请示 …… 黄河口电[2009]68 号

## 五、地方政府、胜利油田、部门文件

109. 山东省人民政府办公厅转发省建委等部门关于改革山东省建筑企业劳动保险费用提取办法的报告的通知 …………………… 鲁政办发[1995]77 号
110. 山东省计委关于对《黄河河口近期治理防洪工程建设可行性研究报告》意见的函 ……………………………………………… 鲁计农经函[2004]9 号
111. 关于黄河口模型试验基地一期工程可行性研究报告的批复
…………………………………………………………………… 鲁计农经[2005]38 号
112. 山东省发展改革委关于黄河口模型试验基地一期工程可行性研究补充报告的批复 ……………………………………… 鲁发改农经[2009]799 号
113. 东营市人民政府关于在东营市建设黄河河口物理模型试验基地的请示
…………………………………………………………………… 东政字[2002]139 号
114. 关于公布 2004 年为民办的 10 件实事和建设的 10 大工程的通知
…………………………………………………………………… 东办发[2004]4 号
115. 东营市人民政府请示事项批复单……………………………… (2004)批复单 050 号
116. 东营市政府请求事项批复单 ………………………………… [2006]批复单 127 号
117. 关于城市基础设施配套费收费标准的通知 ………………… 东价发[2006]95 号
118. 关于妥善处理建设工程材料价格风险的通知 ……………… 东建发[2008]89 号

119. 关于妥善处理建设工程材料价格风险的通知 …………… 济建标字[2008]4 号
120. 东营市人民政府常务会议纪要 …………………… 第 5—33 次(2004 年 5 月)
121. 东营市人民政府市长办公会议纪要 ……………… 第 5—14 次[2004 年 7 月]
122. 关于黄河河口物理模型试验基地建设暨黄河口治理有关问题的专题会议纪要 …………………………… 东营市政府会议纪要[2008]第 90 次
123. 建设用地批准书 ………………………………………………… 东营市国土资源局
124. 关于黄河管理部门商请资助建设河口物理模型试验基地的请示 ………………………………………………………… 胜油局发[2003]137 号
125. 关于黄河河口近期治理防洪工程建设可行性研究报告意见的复函 ……………………………………………………… 胜油局发函字[2004]5 号
126. 黄河设计公司收取规划费 100 万请示便函 …………… 黄设生便[2006]20 号
127. 关于黄河河口近期治理防洪工程建设资金筹集方案的复函 ………………………………………………………………… 胜利油田管理局
128. 关于将黄河河口物理模型建设工程五千万资产移交黄河部门的函 ………………………………………………………………… 胜利油田管理局
129. 黄河河口物理模型建设工程三方“共建协议”……… 山东局、东营市、胜利油田
130. 黄河河口物理模型建设——模型试验厅项目补充协议(HHKMXT2008－1) ……………………………………………………………………… 2008.12
131. 关于呈报《关于加强黄河河口研究及加快治理步伐的建议》的报告 ……………………………………………………………… 水学[2003]25 号

# 后　记

建设黄河河口物理模型的梦已做了20多年了。1988年,我参加了黄河口疏浚工程,当时山东黄河河务局副总工程师焦益龄给我了一本由南京水利科学研究所翻译的《国外河口治理文集》,我仔细地进行了研读,该书介绍了国外15条河流河口的治理情况,其基本措施和主要经验可归纳为:一是河口整治(修建工程或开凿),二是疏浚(吹填或抛填),三是科学研究(物理模型试验)。我想黄河口比世界上任何河口都复杂得多,除做好整治、疏浚外,更应该进行物理模型试验,随后撰写了"国外河口治理经验及黄河口现行流路治理措施",提出建立黄河口模型的建议,于1992年发表在《黄河三角洲研究》第2期上。

1993年6月,黄河河口管理局成立了黄河口治理研究所,副局长宋振华兼任所长,我任副所长,曾先后到中国水利水电科学研究院、南京水利科学研究院、清华大学、浙江省水利河口研究院、上海河口海岸科研中心、中国科学院海洋研究所等单位开展物理模型调查研究,向黄河水利科学研究院屈孟浩、李泽刚同志进行了咨询,提出了《黄河河口物理模型试验基地建设的规划意见》。

1995年6月,联合国计划开发署"支持黄河三角洲可持续发展"项目资助,我应邀随团赴加拿大、美国考察了弗雷塞、圣劳伦斯河和密西西比河,访问了美国工程兵团河道科研站,踏勘了密西西比河下游河道及河口治理工程,受国外河口治理的启示,更加坚定了黄河口必须建设物理模型进行试验研究的决心和信心,撰写了尽快建设黄河口模型实验室的文章,发表于《山东黄河科技》1995年第4期。之后的几年里,由于种种原因黄河口模型建设销声匿迹。

2001年,黄委李国英主任提出建设"原型黄河、数字黄河、模型黄河"后,黄河口物理模型建设"久旱逢甘露"被提上日程 。为了促进黄河口模型的建设,2002年我撰写了"建立黄河口物理模型试验基地,加快黄河三角洲开发建设步伐"的建议上报,该文于2002年在《山东黄河科技》第2期上发表。

2002年10月,山东黄河河务局原副局长王曰中带领黄河河口管理局局长贾振余和我一起去北京,就河口模型建设有关事宜请教了水利部总工程师朱尔明教高,朱总给予了全面指导。

2002年11月,与贾振余局长到市政府就黄河河口物理模型建在东营的有关问题向市长刘国信作了全面的汇报,刘市长当即表态,黄河口模型如不建在东营是我们的过失,并安排我向黄委代拟黄河河口模型试验基地建在东营市的请示,东营市人民政府以东政字[2002]139号文件,郑重承诺:"一是无偿划拨1 000亩城市用地作为模型基地建设用地。二是作为招商引资项目对待,享受有关优惠政策。三是对今后模型运行管理给予资金上的扶持。"2003年7月,胜利石油管理局同意出资5 000万元资助建设黄河河口模型基地。

2003 年 3 月,中国水利学会、黄河研究会在东营共同举办了“黄河河口问题及治理对策研讨会”,会议通过了《关于加强黄河河口研究及加快治理步伐的建议》并呈报水利部。建议指出,目前黄河河口的科学研究滞后,影响了河口治理进程,应加大投入,建立河口科学研究基金;应用新技术加强原型观测,特别要尽快建设河口模型试验基地,走多学科交叉和多部门合作的开放式道路,用综合集成的方法,大力应用物理、数学模型解决复杂的实际问题;继续开展河口疏浚试验等,为黄河河口治理和三角洲开发与保护提供技术支持。会上达成了河口模型建在东营的意向,2003 年 12 月,黄委黄规计 248 号文批复,同意黄河河口模型建在东营市。

2004 年 5 月,山东黄河河务局为了加快黄河河口的治理步伐,尽快建设黄河河口模型基地,成立了黄河河口模型建设管理领导小组,由我兼任办公室主任,之后作为项目负责人之一,完成了“黄河口物理模型基地规划”,水利部于 2004 年 9 月以水规计[2004]434 号文批复,依据模型基地规划于 2005 年 5 月组织编制了《黄河口模型建设项目建议书》,水利部于 2005 年 9 月以水规计[2005]424 号文批复,参与了模型大厅和模型的设计工作。为了加快河口模型试验基地的建设步伐,黄委以黄人劳[2004]27 号文决定成立黄河河口研究院,明确负责整个项目的场地落实、资金筹措、基建安排和招标投标工作,并负责“河口模型”基地建成以后的日常管理工作。2005 年 3 月,山东黄河河务局行文聘任我为黄河河口研究院院长。为加强对黄河河口物理模型建设工程的建设管理,黄河河口管理局于 2006 年 7 月,成立了建设工程项目办公室,我作为项目办公室副主任兼总工程师,按照有关规定,严格基建程序,严把施工质量,保证了工程顺利实施。建设过程中合作发明专利 2 项,有一项成果达到国际领先水平。

以上是我在黄河河口物理模型建设过程中所做的点点滴滴,许多领导和专家为推动黄河河口模型的建设倾注了大量的心血和汗水,其功绩人人都会谱写出辉煌的篇章。

程文吉

2010 年 7 月